长江上游生态与环境系列

高寒草地生态系统功能研究

王长庭　胡　雷　李香真　等　著

科学出版社

北　京

内 容 简 介

本书内容包括3个部分，分10章进行阐述。第一部分（第1章）为高寒草地概述，重点阐述高寒草地及其特征。第二部分（第2～9章）为研究地概况和试验方法及扰动对高寒草地的影响，重点阐述干扰、施肥、降水变化、积雪变化、温度升高对高寒草地生态系统的影响，不同退化演替阶段高寒草地特征、高寒草地灌丛化。第三部分（第10章）为高寒草地管理，重点阐述高寒草地生态系统的适应性管理。

本书可供草原、生态、畜牧及灾害评估等相关领域的科研、教学及管理人员参考。

图书在版编目（CIP）数据

高寒草地生态系统功能研究 / 王长庭等著. —北京：科学出版社，2025.2
（长江上游生态与环境系列）
ISBN 978-7-03-075780-7

Ⅰ.①高… Ⅱ.①王… Ⅲ.①寒冷地区－草地－草原生态系统－研究 Ⅳ.①S812.29

中国国家版本馆 CIP 数据核字（2023）第 106009 号

责任编辑：郑述方 李小锐 / 责任校对：彭 映
责任印制：罗 科 / 封面设计：墨创文化

科学出版社 出版
北京东黄城根北街 16 号
邮政编码：100717
http://www.sciencep.com
四川煤田地质制图印务有限责任公司 印刷
科学出版社发行 各地新华书店经销
*
2025 年 2 月第 一 版 开本：787×1092 1/16
2025 年 2 月第一次印刷 印张：16
字数：380 000
定价：198.00 元
（如有印装质量问题，我社负责调换）

《高寒草地生态系统功能研究》
编写人员

王长庭	胡　雷	李香真	马文明
向泽宇	叶　婷	刘斯莉	潘　攀
刘位会	罗雪萍	唐　国	王　鑫
唐立涛	王　丹	余　慧	龙　静
陈丹阳	杨德春	陈科宇	李　洁
张鑫迪	马祥丽	陈　曦	刘　丹

序

长江发源于青藏高原的唐古拉山脉，自西向东奔腾，流经青海、四川、西藏、云南、重庆、湖北、湖南、江西、安徽、江苏、上海等 11 个省（自治区、直辖市），在崇明岛附近注入东海，全长 6300 余千米。其中，宜昌以上为上游，宜昌至湖口为中游，湖口以下为下游。长江流域总面积达 180 万 km^2，2019 年长江经济带总人口约 6 亿，地区生产总值占全国的 42%以上。长江是我们的母亲河，镌刻着中华民族五千年历史的精神图腾，支撑着华夏文明的孕育、传承和发展，其地位和作用无可替代。

宜昌以上的长江上游地区是整个长江流域重要的生态屏障。三峡工程的建设及上游梯级水库开发的推进，对生态环境的影响日益显现。上游地区生态环境结构与功能的优劣及其所铸就的生态环境的整体状态，直接关系着整个长江流域尤其是中下游地区可持续发展的大局，尤为重要。

2014 年国务院正式发布了《关于依托黄金水道推动长江经济带发展的指导意见》，确定长江经济带为"生态文明建设的先行示范带"。2016 年 1 月 5 日，习近平总书记在重庆召开的推动长江经济带发展座谈会上指出，"当前和今后相当长一个时期，要把修复长江生态环境摆在压倒性位置，共抓大保护，不搞大开发""要在生态环境容量上过紧日子的前提下，依托长江水道，统筹岸上水上，正确处理防洪、通航、发电的矛盾"。因此，科学反映长江上游地区真实的生态环境情况，客观评估 20 世纪 80 年代以来人类活跃的经济活动对这一区域生态环境产生的深远影响，并对其可能的不利影响采取防控、减缓、修复等对策和措施，都亟须可靠、系统、规范科学数据和科学知识的支撑。

长江上游独特而复杂的地理、气候、植被、水文等生态环境系统和丰富多样的社会经济形态特征，历来都是科研工作者的研究热点。近 20 年来，国家资助了一大批科技和保护项目，在广大科技工作者的努力下，长江上游生态环境问题的研究、保护和建设取得了显著进展，其中最重要的就是对生态环境的研究已经从传统的只关注生态环境自身的特征、过程、机理和变化，转变为对生态环境组成的各要素之间及各圈层之间的相互作用关系、自然生态系统与社会生态系统之间的相互作用关系，以及流域整体与区域局地单元之间的相互作用关系等方面的创新性研究。

为总结过去，指导未来，科学出版社依托本领域具有深厚学术影响力的 20 多位专家策划组织了"长江上游生态与环境系列"丛书，围绕生态、环境、特色三个方面，将水、土、气、冰冻圈和森林、草地、湿地、农田以及人文生态等与长江上游生态环境相关的国家重要科研项目的优秀成果组织起来，全面、系统地反映长江上游地区的生态环境现状及未来发展趋势，为长江经济带国家战略实施，以及生态文明时代社会与环境问题的治理提供可靠的智力支持。

　　丛书编委会成员阵容强大、学术水平高。相信在编委会的组织下，本系列将为长江上游生态环境的持续综合研究提供可靠、系统、规范的科学基础支持，并推动长江上游生态环境领域的研究向纵深发展，充分展示其学术价值、文化价值和社会服务价值。

中国科学院院士　秦大河

2020 年 10 月

前　言

　　长江经济带是我国经济社会发展的重要战略区域，该区域的经济带建设是我国的重大战略决策，是我国发展的三大新引擎之一。长江上游地区生态环境的保护与发展关系到整个流域经济建设以及美丽中国建设的成效。本书以全局眼光，从现状、问题、研究、对策四个层面考察和研究了长江上游地区高寒草地生态系统及其环境。

　　高寒草地是我国重要的畜牧业基地和主要江河的发源地与水源涵养区，也是青藏高原的重要生态屏障。草地生态系统是各类生态系统中最脆弱的开放系统，极易遭受各种自然灾害和人类活动的破坏。作为国家"两屏三带"生态安全战略格局的重要组成部分，保护青藏高原高寒草地对中国乃至亚洲地区的水源涵养保护、气候格局的稳定、生物多样性的维持、碳储存以及生态安全都具有至关重要的意义。本书是作者团队在国家自然科学基金区域创新发展联合基金重点项目"气候变化下川西北高寒草甸生态系统多功能性维持的地下生态学过程与机制"（U20A2008）、第二次青藏高原综合科学考察研究项目"草地生态系统与生态畜牧业"子课题"川滇片区草地退化趋势、等级区划及退化原因"（2019QZKK0302）、国家重点研发计划项目子课题"草地恢复过程中土壤养分、根系及根际微生物的变化及环境制约因子"（2019YFC507701-03）等资助下持续开展高寒草地生态系统功能研究取得的新成果。本书结合我国长江上游高寒草地资源与环境主题，依据《中华人民共和国青藏高原生态保护法》和国家生态文明建设理念，深入认识高寒草地的结构和功能及其对气候变化和人类活动的响应，摸清高寒草地退化的现状、演变趋势及原生态系统的结构与功能特征；在长期的原位监测研究基础上，探索和理解气候变化和人类活动对高寒草地生态系统功能多样性、系统性和原真性的影响，提出不同退化演替阶段高寒草地生态系统恢复治理的措施；初步厘清高寒草地生态系统对不同扰动类型的响应强度及其机制，揭示高寒草地生态系统植物群落、土壤微生物群落以及土壤生物地球化学联系，提出高寒草地生态系统适应性管理框架以及技术和措施，为长江上游生态安全屏障建设提供科学依据。

　　本书是"长江上游生态与环境系列"的重要组成部分。谨以此书献给长江上游生态与环境领域的工作者，特别是从事高寒草地研究与管理相关领域工作的人士。本书可供草原、生态、畜牧及灾害评估等相关领域的科研、教学及管理人员参考。

　　在本书的编写过程中虽对某些论点进行反复推敲核证，但由于时间仓促，作者水平有限，疏漏之处在所难免，热忱欢迎有关专家和广大读者批评指正，不吝赐教。

王长庭

2024 年 9 月 1 日

目　　录

第三部分　高寒草地管理

第一部分　高寒草地概述

第1章　高寒草地及其特征

1.1　高寒草地的定义

"草地"一词最早于 1806 年由德国博物学家亚历山大·洪堡（Alexander von Humboldt）提出，是按照群落外貌分类的一种植物群落类型，通常是指草本植物（禾草或薹草）占优势、木本植物缺乏或不显著的群落（农业大词典编辑委员会，1998），这是植物地理学中"草地"的定义。资源地理学中则认为"草地"是一种土地资源类型，其上着生的植物不仅包括以草本植物为主的草原和草甸等群落，而且包括以木本植物为主的荒漠、灌丛等群落。农学中则认为"草地"是一种土地利用类型。尽管不同学科对"草地"进行了定义，但都不是生态学上的划分原则（中国植被编辑委员会，1980）。生态学上的"草地"是一种土地类型，它是草本和木本植物与其所着生的土地所构成的多功能的自然综合体，可服务于人类生产和生活（杜占池等，2009）。

我国草地面积约占国土面积的 40%，主要分布在东北、西北、内蒙古和青藏高原地区。根据主要分布区域，可以将草地分为温性草地、寒性草地和热性草地等（杜占池等，2009）。其中，分布在高海拔地区的草地为高寒草地。高寒草地分布区一般气候寒冷、潮湿，紫外线强烈，昼夜温差极大，土壤类型为高山、亚高山草原土，高寒草甸土等。青藏高原地区的草地多为高寒草地，占青藏高原总面积的 50.9%，主要以寒性旱生型多年生草本为优势种，具有调节气候、防风固沙、固定碳素等生态功能，是我国重要的畜牧业基地和生态屏障（孙建等，2019）。

对青藏高原高寒草地进一步划分，可以分为高寒草原和高寒草甸。高寒草原（alpine steppe）是指在高海拔地区长期受寒冷、干旱气候的影响，由耐寒、耐旱的多年生密丛型禾草、根茎型薹草以及垫状的小半灌木植物为建群种构成的植物群落。青藏高原高寒草原主要分布在青藏高原中部和南部、帕米尔高原及天山、昆仑山和祁连山等亚洲中部高山。按照建群种对高寒草原进行划分，可以分为以耐寒的旱中生或中旱生草本植物为优势的高寒草甸草原、以耐寒的旱生多年生草本或小灌木为主的高寒典型草原、以耐寒的强旱生多年生草本或小灌木组成的高寒荒漠草原三种。

高寒草甸（alpine meadow）是指以寒冷中生多年生草本植物为优势种而形成的植物群落，植物种类较简单，主要由莎草科的嵩草属和薹草属的植物组成，主要分布在林线以上、高山冰雪带以下的高山带，耐寒的多年生植物形成了一类特殊的植被类型。高寒草甸广泛分布于青藏高原东部及其周围山地，是青藏高原等高山地区具有水平地带性及周围山地垂直地带性特征的独特植被类（邹珊和吕富成，2016）。

青藏高原被称为世界屋脊和地球第三极，是亚洲乃至北半球气候变化的感应器和敏感区，其具有独特而又复杂的地形地貌特征和自然植被环境格局，对全球变化具有敏感性、脆弱性、不确定性（范泽孟，2021）。在气候变化的背景下，高寒草地的生态服务功能与气候之间的耦合成了重要的科学问题。

1.2 高寒草地的气候特征

气候因素是植物生长和发育至关重要的环境条件。温度和水分对于高寒草地生态系统至关重要，很大程度上决定了植物群落的空间分布格局（水平分布格局和垂直分布格局）、种类组成、物候节律和群落生产力等（樊江文等，2014；陆晴等，2017），同时也通过影响分解者群落组成等改变生态系统物质循环和能量流动。

高寒草地分布区域具有特殊性，日光充足、辐射强、气温低、昼夜温差大和气压低等独特的自然环境迫使大气环流形成特殊的西风环流和南北分流形势，很大程度上影响了青藏高原高寒草地的降水量。就整个青藏高原年平均降水量来看，各地区差异很大，总的趋势是自雅鲁藏布江河谷的多雨地区向西北逐渐减少。在青藏高原，年降水量主要集中于下半年，雨季和干季分明，降水多集中在 6～9 月，占全年降水的 80%～85%，而干季仅占年降水量的 15%～20%，特别是寒冷的冬季，降水量只占全年降水量的 5%左右。年内降水量随季节变化表现为两种形式，即单峰形和双峰形。除喜马拉雅山南麓和雅鲁藏布江下游河谷地区呈双峰形外，其他大部分地区为单峰形。如西藏的聂拉木、普兰、察隅等地为双峰形，高峰值出现于 2～4 月和 7～8 月；在单峰形降水的分布地区，除个别地区雨季开始较迟外，降水主要集中于 6～9 月。本书的主要研究区域为位于青藏高原东南缘的若尔盖湿地，年均降水量在 600～800mm，80%的降水集中在高寒草地生长季中期（7～8 月）。降水的季节分配对植物的生长发育节律以及生物量季节变化是极其重要的气候驱动因子。6～9 月为高寒草地的生长季、暖季和雨季，这期间气温凉爽、雨热同期，对高寒草地植被的生长发育和生产力的形成十分有利。

高寒草地是青藏高原隆起、气候严寒等条件与恶劣环境条件相互作用的长期历史演化的产物（赵新全，2009）。与同纬度其他地区相比，青藏高原是较寒冷的地区，其年均气温不超 1.1℃。整体来看，青藏高原气温呈西北到东南逐渐递增的趋势。青藏高原腹地三江源地区气温最低，年平均气温大多在 0℃以下。因此，常年低温是青藏高原高寒草地地区最显著的气候特征之一（胡雷等，2016）。

太阳辐射是地球大气和动植物生存的最根本能源，它的分布及年周期性变化直接影响着气候的变化，是天气形成和气候变化的基础。青藏高原海拔高，空气稀薄，空气密度仅约为东南沿海地区的 2/3，加之水汽和气溶胶含量少，空气透明度高，致使到达地面的太阳直接辐射能量大，直接辐射明显大于散射辐射，在总辐射中，直接辐射占年总辐射的 55%～78%，表现为光照充足、辐射强烈（赵新全，2009）。

高寒草地特殊的地理位置和独特的气候特征共同决定了植物的生长发育、物种组成和群落特征。1980～2012 年这 30 多年间青藏高原高寒草地区域整体呈现暖湿化趋势，植被呈良性发展趋势，西藏地区降水量具有降低趋势，气温的升高导致植被变差（刘正佳等，2015）。同时，气候特征的区域性差异在决定植物群落时的相对贡献并不相同，如青藏高原东北部温度较高，热量条件较好，降水成为高寒草地生长季植被覆盖度变化的主导因子；青藏高原东中部地区降水充沛，温度成为高寒草地植物生长的制约因子；在青藏高原南部地区，温度和降水均与高寒草地生长季植被覆盖度显著相关，共同作用于植物的生长（陆晴等，2017）。

若尔盖湿地平均海拔在 3500m，白河蜿蜒其间，河湾多，水坑多，沼泽多，水生植物广泛分布。气候属于高原寒温带湿润季风气候，年降水量 753mm，80%的降水集中在 5～9 月。红原县具有气温低，气温年较差小，太阳辐射强烈，日照充足，日夜温差大，冬季干燥夏季湿润，干季雨季、冷暖季节分明，热量低，水热同期，冷季大风多，暖季冰雹多等高原气候特点。县内常年无夏，每年春秋季短暂，仅 40 天左右，年平均气温 1.1℃，最高温度 24.6℃，最低温度-10.3℃，极端低温-33.3℃，极端高温 25.6℃，年平均积温 1432.3℃，大于 10℃的积温 322℃。其年平均日照 2417.9h，日照百分率 555%，太阳辐射年总量 147.9kcal·cm^{-2}（1cal = 4.186J）。同时，红原地区灾害性天气较多，以寒潮连阴雪、霜冻、冰雹、洪涝等为主；无霜期短，初霜早，终霜晚；10 月底开始结冰至次年 5 月初解冻，年冰冻期较长，冻土一般深度 80～110cm（王润，2005；胡雷等，2016）。

1.3 高寒草地的土壤特征

作为最年轻的高原，青藏高原的土壤也具有年轻的特征。自第三纪以来，青藏高原隆升形成现在的高原严寒气候，影响着青藏高原的成土过程，生物化学作用相对减弱而寒冻风化增强，从而导致土壤形成过程缓慢，成土决定年龄或相对年龄较为年轻，剖面具有土层较薄、粗骨性明显的统一特点。土层总厚度一般仅为 30～50cm，表层土壤以下常有大量砾石，通常以 A/B 或 B/C 过渡层出现（赵新全，2009）。

在高寒草地的生长季，太阳辐射与紫外线增强，土壤微生物活动并不旺盛；在漫长的冷季，土壤微生物活性弱甚至停止，高寒草地植物凋落物和死亡根系不能得到完全分解，以半分解或未分解的有机质形式存在于土壤表层和亚表层，形成紧密的草皮层，草皮层下发育有暗色的腐殖质层。一项凋落物分解试验表明，在青藏高原东南缘的高寒草地中，经过一年（365 天）的自然降解，每 15g 的植物凋落物仍有 50%以上未被分解，其中禾本科植物质量残留率甚至高达 60%（杨德春等，2021）。可见，高寒草地土壤有机质分解缓慢，具有较厚的草皮层和腐殖质层。

年轻的高寒草地土壤与植被的发生、演变有着密切关系，二者互相作用、互相影响，互为条件，制约着彼此的发生和演化，因而在漫长的自然演化过程中高寒草地土壤和植被形成了统一的自然综合体，具有显著的土壤和植被特征。高寒草地的成土过程伴随着强烈的生草过程。一项调查研究表明，在高寒草地不同草地类型中，0～20cm 土壤植物根系含量占高寒草地植物根系含量的 70%以上，矮生嵩草草甸 0～20cm 土壤植物根系含量甚至达到了 91%（胡雷等，2016）。

本书主要研究区域若尔盖湿地以高寒类非地带性土壤为主，但其水平分异不明显，各土壤类型的分布主要反映在垂直分异上，该分异主要取决于所在地的海拔、母质、坡向和植被等因素。红原县境内土壤类型包括八个土类、十五个亚类，其中分布范围最广泛、面积最大的是亚高山草甸土（subalpine meadow soil），其土层深超过 40cm，土壤有机质（soil organic matter，SOM）含量高，土壤 pH 为 4.6 左右（胡雷等，2016）。

1.4　高寒草地植物群落特征

1.4.1　植物群落生产力和物种多样性的关系

　　植物群落功能，尤其是生产力，与植物群落物种多样性的关系一直是生态学研究的热点，以戴维·蒂尔曼（David Tilman）等为代表的生态学家认为，生态系统功能与物种多样性之间存在着显著的相关关系；而以戴维·沃德尔（David Wardle）等为代表的生态学家则认为，生态系统生产力及其功能更多受到物种组成，即物种属性等因素的控制，生物多样性和生态系统功能之间不存在必然联系或存在不确定关系。

　　基于以上争论，MacArthur（1955）提出的多样性-稳定性假说认为，生态系统稳定性与多样性之间并非呈严格的线性关系，但生态系统稳定性将随物种丰富度的上升而增加。该假说与后来的生态学家 Walker（1992）、Lawton 和 Brown（1994）提出的冗余假说不谋而合，该假说既肯定了多样性-稳定性假说，同时对其进行了补充，即生态系统中会存在一些对系统功能表现为冗余作用的物种，他们认为，对于一个生态系统，存在一个物种多样性下限，这个下限是维持生态系统正常功能所必需的，当系统的多样性高于此下限时，物种数的增加或减少对系统功能没有很大影响。

　　Ehrlich P R 和 Ehrlich A H（1981）似乎并不认同以上假说，因此提出了铆钉假说，他们认为生态系统中所有物种对系统功能的维持都具有虽小但很重要的作用，就像飞机上的一个个铆钉一样。物种灭绝可以比拟为飞机失去铆钉，随着物种灭绝数量的增加，生态系统受损程度将逐渐上升。Lawton（1994）提出了不确定假说，该假说认为是物种的属性，而非物种丰富度，对生态系统功能起着关键作用。当生态系统中物种丰富度减少时，生态系统功能可能会发生不可预料的变化，即物种丰富度与生态系统功能之间不存在简单的单调关系，或表述为存在不确定的关系。可见，不确定假说与戴维·沃德尔等生态学家观点相似，强调物种属性对生态系统功能的影响。

　　研究表明，无论是物种多样性还是物种组成，都会对生态系统功能产生影响。高寒草地作为重要的一种草地类型，具有较高的物种多样性和初级生产力。由于粗放式经营方式、超载放牧、人类活动和气候变化等一系列因素，高寒草地面临着物种多样性减少、优势物种转变、生产力降低等一系列生态问题，严重阻碍了其可持续发展和生态屏障作用的发挥。因此，开展高寒草地植物群落结构特征、物种多样性和生产力相互关系的研究，探讨物种多样性对高寒草地生态系统功能的作用，是有效遏制高寒草地退化，提高高寒草地生态功能的重要途径，为高寒草地资源的合理利用与保护、科学管理及退化草地的恢复与重建提供重要理论依据。

1.4.2 高寒草地植物群落生产力和物种多样性的垂直分布格局

  自然群落中，物种间、生物与物理环境间有着紧密的相互作用关系，这种关系将随着时间和空间尺度的变化而变化，它表现出的多样性与生产力的关系更能真实地反映物种多样性在长期的进化过程中对生产力长期稳定的效应。尽管高寒草地多分布在海拔3000m 以上，但是由于水热条件的差异，其物种多样性和生产力仍然呈现明显的垂直分布格局，这也是高寒草地植物群落的重要的特征之一。将海拔 3840~4435m 的高寒草地分为 6 个海拔梯度，分别进行地上和地下生物量调查，发现随着海拔的增加，高寒草地地上生物量逐渐降低，地下生物量在最低海拔 3840m 和最高海拔 4435m 均大于其他海拔梯度。然而，这两个海拔均具有较低的物种丰富度、香农-威纳（Shannon-Wiener）多样性指数和皮卢（Pielou）均匀度指数。海拔 3856~4435m 的高寒草地植物群落，由于没有明显的优势种，一般为多优势种植物群落，群落的均匀度较高，所以物种多样性指数较高。植物群落物种多样性指数的变化基本上与物种的丰富度变化趋势相似（图 1.1）。将不同海拔梯度地上和地下生物量分别与物种多样性指标进行拟合，发现在植物群落地上生物量处于中等水平时，物种丰富度、Pielou 指数、Shannon-Wiener 指数均最高；

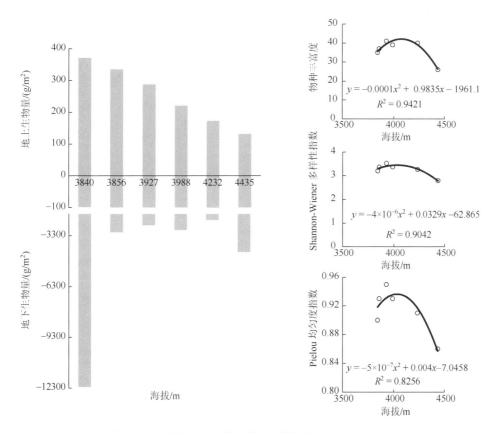

图 1.1 高寒草地生物量和物种多样性的垂直分布格局

然而当用地下生物量与物种多样性进行拟合时发现，植物群落物种丰富度、Pielou 均匀度指数和 Shannon-Wiener 多样性指数在地下生物量处于中等水平时最低（图 1.2）。

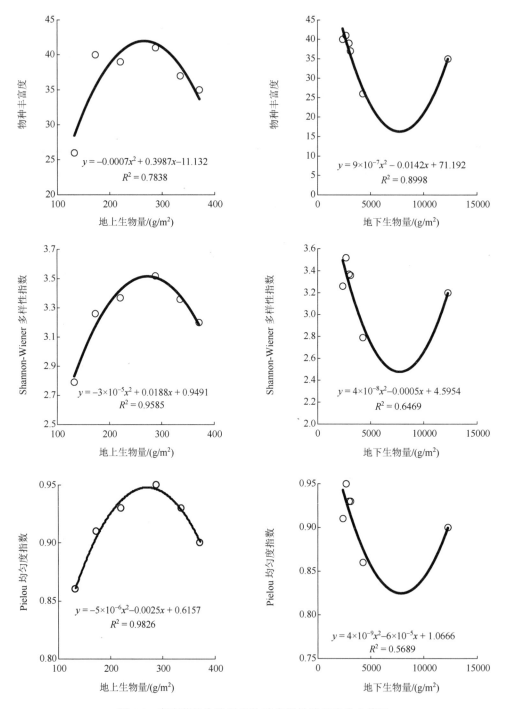

图 1.2　高寒草地生物量和物种多样性的垂直分布格局

海拔最低的植物群落为藏嵩草草甸（沼泽化），常年积水，可能水分过量的原因，导致一些物种丧失。海拔最高的植物群落虽然因常年积雪降水量大而水分条件良好，但温度低造成寒冷胁迫。因此，比较大的地下生物量才能保证在足够的温度下满足次年植物按时返青的要求。可见高生产力和低生产力两端的群落类型是在极端环境条件下的特殊类型，这也是一种对高寒环境适应的结果。水热条件的变化所引起的物种选择、资源竞争和生境的变化是影响物种多样性和生产力关系的重要因素。在研究生产力和多样性之间的关系时，要注意尺度问题。多样性对生产力的正效应随时间推移而逐渐增强（Tilman et al.，2001）；随时间推移发生超产的群落增多，并且超产的程度增强。

1.4.3　高寒草地植物群落生产力和物种多样性的水平分布格局

植物群落对环境梯度的反应也表现在水平方向，环境条件的斑块性和土壤类型分布的复杂多样性造成了不同的植物群落类型。如土壤含水量较低的山地阳坡多发育小嵩草（*Kobresia pygmaea*）草甸；土壤湿度适中的平缓滩地和山地阳坡以矮生嵩草（*Kobresia humilis*）草甸为主；土壤水分含量较高的山地阴坡和滩地以金露梅（*Potentilla fruticosa*）灌丛草甸为主；而高山冻土集中分布的地势低洼、地形平缓、排水不畅、土壤通透性差、土壤潮湿的河畔和山间盆地多分布着西藏嵩草（*Kobresia tibetica*）草甸。这种沿着水热梯度变化的草地植被类型演化规律即植物群落的水平分布格局。

矮生嵩草草甸、小嵩草草甸和藏嵩草沼泽化草甸群落地上生物量差异显著，而且不同功能群生物量的分布特征也表明不同植物群落在物种组成上的差异。以藏嵩草为主要优势种的藏嵩草沼泽化草甸群落盖度最低，主要由禾本科和杂类草植物组成的矮生嵩草草甸群落盖度最高，而群落盖度居于中间水平的小嵩草草甸则以杂类草和小嵩草为主要优势类群。藏嵩草沼泽化草甸群落物种丰富度最低，地上生物量由以莎草科为优势种的植物组成，占群落生物量的70%～80%；小嵩草草甸、矮生嵩草草甸群落物种丰富度较高，其群落生物量由杂类草、禾本科和莎草科类群组成（图1.3）。

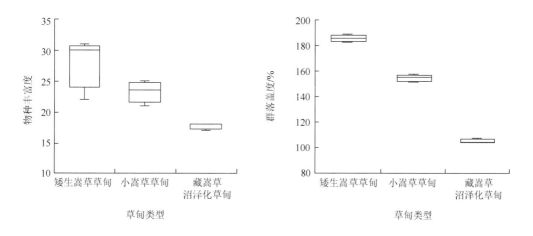

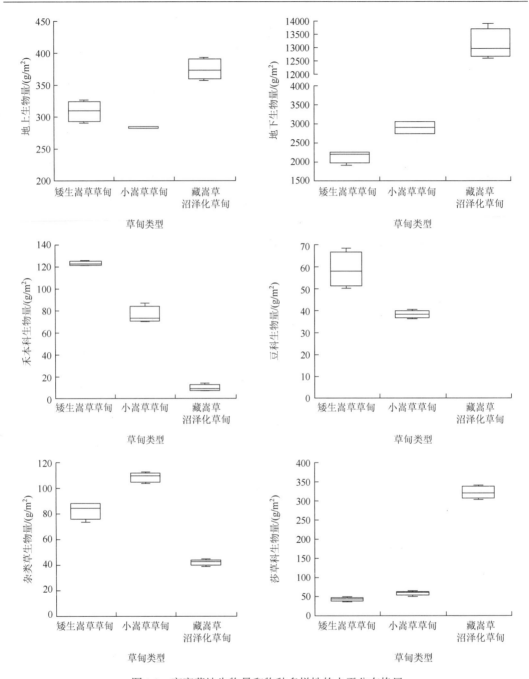

图 1.3　高寒草地生物量和物种多样性的水平分布格局

　　由此可见，不同高寒草地植物群落生物量存在显著差异，尤其是地下生物量。以莎草科植物为优势种的藏嵩草沼泽化草甸植物群落总生物量最高，而以杂类草和禾本科植物为优势种的矮生嵩草草甸群落总生物量最低，这主要是不同植物群落类型之间土壤微环境的变化导致的，包括土壤养分和土壤水热条件。在以莎草科植物为优势种的湿地草甸群落中，这些莎草科植物形成良好的通气组织，在低氧和缺氧环境中能够提高地下生物量的生产；而小嵩草草甸和矮生嵩草草甸主要以杂类草和禾本科植物为优势种，具有较浅的植物根系，同时杂类草植物在土壤含水量较低的草甸群落中无法形成密集的地下根系组织，因此，不同草地类型生物量差异显著。不同草地类型土壤养分有效性也是决定草地植物群落生物量和物种丰富度的重要生态因子之一。植物会通过分布在不同土层的根系吸收可利用性养分，促进植物生长。植物生长发育随根系摄取养分增加而加快。土壤提供植物的养分越高，植物群落生产力越大。小嵩草草甸和矮生嵩草草甸植物群落杂类草数量较多，物种丰富度高，虽然杂类草增加了小嵩草草甸和矮生嵩草草甸植物群落物种丰富度和盖度，但对地上生物量和地下生物量的贡献不大。

1.5　高寒草地土壤微生物群落特征

1.5.1　土壤微生物群落研究现状

土壤是一个复杂的生态系统，地上生长着茂盛的植物，地下除了植物根系外，还有蚯蚓、线虫等生物以及数量、种类繁多的微生物。土壤每时每刻都在进行着众多物理、化学和生化反应，一年四季展现出大自然的神奇变化，而统帅这一生态系统正常运转的核心就是土壤微生物。土壤微生物是一个丰富的生物资源库，是指生活在土壤中一切肉眼看不见或者看不清的微小生物，严格意义上应包括细菌、古菌、真菌、病毒、原生动物和显微藻类，通常说的土壤微生物包括原核微生物和真菌。土壤微生物的数量和种类都很丰富，1g 土壤中大约含有 10^9 个以上细胞，不同土壤的性质存在差异，微生物群落的组成和数量也各不相同。其中土壤中的细菌最多，其作用强度和影响范围也最大，真菌次之。

土壤微生物的分布与土壤底物的存在相关，土壤的水热状况及理化性质对微生物的分布有直接影响，其变化可引起土壤中微生物群落结构的改变。通常情况下，土壤微生物的垂直分布表现为表层土壤丰度最高，随着深度的不断加深，丰度逐渐减小。由于土壤中微生物绝大多数不可培养和传统研究方法的局限，微生物生物地理学的研究长期滞后于动、植物的生物地理学研究。近十多年来，分子生物学技术的发展和高通量测序技术的突破克服了微生物传统研究方法的局限，极大地推动了微生物生物地理学的发展。越来越多的研究表明，如同动、植物群落一样，土壤微生物群落也存在着地理分布格局。土壤微生物群落分布格局的驱动机制或控制因子，是微生物生物地理学和微生物生态学研究的核心内容之一。有研究表明，土壤微生物群落的组成或多样性随生物因子（如植物多样性、生物量）以及气候（如降水、温度）和土壤理化性质（如 pH、养分含量）等非生物因子的变化而在空间上呈规律性分布。然而在不同的生态系统中，不同菌群对各种因素的响应不同。土壤 pH 在很大程度上决定了不同生态类型的土壤细菌群落的多样性和丰富度。有机碳含量高的土壤通常具有较高的微生物生物量，且真菌的丰度要高于细菌的丰度。在中国北方温带草原土壤微生物研究中，发现细菌群落的 α 多样性主要与降水和干旱度指数相关，细菌群落的 β 多样性与空间和气候参数显著相关，真菌群落的 β

多样性与空间参数和土壤有机质关系更密切（Tu et al.，2017）。也有研究聚焦于功能微生物，发现土壤 pH 是高寒草甸非共生固氮菌多样性的主要影响因素（Wang et al.，2017）。

土壤微生物（主要是细菌和真菌）被认为是生物地球化学循环的主要驱动者，是陆地生态系统生物多样性的重要组成部分，也是全球生物多样性与碳封存之间的重要联系。土壤微生物参与土壤的物质转化，对土壤的形成、肥力的演变、植物养分的有效化、降解有毒物质、净化土壤等均具有重要的作用。有些微生物（如真菌、放线菌等）可与土壤颗粒形成团聚体，有些微生物（细菌）产生的代谢物可保持土壤的水稳性，但也有些微生物（病原菌）会对动植物产生毒害，影响其正常的生长发育。土壤微生物群落作为生物多样性的重要组成部分，通过调控土壤物质循环、能量流动和植物生产力等成为陆地生态系统服务功能的重要驱动力。目前普遍认为，原核微生物主要通过影响碳储存和养分循环来调节土壤生态系统的功能；而真菌在土壤凋落物的分解和植物养分供应中发挥了重要作用，如外生菌根真菌为植物生长提供氮、磷等元素。研究发现，在川西北高寒草甸土壤中，土壤微生物参与氮循环相关功能基因的丰度、细菌多样性、真菌群落结构及 β 多样性，均与土壤氮循环过程的总体强度有着显著的关系（Jing et al.，2023）。微生物的生物多样性和群落组成是维持其生态功能的基础，土壤微生物多样性的丧失和群落组成的简化威胁着有机质的分解和养分循环等生态系统功能。

1.5.2　土壤细菌群落结构和功能

微生物的组成和多样性是决定生态系统功能的重要因素，确定微生物群落组成已成为预测生态系统对环境变化响应的重要组成部分。在川西北高寒草地土壤中，细菌群落的优势菌门（平均相对丰度超过 10%）主要为变形菌门、放线菌门、酸杆菌门和绿弯菌门，这些类群在土壤中的平均相对丰度之和达 70%，这与青藏高原高寒草地研究结果一致。其中，变形菌、放线菌在碳循环中起着重要作用，因此在富含有机碳的高寒草地土壤中占主导地位。

就川西北高寒草地土壤细菌群落 α 多样性来说，微生物多样性（Shannon-Wiener 指数）的变化范围为 7~11，丰富度（Chao1 指数）的变化范围为 1300~4800（兰楠，2022）。随着高寒草地海拔的升高，土壤细菌的多样性和丰富度均呈现显著的降低趋势，这可能是因为海拔升高使得土壤基质和养分有效性、温度湿度、理化特性以及地上植物属性等因素发生变化，从而引起土壤微生物群落的变化。此外，土壤细菌群落 α 多样性与土壤质地表现出一定的相关性，一般来说，砂粒粗糙的表面通常会为细胞的吸附提供广泛的结合位点，因此会增加多种细菌密切合作的可能性，从而保持土壤细菌群落的高度多样性；而黏粒含量的增加会使得土壤更为致密，从而阻碍土壤空气和水分的流动。

在不同海拔梯度上（海拔 3000~3600m，3600m~3800m，3800~4100m，4100~4700m）川西北高寒草地土壤细菌群落 β 多样性组间差异显著，说明随着海拔的变化，土壤细菌的群落结构也会随之发生显著变化。其中，pH 是影响川西北高寒草地土壤细菌群落结构差异（β 多样性）的关键驱动因素，这一结果与以往研究一致。以前的研究发现，pH 和土壤有机碳含量是影响微生物群落的重要环境因子，然而在川西北高寒草地中，土壤有机碳含量普遍较高,因此微生物的生长不会受到有机质不足的限制。土壤 pH 是气候、土壤条件等因素综合作用的结果,土壤 pH 可能通过影响碳源、氮源的生物有效性来影响微生物群落结构,也可能通过影响酶活性来影响微生物的生长状况,从而推动微生物群落结构的转变。

微生物体积小,繁殖速度快,人们普遍认为它们可以在没有地理或生物屏障的状况下迅速定殖。这种看法导致形成了一个广泛的假设,即对于微生物而言,其无处不在,但受到环境的选择。然而,除了环境过滤外,越来越多的证据表明,优先效应和扩散限制可能会影响微生物群落的构建。采用零模型方法研究川西北高寒草地土壤细菌群落构建,以便揭示随机性过程和确定性过程的相对贡献,结果发现,土壤细菌群落 βNTI 值(β mean nearest index)大部分介于$-2\sim2$,说明随机性过程是川西北高寒草地土壤细菌群落构建的主要过程(兰楠,2022)。

1.5.3　土壤真菌群落结构和功能

真菌是土壤微生物的重要组成部分,它通过分解动、植物残体和作为菌根与植物共生等方式,在加速土壤生物地球化学循环、维持土壤生物多样性、调节植物与土壤反馈等方面发挥着重要作用。土壤是物种及功能多样化的真菌群落的重要栖息地,按照营养类型的不同,可以将真菌分为共生真菌、寄生真菌和腐生真菌。共生真菌,如外生菌根真菌(ectomycorrhizal fungi)或丛枝菌根真菌(arbuscular mycorrhizal fungi),与植物紧密相连,通过形成共生体来改善养分交换。在植物与微生物所形成的共生体中,最广泛的互惠共生体是丛枝菌根真菌共生体。腐生真菌是凋落物、木本残体及死根的主要分解者,它们能从相关活动中得到能量和碳源,用于维持自身生长及其他生命活动。而寄生真菌从活的动植物吸取养分,可以寄生于宿主体表或体内,通常对宿主有害。

川西北高寒草地作为天然的草地生态系统,动、植物残体的生物分解是土壤养分的重要来源,因此真菌是高寒草地物质循环和能量流动的重要驱动力。从真菌群落组成上看(兰楠,2022),子囊菌门和担子菌门是主要的优势菌门,但与细菌群落不同,真菌类群对高寒草地环境因素变化的响应不强烈。有研究证明,土壤真菌类群对干扰的抵抗能力更强,且往往具有滞后响应。其中子囊菌作为优势真菌,在高寒草地植物凋落物分解和养分循环中起着重要作用。就川西北高寒草地土壤真菌群落 α 多样性来说,微生物多样性(Shannon-Wiener 指数)的变化范围为 $2\sim8.5$,丰富度(Chao1 指数)的变化范围为 $300\sim1200$。一般而言,在农田生态系统中,细菌和真菌分别排他性地利用铵态氮和硝态氮作为底物用于自身蛋白质的合成,而真菌可以从富含木质素、纤维素的植物残体、凋落物分解中获得碳源,由于生物量元素化学计量平衡的关系,需要获得更多硝态氮形式的氮素,真菌群落 α 多样性与硝态氮有极显著的相关性,也从侧面证实了这一点。

目前围绕真菌群落结构等对环境因素的响应已开展了大量研究。中国北方温带草原土壤真菌丰富度随植物物种丰富度和年平均降水量的增加而增加,土壤 pH、有机碳含量等与土壤真菌群落组成的变异显著相关。也有研究表明,降水是影响内蒙古温带草原土壤真菌群落分布格局和群落结构的主要驱动力。在川西北高寒草地中，pH是影响土壤真菌群落结构差异的关键驱动因素，基于微生物布雷柯蒂斯距离（Bray-Curtis distance）的群落相似性在pH变化梯度上表现出显著的衰减趋势，即随着pH的增大，真菌群落的相似性逐渐减低。

1.5.4　土壤微生物宏基因组结构

宏基因组的研究对象是直接从环境样本中回收的遗传物质。通过对微生物基因组片段进行高通量测序、组装、注释和基因丰度定量，能够获得环境样本中微生物群落的组成和总体代谢特征。基于一系列的生物信息和高级统计方法，甚至能够重建微生物单菌基因组及其代谢通路。相比于扩增子测序而言（如16S rRNA基因测序），宏基因组技术最大的优势在于能够同时获得微生物群落的组成和代谢特征（包括能够被培养的和不能被培养的微生物类群），因此在微生物生态学研究中有着较为广泛的应用。

土壤微生物宏基因组研究的基本流程为：①土壤样本收集及微生物基因组DNA提取。②通过高通量测序获得微生物基因组DNA序列片段。值得注意的是，由于土壤样本复杂程度高，因此需要相对较大的数据量以产生可靠的分析结果。如果只从生态学角度探究土壤微生物群落的总体代谢能力，测序数据量一般要求至少为10GB，样本生物学重复至少为4个；如果需要从基因组水平揭示微生物的代谢特征、进化历史或重建微生物代谢通路，测序数据量需要根据样本复杂程度进一步提升，以获得完整度较高的基因组用于数据挖掘。③质量过滤。基于Trimmomatic（Bolger and Lohse，2014）等软件对原始序列进行质量控制，去除碱基质量（Phred quality score）小于30的序列。④序列拼接。基于MEGAHIT（Li et al.，2015）等软件，将高质量的短序列片段拼接为一个个连续片段。如果需要进一步重建单菌基因组，则可继续使用MetaWRAP（Uritskiy et al.，2018）等工具将各个连续片段进一步组装为更长的连续片段用于后续分析。⑤蛋白编码基因预测及非冗余基因集构建。基于Prodigal（Hyatt et al.，2010）等工具进行蛋白编码基因预测，并使用CD-HIT（Fu et al.，2012）等软件构建非冗余基因集。⑥丰度定量。对于环境样本中蛋白编码基因的丰度而言，其定量流程为：先使用Bowtie2（Langmead and Salzberg，2012）等软件将第③步产生的高质量短片段比对到非冗余基因集上，然后使用Salmon（Patro et al.，2017）等软件计算基因的丰度。对于环境样本中全基因组的丰度而言，可直接使用MetaWRAP（Uritskiy et al.，2018）等工具内置的模块进行丰度定量。⑦物种和功能注释。使用Diamond（Buchfink et al.，2015）或Blastp等工具（Diamond的效率远远大于Blastp），将非冗余基因对应的氨基酸序列比对到美国国家生物技术信息中心（National Center for Biotechnology Information，NCBI）中的NR（物种分类数据库）和KEGG（代谢功能数据库）等数据库以获得物种和功能注释信息。⑧生态统计和代谢特征分析。基于上述流程生成的物种和功能丰度表，进一步基于R或Python语言进行深度挖掘。

就青藏高原高寒草甸生态系统中土壤微生物群落而言，根据宏基因组方法测定的原核微生物主要类群为：变形菌门（Proteobacteria）、放线菌门（Actinobacteria）、酸杆菌门

（Acidobacteria）、疣微菌门（Verrucomicrobia）、绿弯菌门（Chloroflexi）、拟杆菌门（Bacteroidetes）、蓝细菌门（Cyanobacteria）、己科河菌门（Candidatus Rokubacteria）、芽单胞菌门（Gemmatimonadetes）和硝化螺旋菌门（Nitrospirae）。其中，变形菌门和放线菌门丰度最高，两者的丰度和占群落的 70%左右。在 KEGG 第一级代谢路径（KEGG pathway level 1）中，被归类到代谢（metabolism）的功能基因在土壤中占绝对优势。相反，被归类到环境信息处理（environmental information processing）、遗传信息处理（genetic information processing）、细胞过程（cellular processes）、人类疾病（human diseases）、生物系统（organismal systems）的功能基因在土壤中只占很小的比例。在 KEGG 第二级代谢路径（KEGG Pathway Level 2）中，被归类到氨基酸代谢（amino acid metabolism）、碳水化合物代谢（carbohydrate metabolism）、能量代谢（energy metabolism）、辅因子和维生素代谢（metabolism of cofactors and vitamins）以及核苷酸代谢（nucleotide metabolism）的功能基因在土壤中占优势。相反，被归类到外源生物降解和代谢（xenobiotics biodegradation and metabolism）、其他氨基酸代谢（metabolism of other amino acids）、脂代谢（lipid metabolism）、萜类化合物和聚酮化合物代谢（metabolism of terpenoids and polyketides）、信号转导（signal transduction）和细菌传染性疾病（infectious disease: bacterial）的功能基因在土壤中只占很小的比例。在 KEGG 第三级代谢路径（KEGG pathway level 3）中，被归类到氧化磷酸化（oxidative phosphorylation）和嘌呤代谢（purine metabolism）的功能基因占据相对较高的比例，而被归类到其他代谢通路 [如淀粉和蔗糖代谢（starch and sucrose metabolism），嘧啶代谢（pyrimidine metabolism），卟啉和叶绿素代谢（porphyrin and chlorophyll metabolism），烟酸和烟酰胺代谢（nicotinate and nicotinamide metabolism），精氨酸和脯氨酸代谢（arginine and proline metabolism），组氨酸代谢（histidine metabolism），苯丙氨酸、酪氨酸和色氨酸生物合成（phenylalanine, tyrosine and tryptophan biosynthesis），乙醛酸和二羧酸代谢（glyoxylate and dicarboxylate metabolism），甘氨酸、丝氨酸和苏氨酸代谢（glycine, serine and threonine metabolism）等] 的功能基因在土壤中只占很小的比例（Li et al.，2022）（图 1.4）。

与更加干旱的荒漠草原土壤相比，青藏高原高寒草甸土壤微生物群落强化了与细菌趋化（bacterial chemotaxis）、鞭毛组装（flagellar assembly）、细菌分泌系统（bacterial secretion system）、硫代谢（sulfur metabolism）、丁酸酯代谢（butanoate metabolism）、苯甲酸盐降解（benzoate degradation）、氨基苯甲酸降解（aminobenzoate degradation）、芳香化合物降解（degradation of aromatic compounds）、香叶醇降解（geraniol degradation）、柠檬烯和蒎烯降解（limonene and pinene degradation）、脂肪酸降解（fatty acid degradation）、脂肪酸代谢（fatty acid metabolism）、脂多糖生物合成（lipopolysaccharide biosynthesis）、二元系统（two-component system）、精氨酸和脯氨酸代谢（arginine and proline metabolism）、柄杆菌细胞周期（cell cycle-caulobacter）相关的功能基因；相反，减少了与碳代谢（carbon metabolism），果糖和甘露糖代谢（fructose and mannose metabolism），戊糖磷酸途径（pentose phosphate pathway），氨基酸生物合成（biosynthesis of amino acids），精氨酸生物合成（arginine biosynthesis），苯丙氨酸、酪氨酸和色氨酸生物合成（phenylalanine, tyrosine and tryptophan biosynthesis），赖氨酸生物合成（lysine biosynthesis），组氨酸代谢（histidine

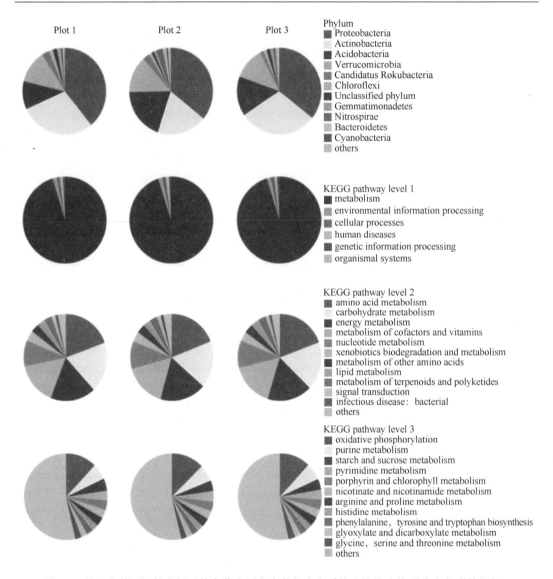

图 1.4　基于宏基因组技术揭示的青藏高原高寒草甸生态系统土壤微生物群落和代谢特征概况
（表层土壤 0～10cm）

metabolism），甘氨酸、丝氨酸和苏氨酸代谢（glycine，serine and threonine metabolism），辅因子生物合成（biosynthesis of cofactors），卟啉与叶绿素代谢（porphyrin and chlorophyll metabolism），氨基酰基-tRNA 生物合成（aminoacyl-tRNA biosynthesis），DNA 复制（DNA replication）、核糖体（ribosome），嘧啶代谢（pyrimidine metabolism），叶酸介导的一碳库（one carbon pool mediated by folate）、甲烷代谢（methane metabolism），原核生物碳固定途径（carbon fixation pathways in prokaryotes），肽聚糖生物合成（peptidoglycan biosynthesis）和脂阿拉伯甘露聚糖生物合成［lipoarabinomannan（LAM）biosynthesis］相关的功能基因（Li et al.，2022）（图 1.5）。

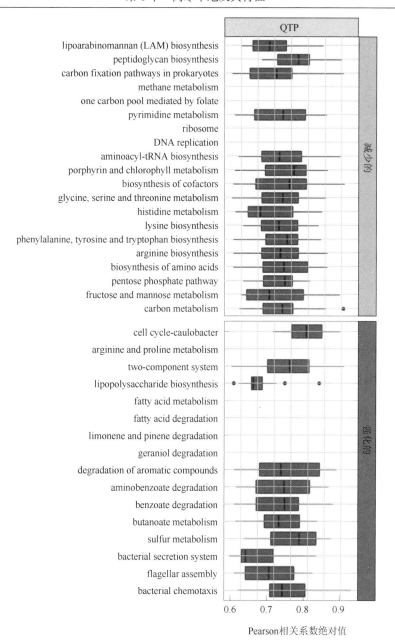

图 1.5　青藏高寒草甸表层土壤强化和弱化的代谢路径

参 考 文 献

杜占池，樊江文，钟华平，2009. 草原、草地与牧地辨析[J]. 草业与畜牧（7）：1-7，31.

樊江文，张良侠，张文彦，等，2014. 中国草地样带植物根系 N、P 元素特征及其与地理气候因子的关系[J]. 草业学报，23（5）：69-76.

范泽孟，2021. 青藏高原植被生态系统垂直分布变化的情景模拟[J]. 生态学报，41（20）：8178-8191.

胡雷，吴新卫，周青平，等，2016. 若尔盖湿地生态系统服务功能：研究现状与展望[J]. 西南民族大学学报（自然科学版），

42（3）：246-254.

兰楠，2022. 高寒草甸土壤净氮矿化潜势对退化的响应[D]. 北京：中国科学院大学.

刘正佳，邵全琴，王丝丝，2015. 21 世纪以来青藏高原高寒草地的变化特征及其对气候的响应[J]. 干旱区地理，38（2）：275-282.

陆晴，吴绍洪，赵东升，2017. 1982～2013 年青藏高原高寒草地覆盖变化及与气候之间的关系[J]. 地理科学，37（2）：292-300.

农业大词典编辑委员会，1998. 农业大词典[M]. 北京：中国农业出版社.

孙建，张振超，董世魁，2019. 青藏高原高寒草地生态系统的适应性管理[J]. 草业科学，36（4）：915-916，933-938.

王润，2005. 红原草地荒漠化变化遥感分析[D]. 重庆：西南农业大学.

杨德春，胡雷，宋小艳，等，2021. 降雨变化对高寒草甸不同植物功能群凋落物质量及其分解的影响[J]. 植物生态学报，45（12）：1314-1328.

赵新全，2009. 高寒草甸生态系统与全球变化[M]. 北京：科学出版社.

中国植被编辑委员会，1980. 中国植被[M]. 北京：科学出版社.

邹珊，吕富成，2016. 青藏高原两种特殊的植被类型：高寒草原和高寒草甸[J]. 地理教学（2）：4-7，46.

Bolger A M，Lohse M，Usadel B. 2014. Usadel，Trimmomatic：a flexible trimmer for Illumina sequence data[J]. Bioinformatics，30（15）：2114-2120.

Buchfink B，Xie C，Huson D H，2015. Fast and sensitive protein alignment using DIAMOND[J]. Nature Methods，12（1）：59-60.

Ehrlich P R.，Ehrlich A H，1981. Extinction：the causes and consequences of the disappearance of species[M]. New York：Random House.

Fu L M，Niu B F，Zhu Z W，et al.，2012. CD-HIT：accelerated for clustering the next-generation sequencing data. Bioinformatics [J]. Bioinformatics，28（23）：3150-3152.

Hyatt D，Chen G L，Locascio P F，et al.，2010. Prodigal：prokaryotic gene recognition and translation initiation site identification[J]. BMC Bioinformatics，11（1）：e119.

Jing Y M，Lan N，Lei L，et al.，2023. Total phosphorus mediates soil nitrogen cycling in alpine meadows[J]. Journal of Soils and Sediments，23（9）：3445-3457.

Lawton J H，1994. What do species do in ecosystems?[J]. Oikos，71（3）：367-374.

Lawton J H，Brown V K，1994. Redundancy in ecosystems//Biodiversity and ecosystem function[M]. Berlin：Springer.

Langmead B，Salzberg S L，2012. Fast gapped-read alignment with Bowtie 2[J]. Nature Methods，9（4）：357-359.

Li C N，Liao H J，Xu L，et al.，2022. The adjustment of life history strategies drives the ecological adaptations of soil microbiota to aridity[J]. Molecular Ecology，31（10）：2920-2934.

Li D H，Liu C M，Luo R B，et al.，2015. MEGAHIT：an ultra-fast single-node solution for large and complex metagenomics assembly via succinct de Bruijn graph[J]. Bioinformatics，31（10）：1674-1676.

MacArthur R H，1955. Fluctuations of animal populations and a measure of community stability[J]. Ecology，36（3）：533-536.

Patro R，Duggal G，Love M I，et al.，2017. Salmon provides fast and bias-aware quantification of transcript expression[J]. Nature Methods，14（4）：417-419.

Tilman D. Reich P B，Knops J. et al.，2001. Diversity and productivity in a long-term grassland experiment[J]. Science，294（5543）：843-845.

Tu B，Domene X，Yao M J，et al.，2017. Microbial diversity in Chinese temperate steppe：unveiling the most influential environmental drivers [J]. FEMS Microbiology Ecology，93（4）：fix031.

Uritskiy G V，DiRuggiero J，Taylor J，2018，MetaWRAP：a flexible pipeline for genome-resolved metagenomic data analysis[J]. Microbiome，6（1）：158.

Walker B H，1992. Biodiversity and ecological redundancy[J]. Conservation Biology，6（1）：18-23.

Wang Y S，Li C N，Kou Y P，et al.，2017. Soil pH is a major driver of soil diazotrophic community assembly in Qinghai-Tibet alpine meadows [J]. Soil Biology & Biochemistry，115：547-555.

第二部分　扰动对高寒草地的影响

第2章 研究地概况和试验方法

2.1 研究地概况

本书第二部分"扰动对高寒草地的影响"中所有控制试验均位于青藏高原地区,详细信息见表2.1。

表 2.1 研究地概况

试验样地	所属章节	地理坐标	海拔/m	样地编号
火烧干扰样地	第3章	N: 31º0.262′ E: 101º6.058′	3268	一
蚁丘干扰样地	第3章	N: 32º49.823′ E: 102º35.237′	3494	二
鼢鼠干扰样地	第3章	N: 32º49.802′ E: 102º35.276′	3491	三
施肥样地	第4章			四
模拟降水样地	第5章	N: 31º50′~33º22′		五
模拟积雪样地	第6章	E: 101º51′~103º23′	3450	六
模拟增温样地	第7章			七
不同退化阶段样地	第8章	N: 33º34′~34º30′ E: 99º54′~100º29	4150	八
高寒草地灌丛化样地	第9章	N: 32º49.633′ E: 102º34.350′	3485	九

2.1.1 一号样地概况

火烧干扰样地位于四川省道孚县境内,处于青藏高原东南缘的鲜水河断裂带中下游,气候类型为寒温带大陆性季风气候,具有高原气候和山地河谷气候的特点。冬季干燥,降水少,干湿季明显,雨热同季,具有日照充足、降水集中、年温差小、无霜期短等特征。道孚县年均温约为8.0℃,温度变化呈现单峰曲线,7月最高,1月最低;年均降水量608mm,降水格局为双峰形式,最高降水量分别在6月和9月(王乾等,2009)。极端低温为-26.9℃,极端高温为27℃,1月均温2.5℃,7月均温16℃,无绝对无霜期。由于海拔和相对高度的影响,其地貌类型复杂多样,相对高度变化较大,呈现出明显的垂直分异特点,基带海拔(海拔在2700~3200m)属山地温带;山地寒温带和山地亚寒带分别位于海拔 3200~3500m 和海拔 3500~4800m。气候垂直分带明显,小气候复杂多样,具有明显的地域性差异和垂直变化(李怡,2008)。优势植物为草地早熟禾(*Poa pratensis*)和线叶嵩草(*Kobresia capillifolia*)等。

2.1.2　二号至七号、九号样地概况

二号至七号和九号样地位于四川省红原县境内。红原县地势由东南向西北倾斜,平均海拔 3500m,草地面积 6293km², 占全县总面积的 76.75%,大部分属于高山草甸类型;属大陆高原寒温带半湿润季风气候,年降水量 650~800mm,年均气温 1.1℃,最高温度 10.9℃,最低温度-10.3℃,年均积温 1432.3℃,年均日照 2417.9h,平均相对湿度 71%。高寒草甸植被生长期为 120~140 天,主要集中在每年的 5~9 月。植被平均盖度超过 80%,植被高度最高达到 45~60cm,单子叶植物主要有四川嵩草(*Carex setchwanensis*)、高山嵩草(*Carex parvula*)、四川剪股颖(*Agrostis clavata*)和垂穗披碱草(*Elymus nutans*)等,双子叶植物主要有条叶银莲花(*Anemone trullifolia*)、钝苞雪莲(*Saussurea nigrescens*)和委陵菜属(*Potentilla* L.)。土壤为亚高寒草甸土壤,土层深达 40cm 以上,土壤有机质含量高(胡雷等,2016)。

2.1.3　八号样地概况

八号样地位于青海省玛沁县境内。玛沁县平均海拔 4150m,为典型高原大陆性气候,冷季漫长、干旱而寒冷,持续时间达 7~8 个月;暖季短暂、湿润而凉爽,持续时间 4~5 个月。温度年差小而日差较为悬殊,太阳辐射强烈,日照充足。年均气温为-1.7℃,1 月平均气温为-14.8℃,7 月平均气温为 9.8℃,年均降水量 600mm,降水集中在 5~9 月,约占年降水量的 80%,蒸发量 1160.3mm。土壤为高山草甸土和高山灌丛草甸土,高山嵩草草原化草甸为该地区主要的草地类型,其建群种为小嵩草(*Kobresia pygmaea*),主要的伴生种有羊茅(*Festuca ovina*)、针茅(*Stipa capillata*)等禾草,杂类草有高山紫菀(*Aster alpinus*)、湿生蔍蕾(*Gentianopsis paludosa*)、高山唐松草(*Thalictrum alpinum*)、高山豆(*Tibetia himalaica*,常用俗名异叶米口袋)等(胡雷等,2014)。

2.2　试　验　设　计

2.2.1　一号至三号干扰样地试验设计

一号火烧干扰样地位于道孚县鲜水镇孜龙村尕乌山。此处高寒草地于 2010 年 12 月经历了大面积的自然火烧干扰,作者团队于 2011 年 8 月选取三块 20m×20m 的火烧样地作为处理样地,于附近选取三块同样面积无火烧样地作为对照样地。在每种处理的三个样地中,分别选取 10 个 1m×1m 的小样方进行植物群落调查和土壤样品采集(Wang et al.,2016)。

二号蚁丘干扰样地和三号鼢鼠干扰样地位于距红原县城 10km 处的高寒草地。于 2011 年 8 月在两个干扰样地随机选取 0.5m×0.5m 的 10 个样方进行植物和土壤样品采集与分析。

2.2.2　四号施肥试验设计

四号施肥样地位于距红原县城 10km 处的未干扰高寒草地。作者团队于 2012 年 4 月底选择地势相对一致、地上植被分布相对均匀的高寒草地作为施肥样地,采用随机小区试验设计,将氮肥单施、磷肥单施样地分为 4 大区,分别为 F1、F2、F3 和 F4(大小均为 30m×20m),用围栏将每个试验大区围封,不进行放牧活动,每个试验大区共有 15 个小样方,每个小样方面积为 3m×3m,两个小区之间间隔 2m 作为缓冲区。于 2014 年 4 月底在氮磷单施样地附近选取两块 30m×20m 样地,每个样地分为 15 个 3m×3m 的小样方,采用随机区组设置氮磷混施样地。

其中,氮肥单施处理使用尿素$[CO(NH_2)_2]$,磷肥单施处理使用过磷酸钙$[Ca(H_2PO_4)_2·H_2O]$,氮磷混施处理则使用尿素和过磷酸钙的混合物。氮肥单施和磷肥单施处理分别设置四个施肥梯度,施肥量为 0(N0,P0)、$10g/m^2$(N10,P10)、$20g/m^2$(N20,P20)、$30g/m^2$(N30,P30),氮磷混施处理施肥量分别为 $5g/m^2$ 尿素 + $5g/m^2$ 过磷酸钙(NP10)、$10g/m^2$ 尿素 + $10g/m^2$ 过磷酸钙(NP20)、$15g/m^2$ 尿素 + $15g/m^2$ 过磷酸钙(NP30)。于每年 4 月底或 5 月初进行施肥,选择阴天施肥,以使肥效能够充分吸收。该样地施肥处理从 2012 年开始,已经连续进行了 11 年。

2.2.3　五号模拟降水试验设计

五号模拟降水样地位于距红原县城 10km 处的未干扰高寒草地。作者团队于 2016 年 5 月进行模拟降水实验,样地面积为 50m×50m,使用围栏进行围封以减少放牧干扰。使用随机区组试验,分 5 个情景模拟降水处理(减雨 90%、减雨 50%、减雨 30%、CK 和增雨 50%,CK 为自然降水,根据不同的处理设置不同面积的挡雨板),每种处理设置 6 个重复样方,共 30 个样方。单个样方大小为 2m×2m,使用增减雨装置进行试验,该装置利用高透光的有机玻璃作为挡雨板进行截流,挡雨板长度超过每个样方宽度 20cm,采用聚氯乙烯(polyvinyl chloride,PVC)管材质的集雨管和集雨桶收集自然降水,将收集的水倒出样方外(减雨 50%除外,将其截流的水用人工浇水的方式均匀浇灌到增雨 50%样方中),同时样方四周用铝皮埋至地下 40cm 深处,防止土壤中水分的横向流动。

2.2.4　六号模拟积雪试验设计

六号模拟积雪样地位于距红原县城 10km 处的未干扰高寒草地。作者团队于 2013 年采用随机区组试验在 30m×30m 的区域内均匀布置 25 个 2m×2m 小样方,样方至少间隔 2m 作为缓冲区,并使用围栏进行围封,以减少放牧干扰。

作者团队于 2013～2019 年期间，每年 10 月至次年 5 月，在降雪后开展积雪野外控制试验。把 5 个积雪量梯度 CK、S0、S1、S2、S3 均匀布置在样地内。其中，CK 为自然积雪量，S0 为去除积雪，S1、S2、S3 分别为自然积雪量的 2 倍、3 倍、4 倍，每次处理共设置 5 个重复样方。具体操作方法为：①提前在样地四周建立积雪场。并在积雪场上布置 2m×2m 的防水布若干，用于收集降雪。②待降雪结束后收集防水布上的积雪，分别堆积至各个样方中。③人工铲除 S0 样方中的积雪；S1、S2 和 S3 样方中，分别堆积 1 块、2 块、3 块防水布上的雪量。2017～2018 年处理期内，共堆雪 8 次，CK、S1、S2、S3 累计积雪量分别为 37cm、72cm、110cm、143cm；2018～2019 年处理期内，共堆雪 5 次，CK、S1、S2、S3 累计积雪量分别为 59cm、117cm、171cm、235cm。

2.2.5　七号模拟增温试验设计

七号模拟增温样地位于距红原县城 10km 处的未干扰高寒草地。作者团队于 2009 年 5 月随机设置 20 个 2m(长)×2m(宽)×2m(高)的开顶式生长室(open-topped chambers, OTC)，每个生长室间距不少于 5m，以消除土壤同质性。其中 10 个小样方用小于 0.1mm 的钢丝网围绕，孔隙为 0.2mm×0.2mm，作为对照实验样方（CK）；另外 10 个小样方用透光率超过 90%的树脂阳光板包围，作为增温实验样方（OTC）。每个开顶式生长室埋入土壤 10cm 深，用钢管和水泥进行固定，保证其能够承受大风天气。样品主要来自样方中心 1.5m×1.5m 的位置上，以避免其边际效应影响。土壤温度、湿度数据使用 Watchdog 2000 系列气象观测站（美国）进行采集，对 0～10cm 土层、10～20cm 土层土壤温度和湿度进行监测，每隔 2h 进行一次数据采集。

2.2.6　八号不同退化演替阶段试验设计

八号样地为位于青海省玛沁县的不同退化演替阶段的高寒草地试验样地。作者团队于 2010 年 8 月利用空间分布代替时间演替的方法（Barbour，1980），根据草地退化程度，采用草地退化五级梯度标准（郑度等，2004），研究不同演替阶段高寒嵩草草甸土壤微生物群落结构的变化。以距离牧民定居点远近为划分标准，选择不同演替阶段的高寒嵩草草甸样地，共 4 处样地，依次为原生植被（normal steppe，NS）、轻度退化（light degradation，LD）、中度退化（moderate degradation，MD）和重度退化（heavy degradation，HD）草地，以各样地地上生物量、植被盖度、优良牧草比例和土壤紧实度作为划分高寒草甸退化演替阶段的主要参考标准（刘伟等，1999；Zhou et al.，2005）。

2.2.7　九号高寒草地灌丛化试验设计

九号样地为高寒草地灌丛化试验样地。作者团队于 2017 年 9 月初选取当地 4 种典型灌丛高山绣线菊（*Spiraea alpina*）、窄叶鲜卑花（*Sibiraea angustata*）、小叶锦鸡儿（*Caragana microphylla*）、金露梅（*Potentilla fruticosa*）作为灌丛样地，另选一块没有灌

从生长的草地作为草地样地，每块样地面积约为 50m×50m。每块样地内按对角线法设置
6 个 50cm×50cm 的小样方，进行植物群落调查，用剪刀收集所有地上生物量。用土壤铲
挖取表层（0～10cm）原状土，削去边缘受挤压的土壤后，采集 2kg 团聚体土样，装于硬
质塑料盒内，同时用环刀采集土壤容重样品。将土样带回实验室，分别用于团聚体分离
和理化性质的测定，经自然风干，其间沿纹理轻轻地将大块土掰成 10～12mm 的小土块，
搬运和风干期间，尽量减少对团聚体土样的扰动和破坏。

2.3　样品采集与分析

2.3.1　植物样品采集与分析

在各个样方内分别进行植物群落数量、特征调查，记录每个样方内的植物种类、株
高和盖度、频度等指标。将植物按功能群分为禾本科、莎草科、杂类草和豆科，分别进
行测定。生物量通过收割法测定，采集植物样本于 65℃温度下烘干至恒重并称量。

1. 物种重要值和多样性指数计算

根据测定的每种植物相对盖度、相对高度和相对频度，计算其重要值（important value，
IV）。根据每个物种的重要值 IV，计算每个样方的物种香农-威纳（Shannon-Wiener）指数、
皮卢（Pielou）指数和辛普森（Simpson）指数。式（2.1）、式（2.2）中 P_i 即重要值 IV。

（1）Simpson 指数（Simpson index，D）：

$$D = 1 - \sum_{i=1}^{s} P_i^2 \tag{2.1}$$

（2）Shannon-Wiener 指数（Shannon-Wiener index，H）：

$$H = -\sum_{i=1}^{s} P_i \ln P_i \tag{2.2}$$

（3）Pielou 指数（Pielou index，E）：

$$E = \frac{H}{\ln S} \tag{2.3}$$

2. M. Godron 稳定性测定

戈德龙（M. Godron）稳定性由群落中所有物种的数量和其频度计算。首先将群落中
各物种的频度按从大到小排序，按相对频度从大到小逐个累积，与样方内总物种数的倒
数累积一一对应作散点图，并以一条平滑的曲线连接，再作一条 $y = 100-x$ 的直线，其与
曲线的交点越接近（20，80），群落越稳定。

3. 群落时间稳定性计算

植物群落及不同功能群时间稳定性以变异系数（CV）的倒数 ICV 表示：

$$ICV = \frac{\mu}{\sigma} \tag{2.4}$$

式中，μ 为群落总生物量的时间平均值（2014～2020 年）；σ 为时间标准差。ICV 越大，群落时间稳定性越高。

4. 植物功能属性测定

作者团队选取 5 种植物用于功能属性的分析，分别为钝苞雪莲（*Saussurea nigrescens*）、乳白香青（*Anaphalis lactea*）、垂穗披碱草（*Elymus nutans*）、落草（*Koeleria macrantha*）和异叶米口袋（*Tibetia himalaica*）。于 2018 年、2019 年 8 月下旬待各物种果实成熟后，在每个梯度的 5 个样方中，随机采取 5 株发育完全的植物样本，累计每个梯度选取 25 株。由地面剪取植物地上部分后，对样品进行分株编号，装入保鲜袋并放入保鲜盒中带回实验室测定如下项目。

（1）茎属性。

株高：整株植物长度，利用精度为 0.1mm 的卷尺测量。

茎长：茎上第一颗果实与茎末端之间的长度，利用精度为 0.1mm 的卷尺测量。

茎粗：每株样品茎部直径，利用精度为 0.01mm 的游标卡尺测量 3 次。

茎干重：每株植物茎部的生物量，用万分之一天平测量。

茎分配：每株植物茎部生物量占全株植物总生物量的比例。

（2）叶片属性。

叶干重：整株叶片的生物量，用万分之一天平测量。

比叶面积：以每株植物总叶面积/每株植物总叶干质量计算得出比叶面积。其中叶面积利用扫描仪对每株植物的全部叶片进行扫描获取，然后利用 ImageJ 软件[①]分析得出每株植物总叶面积。

单株叶片数：每株植物所具有的叶片数量。

叶分配：每株植物叶片生物量占全株植物总生物量的比例。

（3）果实属性。

果实直径：利用精度为 0.01mm 的游标卡尺测量。

果实长度：用株高减茎长表示总状花序果实长度，具体是指近基端第一颗果实到顶端的距离。

单株果实量：每株植物的果实或花苞数量。

单株果实重：每株植物果实部分的生物量，用万分之一天平测量。

单颗果实重：用单株果实重与单株果实量的比来表示。

（4）繁殖分配：以繁殖器官生物量占地上部分总生物量的百分比来表示。

（5）个体大小：由于在采样过程当中，无法完整挖取植株根系，因此以地上部分总生物量代表植株个体大小。

（6）营养器官生物量：以茎叶质量代表营养器官生物量。

---

① 该软件由美国国立卫生研究院研发。

（5′-AAG CTC GTA GTT GAA TTT CG-3′）和 AMGDR（5′-CCC AAC TAT CCC TAT TAA TCA T-3′）为第二段扩增引物，反应体系包括：19μL 无菌水，25μL 的 2×Tap MasterMix（中国），前后引物 AMV4-5N 和 AMGDR 各 2μL，最后加入 2μL 第一段扩增稀释后的 DNA 样品。PCR 反应程序为，95℃变性 10min，随后进行 35 次如下循环过程：94℃变性 30s，55℃退火 30s，72℃延伸 1min，循环 35 次完成后 74℃延伸 9min。PCR 扩增使用 BIO-RAD C1000 TouchTM Thermal Cycler（美国）完成。用 1%琼脂糖凝胶对第二段 PCR 产物进行电泳纯化，并在荧光切胶台下验证 PCR 产物序列长度，对合格样品进行切胶保存，对不合格样品进行补做，切胶后使用 AP-GX-50 胶回收试剂盒（美国）进行回收。对回收后样品的质量、浓度使用 Nano Drop 2000C 分光光度计进行检测，对不合格样品进行补做。最后将全部合格样品等摩尔混合用于后续测序。混合后的 PCR 纯化产物用 TruSeq® DNA PCR-Free Sample Preparation Kit 建库试剂盒（美国）进行标准建库，构建好的文库经过 Qubit 的实时荧光定量 PCR（qPCR）定量，文库合格后，使用 Illumina 测序平台进行上机测序。

Paired-end 序列拼接：使用 FLASH（V1.2.7）对每个样品的 reads 进行拼接，得到的拼接序列为原始数据。序列质量控制：拼接得到的数据需要经过严格的过滤处理得到高质量的数据。参照 Qiime（V1.9.0）的数据质量控制流程，进行如下操作：①数据截取，将数据从连续低质量值（默认质量阈值≤3）碱基数达到设定长度（默认长度值为 3）的第一个低质量碱基位点截断；②数据长度过滤，数据经过截取后得到数据集，进一步过滤掉其中连续高质量碱基长度小于数据长度 75%的数据；③去除嵌合体（chimera），利用 Usearch 软件（v8.0）检测嵌合体序列，去除后得到最终的有效数据；④OTU（operational taxonomic units）聚类，利用 Usearch 软件对所有样品的全部有效数据进行聚类（cdhit 算法），默认以 97%相似性将序列聚类成为 OTU，同时选取 OTU 的代表性序列（该 OTU 中出现频数最高的序列），去除 OTU 中的 Singleton(在所有样品中只有 1 条序列的 OTU)；⑤物种注释，对 OTU 代表序列进行物种注释，用 Qiime 软件进行物种注释分析，使用 Silva v119 作为参考数据库。对于注释效果不理想（例如不能注释的 OTU，或不能鉴定到科属水平的高丰度 OTU）的序列，使用美国国家生物技术信息中心（National Center for Biotechnology Information，NCBI）的在线比对工具进行补充分析，以达到最佳注释效果，去除非 AMF 序列；⑥均一化处理，对 OTU 表中各样品的数据进行均一化处理，以样品中数据量最少的为标准进行均一化处理，后续的 AMF 群落的 α 多样性和 β 多样性都是基于均一化处理后的数据。

2.3.4 土壤团聚体及其胶结物的测定

1. 土壤团聚体的分离与提取

本书中的团聚体均指水稳性团聚体，团聚体的分级采用 Cambardella 和 Elliott（1993）的湿筛法和沉降虹吸法。称取原状风干土样 100g，将孔径分别为 2mm、0.25mm 和 0.053mm 的套筛按从上到下的顺序组合好，将称量好的土样均匀铺撒于最上层，然后将套筛置于盛有蒸馏水的筛分桶内，缓缓湿润直至刚好淹没土样，保持最顶层筛的上边缘始终高于水面。在室温条件下浸润 5min 后，以 30 次/min 的频率，上下振幅为 3cm，振荡 2min。筛分结束后收集各筛层的团聚体土样并分别转移至铝盒中，放入烘箱以 50℃ 的温度烘干称重，获得>2mm、0.25~2mm、0.053~0.25mm 三级土壤团聚体。然后用沉降虹吸法分离沉降桶内的土壤悬液，得到>0.053mm 和 0.002~0.053mm 的微团聚体。并计算各级水稳性团聚体组成及其稳定性，大于 0.25mm 团聚体比例（$R_{0.25}$）采用式（2.5）计算（Le et al.，2018）。

$$R_{0.25} = \frac{W_{r>0.25}}{W_T} \times 100\% \tag{2.5}$$

式中，W_T 代表所有粒级团聚体质量之和；$W_{r>0.25}$ 代表 r>0.25mm 粒级团聚体的质量。

团聚体平均重量直径（mean weight diameter，MWD）采用式（2.6）计算（马文明等，2019）。

$$\text{MWD} = \sum_i^n \bar{d} \times m_i \tag{2.6}$$

式中，MWD 为团聚体平均重量直径（mm）；i 为第 i 级团聚体；n 为团聚体总级数，$n = 5$；$\bar{d}$ 为第 i 级团聚体颗粒的平均直径（mm）；m_i 为第 i 级团聚体组成（%）。

分形维数（D）采用杨培岭等（1993）的公式计算：

$$\lg\left[\frac{M_{(r<\bar{X}_i)}}{M_T}\right] = (3-D)\lg\frac{x_i}{\bar{X}_{\max}} \tag{2.7}$$

式中，x_i 为第 i 级团聚体的平均直径（mm）；$M_{(r<\bar{X}_i)}$ 为直径小于 $\bar{X}_i$ 的团聚体质量（g）；M_T 为团聚体总质量（g）；$\bar{X}_{\max}$ 为团聚体的最大平均直径（mm）。

分别以 $\lg\dfrac{x_i}{\bar{X}_{\max}}$ 和 $\lg\left[\dfrac{M_{(r<\bar{X}_i)}}{M_T}\right]$ 为横纵坐标，进行拟合，求得拟合曲线斜率，从而求得 D 值。

2. 土壤团聚体胶结物质的测定

各粒径团聚体土样经分离烘干后，进行研磨，并过 0.125mm 筛子，用总有机碳分析仪测定团聚体有机碳的含量。土壤团聚体中不同形态铁铝氧化物的提取和测定采用鲁如坤（1999）的方法：游离态铁铝氧化物（Fed，Ald）采用连二亚硫酸钠-柠檬酸钠-碳酸氢钠提取法（DCB 法）提取，无定形态铁铝氧化物（Fe，Alo）采用草酸铵-草酸缓冲液提取，络合态铁铝氧化物（Fep，Alp）采用焦磷酸钠溶液提取。用以上方法对土壤进行提取、稀释后，用分光光度计测定土壤团聚体胶结物质含量。土壤有机无机复合体中的钙键结合的有机碳采用 0.5mol/L Na_2SO_4 溶液提取；铁铝键结合的有机碳采用 0.1mol/L NaOH 和 $Na_4P_2O_7$ 的混合液提取（徐建民和袁可能，1993）。提取液经稀释后，用总有机碳分析仪测量结合态有机碳的含量。

参 考 文 献

胡雷，王长庭，王根绪，等，2014. 三江源区不同退化演替阶段高寒草甸土壤酶活性和微生物群落结构的变化[J]. 草业学报，23（3）：8-19.

胡雷，吴新卫，周青平，等，2016. 若尔盖湿地生态系统服务功能：研究现状与展望[J]. 西南民族大学学报（自然科学版），42（3）：246-254.

李怡，2008. 基于 RS 的高山峡谷区土地利用/覆盖分类研究：以大雪山西缘为例[D].雅安：四川农业大学.

刘伟，王启基，王溪，等，1999. 高寒草甸 "黑土型" 退化草地的成因及生态过程[J]. 草地学报，7（4）：300-307.

鲁如坤，1999. 土壤农业化学分析方法[M]. 北京：中国农业科技出版社.

马文明，刘军，周青平，等，2019. 高寒草地灌丛化对土壤团聚体稳定性及有机碳分布特征的影响[J]. 土壤通报，50（5）：1108-1115.

王乾，朱单，吴宁，等，2009. 四川道孚县芒苞草生境的植物群落结构和土壤元素含量[J]. 应用与环境生物学报，15（1）：1-7.

王鑫，王长庭，胡雷，等，2021. 积雪变化对高寒草甸钝苞雪莲（*Saussurea nigrescens*）繁殖分配及功能属性的影响[J].生态学报，41（19）：7858-7869.

徐建民，袁可能，1993. 我国土壤中有机矿质复合体地带性分布的研究[J]. 中国农业科学，26（4）：65-70.

杨培岭，罗远培，石元春，1993. 用粒径的重量分布表征的土壤分形特征[J]. 科学通报，38（20）：1896-1899.

郑度，姚檀栋，等，2004. 青藏高原隆升与环境效应[M]. 北京：科学出版社.

Barbour M G，Burk J H，Pitts W D，1980. Terrestrial plant ecology[M]. California: The Benjamin/Cummings Publishing Company.

Cambardella C A，Elliott E T，1993. Carbon and nitrogen distribution in aggregates from cultivated and native grassland soils[J]. Soil Science Society of America Journal，57（4）：1071-1076

Le B Y，Prieto I，Roumet C，et al.，2018. Soil aggregate stability in mediterranean and tropical agro-ecosystems: effect of plant roots and soil characteristics[J]. Plant and Soil，424（1）：303-317.

Wang C T，Wang G X，Wang Y，et al.，2016. Fire alters vegetation and soil microbial community in alpine meadow[J]. Land Degradation & Development，27（5）：1379-1390.

Zhou H K，Zhao X Q，Tang Y H，et al.，2005. Alpine grassland degradation and its control in the source region of the Yangtze and Yellow rivers，China[J]. Grassland Science，51（3）：191-203.

第3章 干扰对高寒草地生态系统的影响

3.1 干扰的定义及生态学意义

3.1.1 干扰的定义

近年来，受"干扰"生态系统的研究是生态学界关注的焦点，干扰生态学已成为现今生态学研究的重点领域。高寒草地作为青藏高原代表性的草地类型，对该区乃至全国的生态环境和社会经济的可持续发展具有十分重要的意义。但长期以来自然或人为的各种干扰行为，使高寒草地面积不断减少，草地的生态功能下降，草地严重退化。因此研究高寒草地的干扰生态对高寒草地退化的修复、生物多样性的维持和生态平衡的稳定有着重要的意义。

凡是对自然界的进化、演变产生驱动效应的自然因素或生物因素（包括人类因素），在现代生态科学中均被认为是干扰。干扰是自然界中无时无处不在的一种普遍现象，直接影响着生态系统的演变过程。干扰对自然界的作用效果存在不利和有利两种完全相反的情况（叶林奇，2000）。干扰作为自然界的普遍现象，很早就受到人们的关注，在传统生态学中将干扰作为影响群落结构和演替的重要因素。由于研究干扰的角度不同，对干扰所下定义也不相同。从字面含义来看，干扰是正常过程的打扰或妨碍，即平静的中断。White 等（1979）认为，干扰是在不同的时间和空间尺度上产生的，无法预知的、偶然性的事件，是一个自然过程。Pickett 和 White（1985）把干扰定义为，使生态系统、群落或物种的结构受到相应破坏，且使物理环境和基质产生明显变化的一种离散性事件。干扰既有建设性的一面，也有破坏性的一面，人类的一切行为均是干扰（陈利顶和傅伯杰，2000）。

3.1.2 干扰的生态学意义

如何正确认识干扰及其影响对指导我们应对干扰及管理干扰有十分重要的意义。然而，目前对干扰的研究还很少，对干扰的生态意义认识不足，甚至认为干扰就是破坏或灾害。干扰是自然界存在的一种普遍现象之一，作为生态系统重要组成成分的植物群落经常受各种干扰。植物群落中常见的干扰类型包括病虫害、生态入侵、山洪、泥石流、雪灾、畜牧、乱砍滥伐等。干扰改变了植物群落的环境条件、结构组成和物种多样性等，从而影响植物群落的功能及其演替进展甚至方向。干扰对植物群落的影响有积极的也有消极的，随着人类生产经营活动影响的不断扩大，干扰的生态作用受到越来越广泛的关注。在植物群落生态学中，有关干扰的研究比较多，其中，物种组成和物种多样性是干扰在植物群落研究中的两个热点话题。在这方面已有学者提出了一些假说和理论，其中广泛被接受的是 Connell（1978）的"中度干扰假说"，该假说强调适当的中等程度的干扰是群落高度多样性状态的有利因子。现今人们通过大量的调查和研究，充分利用干扰规律的积极影响为生产生活服务，提高社会经济效益和生态效益。因此研究干扰对于揭示其与植物群落及人类社会之间的紧密关系是十分重要的。综合以上概念，可以得出干扰的定义：干扰是指在自然或人为条件下，偶发性的、相对性的、非连续性的事件，它导致生态系统、群落、种群或个体明显变化，改变了先前的生态过程，重新建立了相应的生态布局。

干扰的生态学意义长期以来一直未受到生态学界的关注，主要在于以前生态学更多研究的是生态系统的平衡稳定和生态演替中顶级群落的形成与发展。随着研究的不断深化与拓展，干扰在物种多样性形成和保护方面的重要作用逐渐被认识。适当的干扰不但不会对生态系统造成伤害，而且还可促进系统的演替和更新，有利于生态系统的持续发展，且对干扰的研究比对静态平衡的研究能更好地解释生态系统发展规律。因此，干扰可以看作是生态演变过程中不可缺少的自然现象，许多植物群体和物种与干扰有密切的关系，尤其在自然更新上具有重要的作用。干扰的生态作用主要体现在生态系统中各种因素的变化，如火灾、乱砍滥伐、放牧等干扰，导致水分、能量、土壤养分、植被等的改变，进而造成微生态环境的改变，从而直接影响植物对土壤中营养物质的吸收利用，最终在一定程度上影响地表的覆被。而且，干扰还会影响土壤的生物循环、养分循环和水分循环，导致景观格局的改变（陈利顶和傅伯杰，2000）。事实上，自然界的干扰作为一种有效的驱动力，对生态系统的物种多样性、群落稳定性和景观异质性的保持与发展具有十分重要的作用（Schroeder and Perera，2002），甚至是种群维持的机制之一（Attiwill，1994）。

总之，干扰相关研究在生态学中具有重要的意义。干扰的后果可能是积极的，也可能是消极的。积极的干扰有利于维持生物组分或生态系统的稳定，消极的干扰促使干扰作用的对象发生退化。生态学研究的一个重要任务是确定干扰的消极性与积极性，并研究消极干扰的规律、强度、范围及后果等，从而采取有效的生态环境保护措施进行预防和恢复。目前干扰的研究已广泛应用于恢复生态学、生物多样性保护、生态监测和灾害防治等方面（魏斌等，1996）。

本书选取川西北高寒草地火烧、蚁丘、鼢鼠 3 种典型的干扰为代表探讨青藏高原高寒草地特殊环境对干扰生态学中的几种典型干扰的一系列生态响应，为干扰生态学的研究提供一定理论基础和数据资料。地球上大多数生态系统已遭受到或多或少的各种干扰，近年来，受"干扰"的生态系统的研究是生态学界关注的焦点，干扰生态学已成为现今生态学研究的热点。

3.2　火烧干扰对高寒草地的影响

3.2.1　火烧干扰对植物群落特征的影响

火烧干扰可以使高寒草地植物的物种丰富度增加，但火烧干扰却使高寒草地植物的盖度、高度和生物量明显降低（表 3.1）。t 检验发现，火烧使高寒草地植物的物种丰富度增加了 1.61，但差异不显著；使高寒草地植物的分盖度、总盖度、高度和生物量分别减少了 1.58 百分点、8.20 百分点、6.18cm 和 39.92g/m^2（$P<0.05$）。这说明火烧可以增加高寒草地植物群落的物种数，同时对高寒草地植物群落的生长有明显的负面影响。

表 3.1　火烧干扰对高寒草地植物群落的影响

试验组	物种丰富度	分盖度/%	总盖度/%	高度/cm	生物量/(g/m²)
火烧	12.41±1.14a	9.25±0.70a	88.80±2.59a	12.61±1.12a	249.16±3.16a
对照	10.80±1.10a	10.83±0.65b	97.00±1.58b	18.79±1.60b	289.08±3.69b

注：不同字母表示达到显著水平 $P<0.05$。

3.2.2　火烧干扰对植物功能群的影响

火烧对高寒草地群落禾本科植物的盖度和生物量有明显的影响。火烧干扰使高寒草地群落禾本科植物的盖度和生物量显著减少（$P<0.05$），分别减少了 22.60 百分点和 56.86g/m²；对于豆科、莎草科和杂类草的盖度和生物量，除了莎草科的盖度火烧后增加了 7.40 百分点，其他的变化都不明显（$P>0.05$）（图 3.1）。

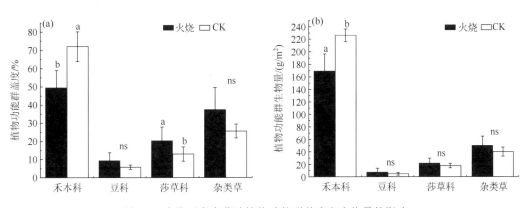

图 3.1　火烧对高寒草地植物功能群盖度和生物量的影响

3.2.3　火烧干扰对土壤理化性质的影响

火烧后，高寒草地土壤养分中全氮、碱解氮、速效磷和速效钾的含量明显增加（$P<0.05$），特别是碱解氮和速效钾含量分别增加了 20.75mg/kg 和 20.10mg/kg；有机质、全磷和全钾含量显著减少（$P<0.05$）。火烧使高寒草地土壤 pH 显著降低（$P<0.05$）（表 3.2）。火烧干扰使高寒草地土壤容重和根土比发生了明显的改变，但土壤含水量变化不明显。0~10cm 和 10~20cm 土层容重均增加 0.08g/cm³；火烧对高寒草地 0~10cm 土层的根土比的影响比较明显，0~10cm 土层的根土比增加了 2.29 百分点（$P<0.05$）；对 10~20cm 土层的根土比的影响不明显（表 3.3）。

表 3.2　火烧对高寒草地土壤养分的影响

试验组	pH	有机质含量/(g/kg)	全氮含量/(g/kg)	全磷含量/(g/kg)	全钾含量/(g/kg)	碱解氮含量/(mg/kg)	速效磷含量/(mg/kg)	速效钾含量/(mg/kg)
火烧	7.44±0.06a	66.03±1.65a	3.24±0.09a	0.43±0.01a	17.30±0.32a	298.66±4.63a	4.01±0.10a	237.95±4.10a
对照	7.81±0.04b	70.96±1.73b	3.04±0.06b	0.49±0.02b	18.75±0.46b	277.91±7.82b	3.18±0.17b	217.85±2.36b

表 3.3　火烧对高寒草地土壤根土比、含水量和容重的影响

深度/cm	试验组	根土比/%	含水量/%	容重/(g/cm³)
0～10	火烧	5.85±1.24a	20.85±2.91a	0.94±0.04a
	对照	3.56±1.06b	20.46±2.44a	0.86±0.06b
10～20	火烧	0.35±0.28c	14.05±1.61b	1.18±0.03c
	对照	0.44±0.21c	12.66±1.17b	1.10±0.03d

注：不同小写字母代表同一指标的差异性显著（$P<0.05$），下同。

3.2.4　火烧干扰对土壤微生物结构多样性的影响

用磷脂脂肪酸（phospholipid fatty acid，PLFA）生物标记法分析土壤微生物结构。本书鉴定的 PLFA 的碳链长度为 C12～C21，种类丰富，含有各种饱和的、不饱和的、甲基化分支的和环状的磷脂脂肪酸生物标记共 23 种。其中代表革兰氏阳性菌的 a14:0、i15:0、a16:0，代表革兰氏阴性菌的 16:1ω9c，代表真菌的 18:1ω9c 和代表一般细菌的 15:0、16:0、18:0 是主要的代表性磷脂脂肪酸，分别占火烧土样和对照土样 PLFA 的 73.50%和 75.33%。火烧土壤的单烯脂肪酸和指示真菌的脂肪酸含量均比对照土壤高，分别高 7.27nmol/g 和 3.69nmol/g，表明火烧土壤的底物活性和通气状况均好于对照土壤（图 3.2）。

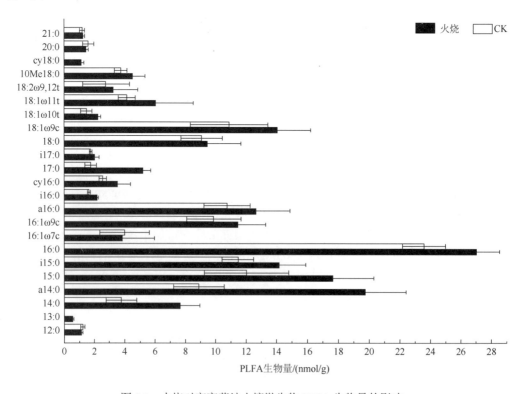

图 3.2　火烧对高寒草地土壤微生物 PLFA 生物量的影响

　　火烧干扰显著改变了土壤微生物的生物量。火烧后土壤微生物群落中细菌、革兰氏阳性菌、革兰氏阴性菌、放线菌、真菌和微生物总量均明显增加，分别增加了41.19nmol/g，16.26nmol/g，6.18nmol/g，0.74nmol/g，3.69nmol/g，44.88nmol/g（$P<0.05$）。火烧干扰能提高高寒草地土壤微生物生物量；但火烧对土壤微生物群落不同菌群 PLFA 比值的影响不明显。细菌与真菌的比值（BACT/FUNG）可反映细菌和真菌相对含量的变化和两个种群的相对丰富程度，土壤 BACT/FUNG 越低，土壤生态系统越稳定。本书中革兰氏阳性菌与革兰氏阴性菌的比值（G^+/G^-）均大于 1，符合在自然生态系统中，革兰氏阳性菌在细菌群落结构中占优势的状况。土壤微生物的饱和与不饱和脂肪酸比值（SFA/UFA）对研究其微生物群落结构和环境状况有重要意义，该比值受土壤有机物质输入量和有机碳含量的影响。综上可知，火烧对高寒草地土壤微生物群落的影响表现为明显增加了土壤微生物生物量，但对土壤微生物群落不同菌群的结构组成的影响不显著（图 3.3 和表 3.4）。

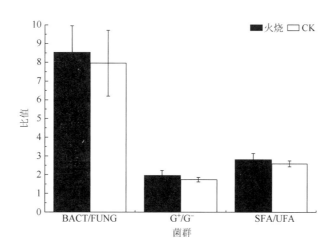

图 3.3　火烧对高寒草甸土壤不同菌群 PLFA 比值的影响

表 3.4　火烧对高寒草地土壤微生物群落 PLFA 的影响

试验组	细菌生物量 /(nmol/g)	革兰氏阳性菌 生物量/(nmol/g)	革兰氏阴性菌 生物量/(nmol/g)	放线菌生物量 /(nmol/g)	真菌生物量 /(nmol/g)	微生物总量 /(nmol/g)
火烧	154.50±2.87a	50.77±3.05a	28.23±1.88a	4.49±0.84a	18.51±3.17a	173.01±4.44a
对照	113.31±7.73b	34.51±1.97b	22.05±1.46b	3.75±0.40a	14.82±3.83a	128.13±10.06b

3.3　蚁丘干扰对高寒草地的影响

　　蚂蚁是地球上分布广泛、数量最多的一类群居、筑巢、社会性生活昆虫。蚂蚁的筑丘和觅食行为是草地生态系统中不可忽视的干扰因子，常能改变局部的微生境，导致环境的异质性，进而影响系统中的土壤和植被（吴东辉等，2008；陈明等，2008）。蚂蚁一般取食其他昆虫和植物的分泌物，大多数蚂蚁能在地下筑巢，有的巢穴深达数米。蚂蚁筑巢活动对土壤的翻动作用，提高了土壤的通气性能，增加了土壤有机质含量。蚂蚁筑巢能改变土壤的性质，蚁丘内木质素衍生酚类物质且纤维素多糖含量丰富，蚁丘下的土壤富含有机物质。蚂蚁不仅是土壤动物生物量的主要组成部分，而且通过生物扰动和刺激土壤有机质转化极大地影响土壤养分循环。蚂蚁在筑巢过程中收集大量的木质碎屑、昆虫猎物和蜜糖类物质作为食物。因此，活跃的蚁丘表层比非蚁丘表层土壤富含有机质和无机营养元素，如钙、钾、镁、钠和磷（Kristiansen and Amelung，2001）。蚂蚁的活动也可以改变土壤的物理性质（如渗透性和孔隙度）（Wang et al.，1995），改变土壤微生物群落和动物区系的生物量，影响有机质的分解率。

3.3.1 蚁丘干扰对植物群落特征的影响

高寒草甸上广布弓背蚁筑巢形成的蚁丘干扰可以使其上面植物的分盖度、总盖度和高度增加，但蚁丘干扰却使植物的丰富度明显降低。蚁丘干扰使植物的分盖度、总盖度和高度分别增加了 7.99 百分点，1.60 百分点和 2.99cm（P＜0.05）；植物物种丰富度与对照相比减少了 10.20（P＜0.05）。蚁丘干扰后高寒草甸植物群落多样性表现出下降趋势，其中 Simpson 指数、Shannon-Wiener 指数和 Pielou 指数分别减少 0.0323、0.6053 和 0.0290，表明蚁丘干扰改变了高寒草甸植物群落物种组成，植物群落物种多样性降低（表 3.5）。

表 3.5 蚁丘对高寒草甸植物群落特征的影响

试验组	物种丰富度	分盖度/%	总盖度/%	高度/cm	Simpson 指数	Shannon-Wiener 指数	Pielou 指数
蚁丘	9.00±3.32a	15.96±4.90a	97.60±1.14a	17.32±1.23a	0.9334	2.8390	0.9477
对照	19.20±2.59b	7.97±1.42b	96.00±1.58a	14.33±0.96b	0.9657	3.4443	0.9767

3.3.2 蚁丘干扰对植物功能群的影响

蚁丘干扰明显改变了高寒草甸群落禾本科植物功能群的盖度。蚁丘干扰后高寒草甸禾本科植物功能群的盖度为 78.75%，比对照增加了 61.75 百分点（P＜0.05），是蚁丘样方的优势群落；莎草科盖度比对照也明显增加了 10.7 百分点（P＜0.05）。然而，蚁丘干扰后豆科和杂类草的盖度和丰富度明显降低，盖度分别降低了 18.50 百分点和 48.00 百分点，丰富度分别降低了 1.50 和 6.00（P＜0.05）。蚁丘干扰对禾本科和莎草科的丰富度没有显著影响（P＞0.05）（图 3.4）。

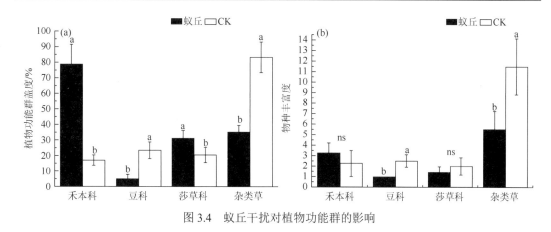

图 3.4 蚁丘干扰对植物功能群的影响

3.3.3 蚁丘干扰对土壤理化性质的影响

蚁丘干扰后高寒草甸土壤养分发生明显变化。蚁丘干扰后，土壤养分中全钾、速效磷和速效钾的含量显著增加（$P<0.05$），尤其速效钾含量增加了 215.24mg/kg；而有机质、全氮和碱解氮的含量显著减少；蚁丘干扰对土壤全磷的影响不显著（$P>0.05$）。蚁丘干扰还使土壤 pH 显著提高（表 3.6）。蚁丘干扰引起了高寒草甸土壤含水量和根土比的变化，与对照相比，蚁丘干扰使 0～10cm 土层含水量和根土比明显减少，分别减少 3.21 百分点和 1.81 百分点（$P<0.05$），而对 10～20cm 土层含水量和根土比的影响不明显；蚁丘干扰对高寒草甸土壤容重的影响不显著（表 3.7）。

表 3.6 蚁丘对高寒草甸土壤养分的影响

试验组	pH	有机质含量/(g/kg)	全氮含量/(g/kg)	全磷含量/(g/kg)	全钾含量/(g/kg)	碱解氮含量/(mg/kg)	速效磷含量/(mg/kg)	速效钾含量/(mg/kg)
蚁丘	6.37±0.07a	90.64±1.02a	4.39±0.11a	1.12±0.04a	18.40±1.13a	364.32±3.36a	13.81±0.25a	394.58±5.23a
对照	6.20±0.04b	100.41±0.55b	4.95±0.13b	1.10±0.09a	15.37±0.84b	395.14±4.45b	12.64±0.34b	179.34±5.96b

表 3.7 蚁丘对高寒草甸土壤根土比、含水量和容重的影响

深度/cm	试验组	含水量/%	容重/(g/cm³)	根土比/%
0～10	蚁丘	24.97±1.05a	0.84±0.09a	10.82±0.55a
	对照	28.18±1.65b	0.82±0.08a	12.63±1.63b
10～20	蚁丘	17.71±1.36c	1.02±0.09b	1.04±0.29c
	对照	18.33±1.54c	1.02±0.07b	1.05±0.28c

3.3.4 蚁丘干扰对土壤微生物结构多样性的影响

蚁丘干扰和对照两种土样共检测出 23 种磷脂脂肪酸（phospholipid fatty acid，PLFA），

其碳链长度为 C11~C24，类型丰富，包括各种饱和脂肪酸、不饱和脂肪酸、甲基化分支脂肪酸和环丙烷脂肪酸生物标记物。其中蚁丘土样中代表革兰氏阳性菌的 a14:0，代表革兰氏阴性菌的 16:1ω9c，代表真菌的 18:1ω9t 和代表一般细菌的 15:0、16:0、18:0 是其磷脂脂肪酸的优势种类，占 PLFA 总量的 72.38%；而对照土样中代表革兰氏阳性菌的 a14:0、a16:0，代表革兰氏阴性菌的 16:1ω9c、18:1ω11t 和代表一般细菌的 15:0、16:0、18:0 是其磷脂脂肪酸的优势种类，占 PLFA 总量的 76.52%。蚁丘土壤的单烯脂肪酸比 CK 高 2.17nmol/g，尤其是高含量的 18:1ω9t 比对照高 11.57nmol/g，反映出蚁丘土壤气体交换处于平衡状态，土壤层的通气状况很好（Zelles，1995），这可能与蚁丘的特殊构造有关；而且指示真菌的脂肪酸含量比对照土壤高出 11.20nmol/g，这可能与蚂蚁和真菌之间存在的一些特殊共生关系有关（图 3.5）。

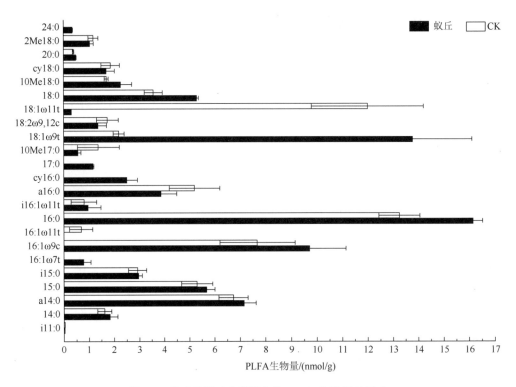

图 3.5　蚁丘干扰对土壤微生物 PLFA 生物量的影响

蚁丘干扰导致高寒草甸土壤微生物群落生物量发生变化。与对照相比，蚁丘土壤微生物群落中真菌和微生物总量明显增加，分别增加了 11.20nmol/g 和 9.60nmol/g（$P<0.05$）；然而蚁丘土壤微生物群落中革兰氏阴性菌（G^-）生物量却显著下降，比对照减少了 7.08nmol/g；但蚁丘干扰对一般细菌、革兰氏阳性菌（G^+）和放线菌生物量的影响不明显（$P>0.05$）。这说明蚁丘干扰对高寒草甸土壤微生物生物量有一定的增强作用，而且蚁丘干扰对高寒草甸土壤微生物群落不同菌群 PLFA 比值的影响显著。细菌与真菌的比值（BACT/FUNG）可表示两个种群的相对丰富程度和相对含量的变化。Vries 等

（2006）的研究表明，土壤 BACT/FUNG 越低，土壤生态系统越稳定。本书中蚁丘土壤的 BACT/FUNG 比对照低 12.60，可见蚁丘干扰后的土壤生态系统趋于稳定。蚁丘土壤中革兰氏阳性菌与革兰氏阴性菌的比值（G$^+$/G$^-$）大于对照土壤中，蚁丘土壤中有机质的输入及蚂蚁对有机质的分解可能是造成这种差异的主要原因。本书中饱和脂肪酸与不饱和脂肪酸的比值（SFA/UFA）均大于 1，并且蚁丘土壤与对照之间差异不明显（$P>0.05$），符合草地土壤微生物群落 SFA/UFA 大于 1 的现状。由以上可知，蚁丘干扰对高寒草甸土壤微生物群落的影响表现在增加了土壤微生物生物量，对土壤微生物群落不同菌群的结构组成也产生了显著影响（表 3.8 和图 3.6）。

表 3.8　蚁丘对高寒草甸土壤微生物群落 PLFA 的影响

试验组	细菌生物量 /(nmol/g)	革兰氏阳性菌 生物量/(nmol/g)	革兰氏阴性菌 生物量/(nmol/g)	放线菌生物量 /(nmol/g)	真菌生物量 /(nmol/g)	微生物总量 /(nmol/g)
蚁丘	64.64±4.35a	17.80±1.40a	15.92±2.13a	2.79±0.40a	15.13±1.89a	79.76±1.24a
对照	66.23±6.67a	19.14±2.17a	23.00±3.53b	3.08±0.65a	3.93±0.46b	70.16±2.12b

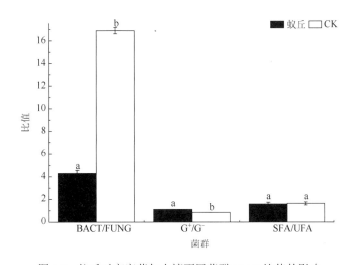

图 3.6　蚁丘对高寒草甸土壤不同菌群 PLFA 比值的影响

3.4　鼢鼠干扰对高寒草地的影响

小型哺乳动物活动对周围的生境造成一定的干扰，在不同的空间和时间尺度上创建了生境斑块（Jentsch et al.，2002），这些斑块提供了一系列不同的生境，适合不同生态位要求的物种生存，所以受到鼠类等小型哺乳动物干扰的地区植被不同于周边草地（Canals and Sebastià，2002）。

在草地生态系统中营地下生活的高原鼢鼠在系统结构中处于一定的特殊地位。在青藏高原上发生鼠害的高寒草甸占总面积的 12%左右，严重区域种群密度甚至高达 70 只/hm^2，高原鼢鼠的采食、挖掘和堆丘等行为必然对高寒草甸生态系统过程产生重要影响（张堰铭和刘季科，2002）。以往研究认为，高原鼢鼠是有害生物，因为它的挖掘活动对草地生态系统造成了破坏并与家畜竞争牧草资源，但作为草地生态系统的重要成员，其对系统的作用有利有弊。高原鼢鼠是高寒草甸的主要害鼠之一，其挖掘活动在地表形成了土丘，破坏了草地的自然植被，但同时也开始了土丘上植物群落的恢复演替过程（王刚和杜国祯，1990）。在鼠类对植被影响方面存在不同的观点，有人认为是人类的活动破坏了系统结构的协调性，而鼠类种群的扩张只是对这种非平衡态系统的适应性反应，草地的退化是在鼠类扩张的同时人类干扰持续作用的结果，鼠类的影响并不具有本质意义（江小蕾等，1997；李希来，2002）。正确认识高原鼢鼠的活动，特别是高寒草甸生态系统对其造丘活动的一系列生态响应，有利于保护和持续利用高寒草甸生态系统。为此，本书就川西北高寒草甸生态系统中高原鼢鼠的造丘干扰对草地植被与土壤环境产生的生态影响进行研究。

3.4.1 鼢鼠干扰对植物群落特征的影响

高原鼢鼠的挖掘行为自然形成的鼢鼠干扰导致其上面的植物盖度、高度和生物量变化。鼢鼠干扰对植物物种丰富度和高度的影响具体为：1～4 年鼢鼠丘和 5 年以上鼢鼠丘之间的差异不明显，它们的物种丰富度都要低于对照水平，分别低 3.20 和 7.00（$P<$ 0.05）；但两者的植物高度都要高于对照水平，分别高 1.87cm 和 1.78cm（$P<0.05$）。鼢鼠干扰对植物盖度的影响比较明显，植物盖度排序为：1～4 年鼢鼠丘＜5 年以上鼢鼠丘＜对照。表明随着时间的推移，鼢鼠干扰的植物盖度逐渐趋于稳定状态。5 年以上鼢鼠干扰对植物生物量的影响与对照样之间差异不明显，它们两者的生物量均显著高于 1～4 年鼢鼠丘（$P<0.05$）（表 3.9）。针对鼢鼠干扰对高寒草甸植物多样性的影响，其 Simpson 指数、Shannon-Wiener 指数和 Pielou 指数均表现为：对照＞1～4 年鼢鼠丘＞5 年以上鼢鼠丘（表 3.10）。

表 3.9　鼢鼠丘对高寒草甸植物群落特征的影响

试验组	物种丰富度	盖度/%	高度/cm	生物量/(g/m^2)
1～4 年鼢鼠丘	15.00±2.55a	82.80±3.96a	13.52±0.69a	244.92±6.24a
5 年以上鼢鼠丘	11.20±6.61a	91.40±5.68b	13.43±1.04a	273.4±3.32b
对照	18.20±2.59b	97.20±1.64c	11.65±0.57b	295.56±4.60b

表 3.10　鼢鼠丘对高寒草甸植物多样性的影响

试验组	Simpson 指数	Shannon-Wiener 指数	Pielou 指数
1～4 年鼢鼠丘	0.9604	3.3332	0.9707
5 年以上鼢鼠丘	0.9514	3.1791	0.9441
对照	0.9997	3.4599	0.9812

3.4.2 鼢鼠干扰对植物功能群的影响

鼢鼠干扰明显改变了高寒草甸植物功能群的盖度和生物量，主要表现在 5 年以上鼢鼠干扰后禾本科和莎草科的盖度与生物量占明显优势。与 1～4 年鼢鼠丘和对照样相比，5 年以上鼢鼠干扰后禾本科和莎草科的盖度比 1～4 年鼢鼠丘分别高 34.20 百分点、50.80 百分点，比对照样分别高 33.65 百分点、38.25 百分点（$P<0.05$）；且 5 年以上鼢鼠干扰后禾本科和莎草科的生物量比 1～4 年鼢鼠丘分别高 95.32g/m^2、140.00g/m^2，比对照样分别高 78.44g/m^2、128.20g/m^2（$P<0.05$）。然而，5 年以上鼢鼠丘杂类草的盖度和生物量比 1～4 年鼢鼠丘分别降低 44.23 百分点、120.57g/m^2，比对照样分别降低 18.46 百分点、113.51g/m^2（$P<0.05$）。鼢鼠干扰后，1～4 年鼢鼠丘和 5 年以上鼢鼠丘豆科的盖度和生物量均比对照样要低（图 3.7）。

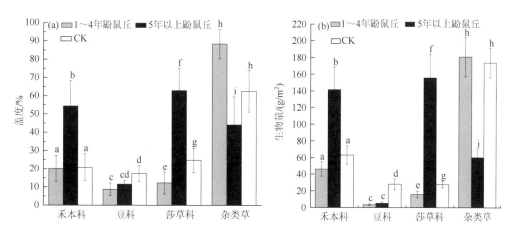

图 3.7　鼢鼠丘对高寒草甸植物功能群盖度和生物量的影响

3.4.3 鼢鼠干扰对土壤理化性质的影响

鼢鼠丘干扰对高寒草甸土壤养分产生了显著的影响（表 3.11）。其中有机质含量的变化为 1～4 年鼢鼠丘<5 年以上鼢鼠丘<对照样；全磷和全钾含量的变化表现为 1～4 年鼢鼠丘/对照样<5 年以上鼢鼠丘，1～4 年鼢鼠丘和对照样之间无显著差异；土壤全氮、碱解氮和速效磷含量则呈现为 1～4 年鼢鼠丘<5 年以上鼢鼠丘/对照样，5 年以上鼢鼠丘和对照样之间差异不显著；速效钾含量的变化为 1～4 年鼢鼠丘<对照样<5 年以上鼢鼠丘，5 年以上鼢鼠丘土壤的速效钾含量比 1～4 年鼢鼠丘和对照样分别高出 139.85mg/kg 和 99.39mg/kg；5 年以上鼢鼠丘土壤 pH 比 1～4 年鼢鼠丘和对照样要高。鼢鼠干扰导致高寒草甸土壤含水量、容重和根土比发生变化。0～10cm 和 10～20cm 土层含水量 1～4 年鼢鼠丘和 5 年以上鼢鼠丘之间变化不明显（$P>0.05$）；0～10cm 土层含水量两者均比对照样低，然而 10～20cm 土层含水量两者均比对照样高。对于容重的变化，0～10cm 土层 1～4 年鼢鼠丘和 5 年以上鼢鼠丘之间变化不明显（$P>0.05$），但两者均高于对照样；10～20cm 土层 1～4 年鼢鼠丘、5 年以上鼢鼠丘和对照样三者之间的变化不明显（$P>0.05$）。鼢鼠干扰对根土比的影响比较明显，0～10cm 土层和 10～20cm 土层的根土比均表现为：1～4 年鼢鼠丘＜5 年以上鼢鼠丘＜对照样，对照样根土比最高；0～10cm 土层 1～4 年鼢鼠丘和 5 年以上鼢鼠丘根土比分别比对照样少 10.80 百分点和 9.47 百分点（$P<0.05$），10～20cm 土层 1～4 年鼢鼠丘和 5 年以上鼢鼠丘根土比分别比对照样少 0.43 百分点和 0.13 百分点（$P<0.05$）（表 3.12）。

表 3.11　鼢鼠丘对高寒草甸土壤养分的影响

试验组	pH	有机质含量/(g/kg)	全氮含量/(g/kg)	全磷含量/(g/kg)	全钾含量/(g/kg)	碱解氮含量/(mg/kg)	速效磷含量/(mg/kg)	速效钾含量/(mg/kg)
1～4 年鼢鼠丘	5.79±0.06a	65.65±2.94a	3.18±0.15a	1.02±0.01a	16.46±0.47a	300.13±2.78a	5.15±0.49a	138.29±4.43a
5 年以上鼢鼠丘	5.90±0.01b	78.42±2.83b	3.68±0.04b	1.10±0.01b	17.94±0.33b	336.18±4.93b	8.31±0.26b	278.14±2.45b
对照	5.78±0.03a	85.92±2.98c	3.82±0.13b	1.03±0.01a	16.58±0.27a	345.11±5.49b	8.41±0.36b	178.75±2.42c

表 3.12　鼢鼠丘对高寒草甸土壤根土比、含水量和容重的影响

深度/cm	试验组	含水量/%	容重/(g/cm³)	根土比/%
0～10	1～4 年鼢鼠丘	19.99±1.57a	1.01±0.04a	2.03±0.30a
	5 年以上鼢鼠丘	20.95±1.26a	0.95±0.08a	3.36±0.50b
	对照	27.76±1.14b	0.81±0.07b	12.83±1.59c
10～20	1～4 年鼢鼠丘	20.43±1.23a	1.03±0.04a	0.37±0.07d
	5 年以上鼢鼠丘	19.89±0.90a	1.00±0.09a	0.67±0.09e
	对照	17.48±0.85c	1.00±0.05a	0.80±0.07f

3.4.4　鼢鼠干扰对土壤微生物结构多样性的影响

鼢鼠干扰研究中，1～4 年鼢鼠丘、5 年以上鼢鼠丘和对照三种土样共检测出 27 种磷脂脂肪酸（PLFA），碳链长度为 C11～C24，类型丰富，包含各种饱和的、不饱和的、甲基化分支和环丙烷的磷脂脂肪酸生物标记物。1～4 年鼢鼠丘土样中，代表革兰氏阳性菌的 9Me14:0、a14:0、a16:0，代表革兰氏阴性菌的 16:1ω9c、18:1ω7t，代表一般细菌的 16:0、18:0 和代表真菌的 18:1ω9c 是其 PLFA 的主要种类，占 PLFA 总量的 78.01%。5 年以上鼢鼠丘土样中，代表革兰氏阳性菌的 a14:0，代表革兰氏阴性菌的 16:1ω9c，代表一般细菌的 15:0、16:0、18:0 和代表真菌的 18:1ω9t 是其 PLFA 的主要种类，占 PLFA 总量的 70.15%。对照土样中，代表革兰氏阳性菌的 a14:0、9Me14:0、i15:0、a16:0，代表革兰氏阴性菌的 16:1ω9c、18:1ω8t，代表一般细菌的 16:0 和代表真菌的 18:1ω9c 是其 PLFA 的主要种类，占 PLFA 总量的 86.03%。5 年以上鼢鼠丘具有高含量的 18:1ω9c，比 1～4 年鼢鼠丘和对照分别高 5.67nmol/g 和 5.76nmol/g（$P<0.05$），而 1～4 年鼢鼠丘与对照之间

的差异不明显（$P > 0.05$），这反映出 5 年以上鼢鼠丘土壤的气体交换处于平衡状态，土壤通气状况良好。并且，5 年以上鼢鼠丘土壤中指示真菌微生物的磷脂脂肪酸生物标记物比 1～4 年鼢鼠丘和对照分别高 5.93nmol/g 和 6.05nmol/g（$P < 0.05$），1～4 年鼢鼠丘与对照之间的差异不明显（$P > 0.05$）。5 年以上鼢鼠丘土壤可能具有较高的真菌活性，与其特定的土壤微环境及不同的植被覆盖度有关（图 3.8）。

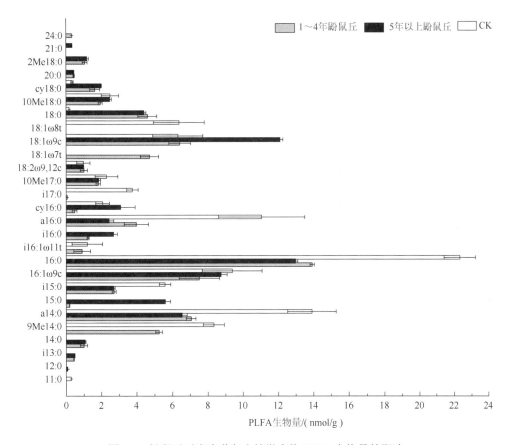

图 3.8　鼢鼠丘对高寒草甸土壤微生物 PLFA 生物量的影响

由表 3.13 可知，鼢鼠干扰后高寒草甸土壤微生物群落生物量发生了改变。与对照相比，1～4 年鼢鼠丘和 5 年以上鼢鼠丘土壤微生物群落中细菌生物量和微生物总量均显著下降（$P < 0.05$）。干扰后革兰氏阳性菌群落的变化表现为：5 年以上鼢鼠丘 < 1～4 年鼢鼠丘 < 对照，然而对革兰氏阴性菌和放线菌的影响三者之间不明显。真菌的变化为：5 年以上鼢鼠丘明显高于 1～4 年鼢鼠丘和对照，分别高 5.93nmol/g 和 6.05nmol/g（$P < 0.05$），1～4 年鼢鼠丘和对照之间变化不明显。BACT/FUNG 可表示两个种群的相对丰富程度和相对含量的变化，有研究表明，土壤 BACT/FUNG 越低，土壤生态系统越稳定（Vries et al.，2006）。本书研究中 BACT/FUNG 变化表现为：对照 > 1～4 年鼢鼠丘 > 5 年以上鼢鼠丘，说明鼢鼠干扰在一定程度上可以增强高寒草甸土壤生态系统的稳定性。在自然生态系统中，G$^+$ 在细菌群落结构中占优势，1～4 年鼢鼠丘和 5 年以上鼢鼠丘 G$^+$/G$^-$ 明显低于对照，说明鼢鼠丘干扰导致了高寒草甸原有的自然生态系统环境的改变。土壤微生物群落的饱和脂肪酸与不饱和脂肪酸比值（SFA/UFA）对研究土壤微生物群落的结构和环境状况有重要价值，SFA/UFA与土壤有机物质输入和有机碳含量的多少有关。鼢鼠干扰后 SFA/UFA 表现为：5 年以上鼢鼠丘＜1～4 年鼢鼠丘＜对照，这可能与高原鼢鼠挖掘形成的鼢鼠丘使土壤直接暴露于外界，导致有机质更容易分解流失有关（图 3.9）。

表 3.13　鼢鼠丘对高寒草甸土壤微生物群落 PLFA 的影响

试验处理	细菌生物量 /(nmol/g)	革兰氏阳性菌 生物量/(nmol/g)	革兰氏阴性菌 生物量/(nmol/g)	放线菌生物量 /(nmol/g)	真菌生物量 /(nmol/g)	微生物总量 /(nmol/g)
1～4 年鼢鼠丘	61.04±4.88a	21.71±1.44a	15.18±2.55a	3.75±0.02a	7.39±0.82a	68.43±5.70a
5 年以上鼢鼠丘	58.29±3.13a	15.88±1.02b	13.75±1.16a	4.27±0.26a	13.32±0.26b	71.61±3.40a
对照	89.44±11.56b	42.61±5.06c	19.32±4.46a	4.78±1.15a	7.27±1.80a	96.71±13.36b

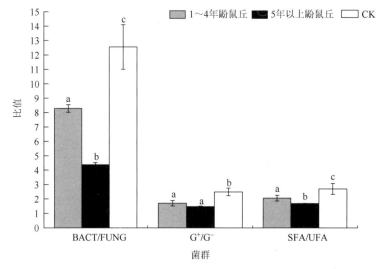

图 3.9　鼢鼠丘对高寒草甸土壤不同菌群 PLFA 比值的影响

3.5　小　　结

1. 火烧干扰对高寒草地的影响

火烧干扰使高寒草甸植物群落的丰富度和多样性增加，高寒草甸植物群落的盖度、高度和生物量均明显降低，火烧降低了草地初级生产力，并在一定范围内限制植被的生长。火烧干扰刺激了高寒草甸植物根系的生长，裴成芳（1997）对草地火烧的研究认为，火烧后禾本科牧草的产量与盖度降低，豆科牧草的产量和盖度不存在显著差异，杂类草的盖度和产量均明显增加。这说明火烧增加了高寒草甸植物群落的物种丰富度，对植物群落地上部分的生长有一定抑制作用，而有利于植物地下根系的生长。

火烧干扰使土壤中热量增加，并留存了灰烬，使土壤的各种养分含量等性质发生较大变化。火烧后，土壤 pH、速效氮、速效磷、速效钾含量显著增加，有机质含量下降（姜勇等，2003）。

本书中，火烧对高寒草甸土壤养分的影响非常明显。火烧后，全氮、碱解氮、速效磷和速效钾含量显著增加，特别是碱解氮和速效钾分别增加了 20.75mg/kg 和 20.10mg/kg；而 pH，有机质、全磷和全钾含量显著下降。

有研究发现草原火烧后，其表层土壤中各类型微生物群落及其微生物生物量均产生了一定波动和变化，随时间的推进，微生物数量和生物量逐渐增加，特别是火烧发生后的第二年，其草地土壤微生物数量和微生物生物量高于对照样地（周道玮等，1999）。本书研究表明，火烧后高寒草甸土壤微生物群落的多样性和代谢活性明显增加；火烧干扰改良了高寒草甸土壤的底物活性和通气性能，提高了根土比，进而促进了土壤微生物群落多样性和微生物生物量的增加。

2. 蚁丘干扰对高寒草地的影响

在草地生态系统中，蚂蚁构建蚁丘的筑巢行为使蚁丘上的植被群落发生了明显的变化，这主要是因为蚁丘干扰改变了土壤性质，蚁运植物的分布以及蚁丘这一开放的土壤表面给一些植物提供了生长的机会，总之，蚁丘干扰在草地上形成了典型的异质性的生境斑块（Kovář et al.，2001）。本书研究发现，蚁丘干扰后高寒草甸植物群落盖度和高度均增加。干扰使高寒草甸植物群落的物种丰富度、多样性明显降低，这与蒙凤群等（2011）对川西北高寒草甸蚁丘植物群落的相关研究结果一致。蚁丘土壤含水量明显比相邻的非蚁丘土壤低，且干扰使蚁丘的根土比也减小了，这种结果与蚁丘内部的空间结构和蚂蚁的行为活动是分不开的。

蚂蚁的行为活动有向蚁丘土壤富集营养物质的作用，有研究表明，与邻近非蚁丘土壤相比，蚁丘土壤的有机质、氮含量减少而全磷和全钾的含量增加。刘任涛等（2010）对科尔沁沙地流动沙丘掘穴蚁蚁丘的研究表明，蚁丘土壤有机质和全氮含量增加，但与非蚁丘土壤没有显著差异；而在东祁连山高寒草地上的蚁丘，其土壤有机质、全氮、全磷、速效钾含量均显著高于对照（鱼小军等，2010）。本书研究表明，蚁丘干扰后，高寒草甸土壤养分发生明显改变。土壤全钾、速效磷和速效钾含量显著增加，其中速效钾含量增加最为明显，有机质、全氮和碱解氮的含量显著减少，土壤 pH 增加。蚁丘土壤中一些养分的富集作用主要是由蚂蚁的排泄物和动植物残渣等在蚁巢内的堆积引起的。蚁丘干扰后高寒草甸土壤微生物群落的代谢活性和代谢多样性增加；土壤微生物群落中的真菌和微生物总量明显增加。蚁丘中作为分解者的蚂蚁的活动有利于有机物质的分解，维持生态系统物质循环的稳定，使土壤微生物群落不同菌群的 BACT/FUNG 减少，而 G^+/G^- 增加。

3. 鼢鼠干扰对高寒草地的影响

斑块是人类或动物的活动形成的，草地上鼢鼠造丘形成的鼢鼠丘即是一类典型的异质性小生境，其上面独特的植被变化的原理和草地上其他动物造成的干扰斑块类似（King，2007）。本书研究中，高原鼢鼠的挖掘活动形成的鼢鼠丘干扰对高寒草甸植物群落产生了显著的影响，植物群落的物种丰富度、物种多样性、盖度、生物量和根土比均呈现出下降趋势。随着时间的推移，1~4 年鼢鼠丘和 5 年以上鼢鼠丘都表现出逐渐恢复到原生状态的趋势，特别是 5 年以上鼢鼠丘中禾本科和莎草科的盖度与生物量明显增加，在植物群落中占绝对优势，使植被朝优良牧草的方向转化。张卫国等（2004）的研究认为，鼢鼠干扰降低了植物多样性，且不同演替阶段鼢鼠丘的植物群落结构和外貌特征与对照有明显不同。演替早期阶段，占重要地位的是 R 对策者物种，随着演替的逐渐进展，K 对策者物种在群落中的比例逐渐增加（江小雷等，2004）。杨盛强和黎怀鸿（1990）则发现，鼢鼠的挖掘破坏了土壤层结构，使草地植被组成改变，牧草的正常生长受到了严重影响；且鼢鼠丘植被盖度减小，导致水土的流失，鼢鼠的觅食活动使地下草根与地上部分的植物生物量降低。本书研究中，高寒草甸土壤含水量和根土比在鼢鼠丘干扰后明显下降，而土壤结构变化导致其土壤容重增大。

研究表明，高寒草甸鼢鼠丘中有机质含量变化为：去年 10 月形成的鼢鼠丘＜当年 4 月形成的鼢鼠丘＜对照；有效氮、有效磷、有效钾含量的变化为：对照＜去年 10 月形成的鼢鼠丘＜当年 4 月形成的鼢鼠丘（Zhang et al.，2003）。Wesche 等（2007）在蒙古国南部 Gobi Altay 山区的研究发现，鼠丘土壤的 P、K 及 NO_3^- 含量显著高于对照地区。在美国新墨西哥州，鼠类造丘活动使富含有机质的土壤由地下转移至地表，由于土丘表面温度高，矿化作用加强，从而使 N、P 等速效养分含量上升（Moorhead et al.，1988）。但在美国加利福尼亚州和犹他州的研究却表明，鼠丘土壤的 N、P 等营养成分含量明显低于周围环境（Koide et al.，1987）。王权业等（1993）对矮生嵩草草甸的研究表明，新的鼢鼠丘除速效钾的含量与对照区无显著差异外，速效氮、速效磷的含量显著地高于对照区；旧的鼢鼠丘土壤中速效氮、速效磷、速效钾含量均低于新的鼢鼠丘，但氮、磷的含量仍高于对照区。以上研究说明，鼢鼠丘作为草地生态系统中的一种常见干扰，对土壤养分造成了明显的影响。本书研究中，鼢鼠丘干扰对高寒草甸土壤产生了显著影响，其中，鼢鼠丘有机质的含量显著低于对照；除 5 年以上鼢鼠丘速效钾外，鼢鼠丘其他养分含量均普遍低于对照，这是由于地下有机质含量丰富的土壤转至地表，直接暴露于外界，在分解和矿化作用下，使鼢鼠丘土壤中有机质含量下降，而其他土壤养分也随地表径流大量流失。而 5 年以上鼢鼠丘土壤的速效钾含量比 1~4 年鼢鼠丘和对照提高了 139.85mg/kg 和 99.39mg/kg，这可能与 5 年以上鼢鼠丘的植被特征及其根际土壤对速效钾的特殊固持有关。

本书研究中，5 年以上鼢鼠丘干扰土壤微生物的代谢活性和代谢多样性均明显增加，1~4 年鼢鼠丘变化不明显。鼢鼠丘干扰后高寒草甸土壤微生物群落的微生物总量明显减少，1~4 年鼢鼠丘和 5 年以上鼢鼠丘微生物总量比对照分别减少了 28.28nmol/g 和 25.10nmol/g，但干扰后 5 年以上鼢鼠丘土壤微生物群落中真菌生物量明显增长。鼢鼠丘干扰改变了高寒草甸原有的自然环境，干扰后土壤微生物群落不同菌群 BACT/FUNG 和 SFA/UFA 均明显下降；土壤微生物群落不同菌群均显著降低，且鼢鼠造丘形成的鼢鼠丘使土壤直接暴露于外界，加快了有机质的分解流失，随时间的推移鼢鼠丘土壤生态系统逐渐趋于稳定。

参 考 文 献

陈利顶，傅伯杰，2000. 干扰的类型、特征及其生态学意义[J]. 生态学报，20（4）：581-586.

陈明，周昭旭，罗进仓，2008. 间作苜蓿棉田节肢动物群落生态位及时间格局[J]. 草业学报，17（4）：132-140.

江小蕾，张卫国，杨振宇，1997. 试论草原鼠类之定位[J]. 草业科学，14（5）：34-35.

江小雷，张卫国，杨振宇，等，2004. 不同演替阶段鼢鼠土丘群落植物多样性变化研究[J]. 应用生态学报，15（5）：814-818.

姜勇，诸葛玉平，梁超，等，2003. 火烧对土壤性质的影响[J]. 土壤通报，34（1）：65-69.

李希来，2002. 青藏高原"黑土滩"形成的自然因素与生物学机制[J]. 草业科学，19（1）：20-22.

刘任涛，赵哈林，赵学勇，等，2010. 科尔沁沙地流动沙丘掘穴蚁（*Formica cunicularia*）筑丘活动及其对土壤的作用[J]. 中国沙漠，30（1）：135-139.

蒙凤群，高贤明，孙书存，2011. 川西北高寒草甸蚁丘植物群落演替：种类组成与物种多样性[J]. 植物分类与资源学报，33（2）：191-199.

裴成芳，1997. 草原火对克氏针茅＋扁穗冰草—冷蒿型草地植被的影响[J]. 草业科学，14（5）：1-3.

王刚，杜国祯，1990. 鼢鼠土丘植被演替过程中的种的生态位分析[J]. 生态学杂志，9（1）：1-6，14.

王权业，边疆晖，施银柱，1993. 高原鼢鼠土丘对矮嵩草草甸植被演替及土壤营养元素的作用[J]. 兽类学报，13（1）：31-37.

魏斌，张霞，吴热风，1996. 生态学中的干扰理论与应用实例[J]. 生态学杂志，15（6）：50-54.

吴东辉，尹文英，李月芬，2008. 刈割和封育对松嫩草原碱化羊草草地土壤跳虫群落的影响[J]. 草业学报，17（5）：117-123.

杨盛强，黎怀鸿，1990. 高原鼢鼠的活动特点与草地退化的关系[J]. 四川草原（2）：36-39.

叶林奇，2000. 干扰与生物多样性[J]. 贵州大学学报（自然科学版），17（2）：129-134.

鱼小军，蒲小鹏，黄世杰，等，2010. 蚂蚁对东祁连山高寒草地生态系统的影响[J]. 草业学报，19（2）：140-145.

张卫国，江小蕾，王树茂，等，2004. 鼢鼠的造丘活动及不同休牧方式对草地植被生产力的影响[J]. 西北植物学报，24（10）：1882-1887.

张堰铭，刘季科，2002. 地下鼠生物学特征及其在生态系统中的作用[J]. 兽类学报，22（2）：144-154.

周道玮，岳秀泉，孙刚，等，1999. 草原火烧后土壤微生物的变化[J]. 东北师大学报（自然科学版），31（1）：118-124.

Attiwill P M，1994. The disturbance of forest ecosystems：the ecological basis for conservative management[J]. Forest Ecology and Management，63（2-3）：247-300.

Canals R M，Sebastià M T，2002. Heathland dynamics in biotically disturbed areas：on the role of some features enhancing heath success[J]. Acta Oecologica，23（5）：303-312.

Connell J H，1978. Diversity in tropical rain forests and coral reefs[J]. Science，199（4335）：1302-1310.

de Vries F T，Hoffland E，van Eekeren N，et al.，2006. Fungal/bacterial ratios in grasslands with contrasting nitrogen management[J]. Soil Biology and Biochemistry，38（8）：2092-2103.

Jentsch A，Beierkuhnlein C，White P S，2002. Scale，the dynamic stability of forest ecosystems，and the persistence of biodiversity[J]. Silva Fennica，36（1）：1-8.

Johnson E A，Miyanishi K，2007. Plant disturbance ecology：the process and the response[M]. Amsterdam：Elsevier.

King T J，2007. The roles of seed mass and persistent seed banks in gap colonisation in grassland[J]. Plant Ecology，193（2）：233-239.

Koide R T，Huenneke L F，Mooney H A，1987. Gopher mound soil reduces growth and affects ion uptake of two annual grassland species[J]. Oecologia，72（2）：284-290.

Kovář P，Kovářová M，Dostál P，et al.，2001. Vegetation of ant-hills in a mountain grassland：effects of mound history and of dominant ant species[J]. Plant Ecology，156（2）：215-227.

Kristiansen S M，Amelung W，2001. Abandoned anthills of formica polyctena and soil heterogeneity in a temperate deciduous forest：morphology and organic matter composition[J]. European Journal of Soil Science，52（3）：355-363.

Moorhead D L，Fisher F M，Whitford W G，1988. Cover of spring annuals on nitrogen-rich kangaroo rat mounds in a Chihuahuan Desert grassland[J]. The American Midland Naturalist，120：443-447.

Pickett S T A，White P S，1985. The ecology of natural disturbance and patch dynamics[M]. New York：Academic Press.

Schroeder D，Perera A H，2002. A comparison of large-scale spatial vegetation patterns following clearcuts and fires in Ontario's boreal forests[J]. Forest Ecology and Management，159（3）：217-230.

Wang D，McSweeney K，Lowery B，et al.，1995. Nest structure of ant *Lasius neoniger* Emery and its implications to soil modification[J]. Geoderma，66：259-272.

Wesche K，Nadrowski K，Retzer V，2007. Habitat engineering under dry conditions：the impact of pikas（*Ochotona pallasi*） on vegetation and site conditions in southern Mongolian steppes[J]. Journal of Vegetation Science，18（5）：665-674.

White D C，Davis W M，Nickels J S，et al.，1979. Determination of the sedimentary microbial biomass by extractible lipid phosphate[J]. Oecologia，40（1）：51-62.

Zelles L，Bai Q Y，Rackwitz R，et al.，1995. Determination of phospholipid-and lipopolysaccharide-derived fatty acids as an estimate of microbial biomass and community structures in soils[J]. Biology and Fertility of Soils，19（2）：115-123.

Zhang Y M，Zhang Z B，Liu J K，2003. Burrowing rodents as ecosystem engineers：the ecology and management of plateau zokors *Myospalax fontanierii* in alpine meadow ecosystems on the Tibetan Plateau[J]. Mammal Review，33（3-4）：284-294.

第4章 施肥对高寒草地生态系统的影响

4.1 引 言

4.1.1 高寒草地植物群落对施肥的响应

川西北高寒草地是当地居民放牧的主要草场。然而，草地资源的过度利用和不合理的管理方式等多种人为活动干扰及全球气候的变化均诱导或加速了川西北高寒草甸的退化进程。川西北高寒草甸退化快速而且严重，不仅影响了当地畜牧业的可持续发展，导致生态环境的持续恶化，也严重威胁到我国两大水系的水资源环境（王艳等，2009）。现阶段，寻求解决草地退化的方法，必须着手提高草地生态系统的初级生产力（朱建国和袁翀，2002；邱波等，2004）。灭鼠、禁牧、围封和施肥已成为当前退化草地恢复与重建、提高生产力的重要措施之一（雷特生等，1996；文亦芾等，2001；张莉等，2012）。

氮素是植物生长所必需的营养元素之一，是构成核酸和蛋白质的主要成分，叶绿素、酶、植物激素等有机化合物中也含有氮元素，植物对氮素的需求量高于其他所有营养元素（Cruz et al., 2003）。土壤中的氮素是植物氮素营养供给的主要来源之一。高寒草甸土壤中氮素营养较为丰富，但能被植物吸收利用的速效氮含量较少，因此速效氮含量匮乏成为限制草地生产力的重要因素之一（纪亚君，2002）。高寒草甸土壤中氮素的形态可分为有机态氮和无机态氮，有机态氮可以分为 3 种形式，水溶性有机态氮、酸水解态氮和酸不溶性氮；无机态氮仅占土壤氮素的 1%，包括 NO_2^-、NO_3^- 和 NH_4^+。高寒草甸植被吸收氮素能力的大小取决于土壤中速效氮含量的多少。高寒草甸植被的氮含量季节变动很大，生长初期植被氮素含量达到 2.38%，随着植被的生长和生物量的增加，氮素含量逐渐降低（Woodmansee and Duncan, 1980）；到植被生物量达到最大值时，植物体内氮素含量降为最低值，只有 0.75%，占生长初期氮素含量的 31.44%（张金霞和曹广民，1999）。高寒草甸植物体内氮素主要储存于 0～10cm 植物根系内（周兴民，2001）。

植被对氮素变化的响应主要表现在其初级生产力和群落物种丰富度上，氮素可以提高高寒草甸植物群落的初级生产力，同时降低物种丰富度和群落多样性（Hillebrand et al., 2007；李禄军等，2009；杨中领，2011；杨晓霞等，2014）。陈亚明等（2004）研究了施肥对高寒草甸植物群落物种多样性的影响，认为不同植被功能群对施肥响应不同，禾草科生物量随施肥量的增加而升高，莎草科、豆科和杂类草生物量则随着施肥量的增加而呈现下降趋势。张杰琦等（2010）研究了短时期内不同水平的氮素添加对高寒草甸植物群落的影响，NO_3^--N 等可利用氮素增加了植物群落盖度，显著降低群落物种丰富度；随着施氮肥量的增加，地上植被生产力则呈现出先增加后降低的趋势，禾本科生物量显著增加，杂类草和豆科植被生物量随施氮量的增加而逐渐减少。氮素添加可能通过以下途径影响植物群落结构：①在外源性 N 添加下，植物多从地下矿质资源（养分）的竞争转变为地上光热资源的竞争，进而降低了生物多样性（张杰琦，2010；Zong et al.，2016；杨振安，2017）；②外源性养分输入后地上生物量和凋落物的积累被认为是导致 N 富集及多样性丧失的原因（Hautier et al.，2009；Clark and Tilman，2010；Borer et al.，2014）。这是源于植物凋落物积累量的增加直接导致土壤表面的空气流通不畅，减少了地表的水分蒸发，遮蔽群落垂直结构上底层植物对光热资源的吸收和利用，进而降低了种子的萌发率和幼苗的存活率（张杰琦等，2010，2011）；③在外源性 N 添加下，植物生产力增强，随之而来的是植物个体变高变大，进而导致个体密度降低，造成群落中一些稀有物种丧失（张杰琦等，2010；姜林等，2021）。Bowman 等（2008）关于 N 沉降负面响应的研究表明，N 过饱和可能使植物群落向具有获取或耐受高 N 水平的成分转移，从而降低植物物种的丰富度。

磷素（Phosphorus，P）是植物生命活动必需的营养元素之一，它参与物质、能量的合成与转运。高寒草甸土壤无机磷以 Ca-P 为主，O-P 次之，分别占无机磷总量的 59.94% 和 30.91%（周兴民，2001）。高寒草甸土壤磷素储量非常丰富，而植物所能吸收利用的磷素含量取决于土壤中速效磷的供给强度及补偿能力。一般来说，速效磷的供给强度可以用土壤中速效磷含量来表示，高寒草甸速效磷含量较低，0～10cm 和 10～20cm 土壤速效磷含量分别为 6.52mg/kg 和 4.52mg/kg。土壤速效磷的补偿能力即植物生长消耗磷素时，土壤维持原速效磷水平含量的能力，在高寒草甸生态系统中，速效磷的补偿主要是靠植物本身体内无机态磷的风化和有机态磷的矿化作用来实现。

在返青期（5 月初），植物体内磷素含量最高，达到 2.11mg/kg，随着植物的生长，纤维素含量增加，磷素被稀释，到枯黄期（9 月），植物体内磷素含量仅为 0.36mg/kg，仅为返青期含量的 17.06%（周兴民，2001）。植被对磷素添加的响应主要表现在植物群落的盖度、丰富度、结构和功能多样性上。Yang 等（2012）进行了 7 年（2005～2011 年）的施肥试验，认为从第 5 年至第 7 年，施磷肥降低了群落物种丰富度 13.0 百分点、16.7 百分点和 16.0 百分点，在第 4 年对群落物种丰富度无显著性影响；对于不同植被功能群，磷肥添加使禾本科丰富度降低了 2.4 百分点，同时，分别在施肥的第 6 年和第 7 年，磷肥添加显著降低了豆科物种丰富度 37.3 百分点和 36.0 百分点，但对前 5 年无显著性影响（Yang et al.，2012）。杨晓霞等（2014）对高寒草甸进行了 4 年（2009～2012 年）施肥试验，认为磷肥添加对不同功能群植被地上和地下生物量均产生了显著影响，显著增加了禾本科的地上生物量和在群落总生物量中的比例，同时显著降低了杂类草和莎草科在总生物量中的比例。磷肥添加可以缓解高寒草甸植被生长的营养限制，促进植被生长。

因此，在 N、P 供应不足的高寒草地生态系统中，增加的 N、P 能减轻植物物种受到的限制，促进群落生物量的增加，如果生物量差异较小，将有助于群落的稳定（Hector et al.，2010）。若 N、P 添加通过改变物种组成导致生物量年际间的差异更大，则植物群落时间稳定性可能会降低（Grman et al.，2010）。土壤 N、P 含量的变化还可能影响不同物种对环境波动的响应，而环境波动又可能通过改变物种的异步性〔（例如，如果一种资源限制的减少使物种能够对其他限制资源的波动做出更强烈的反应，那么它可能会增加物种间的异步效应（Loreau and Mazancourt，2013）〕来影响群落的稳定性（Grman et al.，2010；Hautier et al.，2014）。特别是当群落以少量物种为主时，N、P 含量的变化对种群稳定性的影响可能转化至群落水平上（张峰等，2020；Huang et al.，2020）。

　　研究表明，在决定植物群落生物量的时间稳定性方面，植物功能群间的异步性优于环境变化（Zhou et al.，2019）。不同功能群之间也可能发生互补效应，因为在对环境变化的响应过程中，来自不同功能群的物种可能会分化，而同一功能群内的物种会收敛（Díaz and Cabido，2001）。物种间或功能群间的相互竞争作用或负相关反应是补偿效应的驱动因素（Song and Yu，2015）。Bai 等（2004）在对内蒙古草原 24 年的研究中发现，响应降水变化的物种和功能群水平上的补偿效应促进了群落的稳定性。通常施肥可以减小地下养分资源竞争的强度，这可能降低物种或功能群间的补偿效应。不同的功能群在 N 和 P 添加下可能有不同的反应，如与非豆科牧草相比，添加 N 肥会使豆科牧草的固氮优势丧失（Yang et al.，2012）。然而，自然群落，特别是面临环境变化的自然群落，其多样性-稳定性的关系及稳定性变化的驱动机制一直没有得到一致的认识。物种和功能群的不同步性如何变化，以及它们在应对氮、磷添加时对时间稳定性的相对贡献也仍不清楚。因此，研究长期氮磷添加对植物群落和不同功能群特征及稳定性的影响，探讨植物群落稳定性的维持机制，对于受氮磷限制严重的高寒草甸的可持续发展具有重要意义。

4.1.2　高寒草地土壤理化性质对施肥的响应

　　土壤作为植物地上和地下进行物质交流和能量循环的枢纽，储藏着大量的 C、N、P 等营养物质，这些营养物质是植物群落多样性、土壤微生物组成等的重要影响因子（王长庭等，2008；Yu et al.，2015）。土壤物理和化学性质是评价土壤肥力及土壤生产力的重要指标。草地生态系统是受 N 沉降影响最显著的生态系统类型之一（梁艳等，2017）。一方面，N 添加会改善表层土壤肥力，显著影响草地植物群落结构，增加群落生物量，有助于草地生产力的恢复（宗宁等，2013；杨倩等，2018）；另一方面，过量的 N 添加会干扰土壤养分循环，导致土壤酸化，影响土壤的理化特性，进而改变植物群落组成，降低植物多样性，对草地生态系统的结构和功能产生影响（张杰琦等，2010；Ma et al.，2018）。Stevens 等（2010）在研究中也指出，土壤特性的有害变化会降低植物多样性和生产力。胡冬雪（2017）在对东北松嫩草原建植的羊草草地土壤养分对 N 添加影响的研究中发现，N 添加会显著增加土壤有机质及全氮含量，各土层土壤容重也随 N 添加量的增加而增大，而 N 添加降低了土壤 pH；土壤作为土壤微生物生活的场所，N 添加增加了土壤微生物 N 含量，加快了土壤有机质的分解，土壤养分含量直接影响着植物群落的生产力，土壤养分含量越高，群落生产力越高。因此 N 肥添加通过提高土壤养分（土壤有机质和全氮）含量，从而提高草地地上植物群落的生产力（张杰琦等，2010），但对群落多样性的影响并没有一致定论（王长庭等，2008）。更重要的是，一些土壤过程本身可以作为生态系统对 N 添加反应的 "N 饱和" 信号, 一旦 N 添加超过草地生态系统的阈值, 反而会抑制土壤呼吸, 减少微生物含 N 量, 削弱土壤的矿化能力, 这种抑制作用在长期 N 添加试验中更加明显 (Fisk and Fahey, 2001)。如 Bowman 等 (2006) 对美国科罗拉多州落基山脉的高山干燥草甸的 N 临界负荷的研究发现, 当 N 沉降速度超过 $20kg/(hm^2 \cdot a)$ 时, 硝酸盐显著增加, 表现为 N 淋溶、土壤溶液无机 NO_3^- 和净 N 硝化作用。此外, 土壤持水能力、紧实度及容重等土壤物理性质是土壤质量演变的重要指标, 主要受土壤结构和土壤质地的影响, 同时通过水、肥、热等因子, 改变根系的空间分布格局, 从而影响地上植物的生长 (Jia et al., 2018; 王譞等, 2019)。相关研究表明, 长期单一性施肥的土壤孔隙较大且结构差, 土壤持水能力弱 (邓超等, 2013; 高会议等, 2014)。土壤紧实度与土壤含水量呈负相关关系 (Vaz et al., 2011), 单施肥处理容易引起土壤板结, 且土壤的湿陷性特征和长期免耕也会增加土壤的紧实度 (陈阳等, 2015; 王婷等, 2020)。

外源性磷以化学肥料的形式施于生态系统, 其在与土壤的互作过程中必然会产生诸多影响, 主要影响土壤中的磷形态、土壤容重以及 pH 等。Huang 等 (2011) 通过辽河平原的一个持续 15 年的磷添加试验表明, 磷肥使得无机磷的比例增加, 而速效磷降低。然而, 魏金明等 (2011) 的施肥试验证明, 磷添加使得土壤全磷和速效磷含量分别提高了1.7 倍和 5.9 倍, 并且明显提高了草地群落地上部分的生物量。王党军 (2018) 在内蒙古典型草原的磷添加试验中也证实, 施磷肥显著提高了土壤全磷和速效磷含量, 并且随着施肥梯度和年限的增加而增加。此外, 磷添加还可增加土壤有机碳含量, 而土壤 pH 基本随磷添加量的增加呈降低趋势 (施瑶等, 2014)。青藏高原地区土壤速效磷含量相较全国其他区域偏低 (汪涛等, 2008), 磷元素比氮元素相对更加匮乏, 磷添加的效果比氮添加的效果更为显著 (陈凌云, 2010)。张森溪 (2018) 对青藏高原高寒草甸的连续磷添加试验表明, 施磷增加了土壤容重, 降低了土壤有机碳含量。总的来说, 磷添加不同程度地改变了高山草地土壤理化性质 (Rooney and Clipson, 2009), 基本以正效应为主, 并且通过提高微生物活性来提高土壤理化性质 (Aerts et al., 2003)。

4.1.3　高寒草地土壤微生物对施肥的响应

土壤微生物是陆地生态系统的重要组成部分, 其参与土壤中有机质的分解、矿质营养的吸收释放、物质循环和成土过程, 并将有机物转化为植物可利用的养分, 被认为是土壤养分转化、循环以及有机碳代谢的主要驱动力 (Baldock and Skjemstad, 2000; Rutigliano et al., 2004; 牛小云等, 2015; 翟辉等, 2016)。而且, 土壤微生物对外界干扰响应十分敏感, 外界环境细微的变化均会导致其种类和多样性发生改变。如 Yao 等 (2014) 研究不同的 N 沉降速度对内蒙古草原土壤细菌群落多样性和结构的影响发现, 当 N 沉降速度小于等于 $5.25g/(m^2 \cdot a)$ 时, 土壤微生物特性没有显著发生变化; 但是当 N 沉降速度大于 $5.25g/(m^2 \cdot a)$ 时, 微生物的多样性指数、厚壁菌门 (Firmicutes) 和疣微菌门 (Verrucomicrobia) 相对丰度等则发生显著变化。Campbell 等 (2010) 发现, N 添加破坏成熟群落中土壤微生物群落共存机制, 从而降低土壤微生物多样性。N 肥的施加显著降低土壤微生物量和呼吸速率 (Ramirez et al.，2012）。Neff 等（2002）研究表明，N 沉降促进微生物的活动；而 Gallo 等（2004）研究则表明，N 沉降抑制了微生物活动。此外，Hu 等（2011）发现全氮（TN）含量与土壤微生物多样性显著正相关，与微生物新陈代谢系数显著负相关。而 P 肥添加能够增加微生物生物量碳、转化酶活性、基础呼吸以及总细菌和总真菌数（Sarathandra et al.，1993；Hu et al.，2011）。Fanin 等（2015）在亚马孙雨林发现，P 肥显著降低革兰氏阳性菌和革兰氏阴性菌之比（G^+/G^-），而 N 肥则显著增加真菌与细菌之比。施瑶等（2014）在内蒙古温带典型草原施肥试验中发现，在 P 施肥量为 62kg/($hm^2 \cdot a$)时，土壤微生物 PLFA 含量最高，说明施 P 肥对该区域土壤微生物繁殖和群落结构有显著影响。Koyama 等（2014）研究发现，在北极苔原，施肥显著改变土壤细菌群落的组成和降低其丰富度。此外，在全球 25 个典型草地 N 和 P 配施与单独施 N、P 相比，能显著减少球囊菌门（Glomeromycota）的相对丰度（Leff et al.，2015）。综上所述，不同施肥类型对土壤微生物群落影响不同，并且区域间微生物的差异也比较大。

4.2　施肥对高寒草地植物群落的影响

氮肥和磷肥的有效含量是限制高寒草甸地上植被物种多样性和群落生产力的重要因素之一。土壤中的氮和磷是地上植被吸收利用的主要营养物质之一，但天然高寒草甸土壤中速效态的氮肥和磷肥匮乏，在川西北退化高寒草甸面积增速的背景下，如何恢复退化高寒草甸是生态研究者关注的热点问题。

4.2.1　短期氮、磷单施对植物群落特征的影响

1. 植物群落对施肥第一年的响应

施肥第一年，N 肥和 P 肥对地上植被和不同功能群丰富度、盖度影响不显著，对生物量具有显著性影响（表 4.1）。施肥第一年，除豆科外 N 肥和 P 肥对高寒草甸地上植物群落丰富度和不同功能群丰富度无显著性影响，而 N 肥添加对豆科丰富度有显著性影响（$F = 3.867$，$P < 0.05$）。中等施 N 肥梯度（N20）下，豆科丰富度下降，显著低于 CK、N10 和 N30，其他处理之间豆科丰富度无显著性差异。地上植物群落总丰富度在不同施肥梯度之间存在显著性差异，表现为 N10＞CK＞N30＞N20，随着施肥梯度增加，植被总丰富度分别增加 7.49%、−21.30%和−10.08%（图 4.1）。不同 P 肥单施梯度之间，地上植物群落总丰富度则表现为 P10＞CK＞P20＞P30，随着施肥梯度的上升，植被总丰富度分别增加 5.07%、−4.97%和−9.17%（图 4.2）。

施肥对地上植被总盖度、莎草科盖度和杂类草盖度影响不显著，但禾本科和豆科盖度均受到 N 肥和 P 肥施加的显著性影响。其中施 N 肥对禾本科盖度（$F = 7.663$，$P < 0.01$）和豆科盖度（$F = 13.542$，$P < 0.001$）影响达到极显著水平，P 肥对豆科盖度（$F = 7.858$，$P < 0.01$）的影响也达到了极显著水平。N 肥和 P 肥的施加显著提高了禾本科盖度。但高施肥水平则表现出对豆科盖度的抑制作用，随着 N 肥施加量的增加，豆科盖度未呈现出

有规律的变化趋势,在中等施肥水平达到最低;P 肥对豆科盖度的影响则表现为在高水平施肥量(P30)时,豆科盖度显著降低(表 4.1、图 4.1 和图 4.2)。

N 肥添加显著影响了地上植被总生物量($F = 3.860$,$P < 0.05$),极显著影响了禾本科、莎草科和豆科生物量;P 肥对禾本科和莎草科生物量影响显著,对豆科、杂类草和总生物量无显著性影响(表 4.1)。施加 N 肥显著增加了禾本科生物量,但对杂类草生物量无显著性影响,对莎草科和豆科生物量的影响无规律性,主要表现为低施 N 肥水平(N10)显著降低了莎草科生物量,而豆科生物量显著增加。P 肥添加显著提高禾本科生物量,对杂类草生物量无显著性影响,但中等水平的施肥量(P20)则抑制莎草科生物量的增加,促进豆科的生长。

施肥第一年,地上植物群落对 N 肥和 P 肥的响应主要表现为植被总生物量的显著性增加,植被总丰富度和总盖度与不施肥无显著性差异。从功能群来看,第一年施加 N 肥和 P 肥显著增加禾本科盖度和生物量,对其他功能群特征无明显规律性影响。从 N 肥与 P 肥对植被总生物量的影响来看,在同一施肥水平,N 肥单施和 P 肥单施使植被总生物量分别比 CK 提高了 13.42%(N10)和 15.39%(P10)、19.50%(N20)和 7.46%(P20)、11.00%(N30)和 0.67%(P30)。在施肥梯度为 $10g/m^2$ 的水平,P 肥比 N 肥使植被总生物量提高了 2.28%;但在 $20g/m^2$ 和 $30g/m^2$ 的施肥梯度下,P 肥比 N 肥则分别降低了 14.96% 和 11.61%。从对禾本科的影响来看,在 $10g/m^2$、$20g/m^2$ 和 $30g/m^2$ 三个施肥梯度下,N 肥比 P 肥分别使禾本科盖度增加了 11.27%、1.02% 和 13.01%,禾本科生物量增加了 28.70%、23.39% 和 38.42%。因此,在高寒草甸施肥第一年,从景观生态效益和经济效益来看,$20g/m^2$ 以上施肥水平下 N 肥比 P 肥效果更为显著。

表 4.1　施肥第一年高寒草甸地上植物群落方差分析

施肥处理	植被功能群	丰富度		盖度/%		生物量/(g/m²)	
		F	P	F	P	F	P
N 肥	禾本科	1.562	0.238	7.663	0.002	17.918	<0.001
	莎草科	0.118	0.948	1.853	0.178	13.241	<0.001
	豆科	3.867	0.030	13.542	<0.001	9.335	<0.001
	杂类草	1.297	0.310	0.668	0.584	0.978	0.428
	植被	2.082	0.143	1.430	0.271	3.860	0.030
P 肥	禾本科	0.611	0.618	4.165	0.025	8.224	0.002
	莎草科	1.275	0.319	1.374	0.289	4.706	0.017
	豆科	1.100	0.380	7.858	0.002	2.831	0.074
	杂类草	0.787	0.520	2.158	0.136	0.764	0.531
	植被	1.198	0.344	0.486	0.697	2.797	0.076

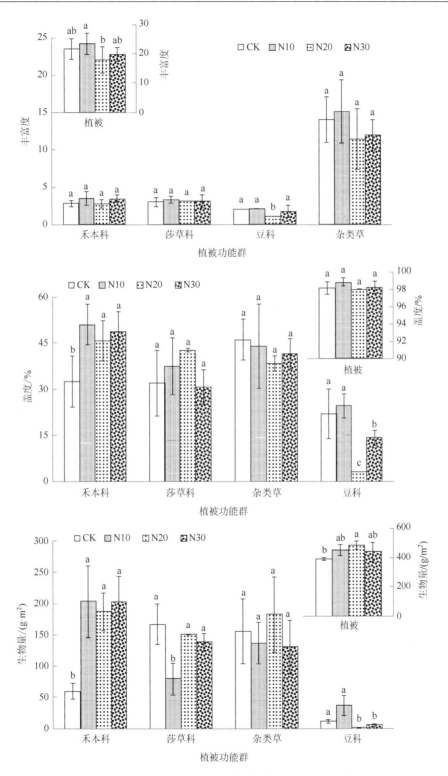

图 4.1　施 N 肥第一年对高寒草甸植物群落的影响

注：CK、N10、N20、N30 分别表示施氮肥量分别为 0g/m²、10g/m²、20g/m²、30g/m²。

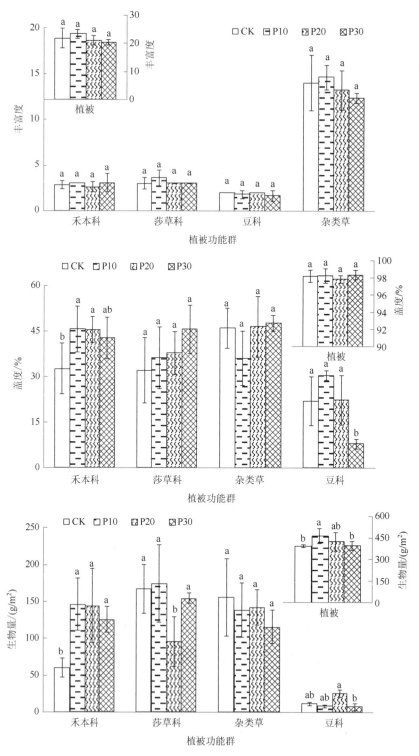

图 4.2　施 P 肥第一年对高寒草甸植物群落的影响

注：CK、P10、P20、P30 分别表示施磷肥量分别为 $0g/m^2$、$10g/m^2$、$20g/m^2$、$30g/m^2$。

2. 植物群落对施肥第二年的响应

连续施 N 肥两年后,禾本科丰富度和盖度、豆科盖度、杂类草丰富度和盖度、植被总丰富度均发生显著变化,同时四个功能群植被生物量发生显著性变化,但总生物量无显著性差异。与施 N 肥第一年相比,连续第二年施肥后,禾本科丰富度、植被总丰富度、杂类草盖度和杂类草生物量变化显著(表 4.2)。

表 4.2　连续施肥两年高寒草甸地上植物群落方差分析

不同处理	植被功能群	丰富度		盖度/%		生物量/(g/m²)	
		F	P	F	P	F	P
N 肥	禾本科	6.361	0.004	7.064	0.003	102.847	<0.001
	莎草科	1.529	0.243	1.627	0.220	6.239	0.005
	豆科	0.563	0.647	7.124	0.003	9.141	0.001
	杂类草	4.695	0.014	18.891	<0.001	4.238	0.021
	植被	5.330	0.009	0.714	0.557	3.012	0.059
P 肥	禾本科	5.194	0.010	5.230	0.010	1.352	0.291
	莎草科	1.183	0.346	2.405	0.103	3.475	0.039
	豆科	0.276	0.842	9.065	0.001	10.792	<0.001
	杂类草	1.699	0.205	3.535	0.037	4.275	0.020
	植被	2.510	0.093	2.456	0.098	8.108	0.001

施低水平 N 肥(N10)显著降低了禾本科丰富度,中等水平(N20)和高水平(N30)对禾本科丰富度无显著性影响。随着施 N 肥水平的升高,杂类草丰富度有下降趋势,尤其是 N30 水平显著抑制了杂类草的丰富度,进而导致植物群落总丰富度显著降低。N 肥的添加对莎草科丰富度和豆科丰富度无显著作用。整体来看,N 肥抑制了高寒草甸植物群落多样性,但对植物群落盖度则表现为促进作用。中等水平 N 肥(N20)显著增加了禾本科盖度,而 N10 水平则显著增加了杂类草和豆科盖度。N 肥对不同功能群生物量和植物群落总生物量的影响未呈现规律性变化。低施肥水平(N10)显著降低了禾本科生物量,而随着施肥水平的提高,禾本科生物量显著提高。莎草科生物量和群落总生物量则表现为 N10<CK<N30<N20。杂类草和豆科生物量对施 N 肥的响应趋势一致,即 N30 <N20<CK<N10(图 4.3)。

与施 P 肥第一年相比,连续施 P 肥两年对高寒草甸植物群落特征的影响主要表现为以下两个方面:显著降低了禾本科群落丰富度;高水平施 P 肥(P30)显著提高了禾本科、杂类草和豆科盖度,抑制了莎草科盖度,群落总盖度则表现为 P30>P20>CK>P10。连续施两年 P 肥,禾本科生物量由施肥第一年的显著升高转变为与不施肥样地无显著性变化,中等施肥水平(P20)和高施肥水平(P30)表现出对莎草科生物量的抑制作用,对杂类草和豆科生物量的促进作用,尤其是该施肥水平下豆科生物量显著高于 N10 和 CK,植物群落总生物量则表现为 CK<P20<P30<P10(图 4.4)。

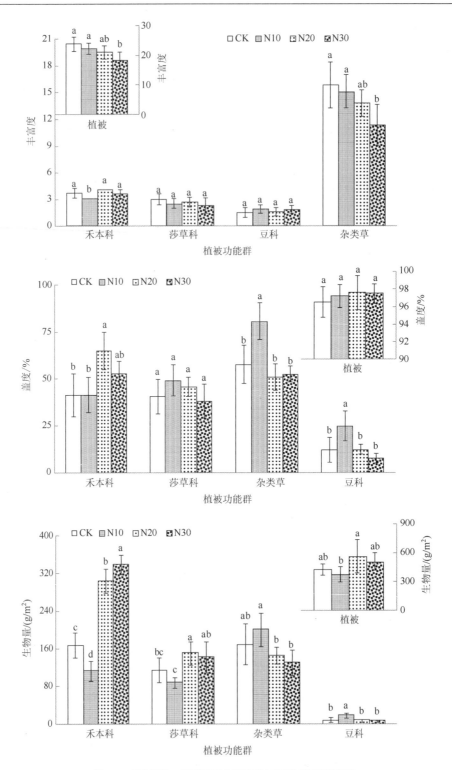

图4.3　连续施 N 肥两年对高寒草甸植物群落的影响

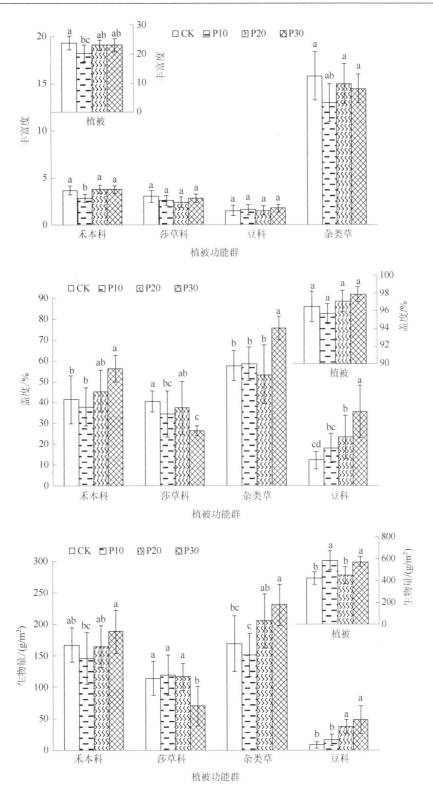

图 4.4　连续施 P 肥两年对高寒草甸植物群落的影响

施肥第二年，地上植物群落对 N 肥和 P 肥的响应主要表现在以下方面。①N 肥显著降低了植被总丰富度和杂类草丰富度，植被总生物量则在中等施肥水平（N20）最高，在低施肥水平（N10）最低，禾本科和莎草科盖度、生物量与植被总生物量变化相似，豆科和杂类草盖度与生物量则相反。P 肥对植物群落的影响与 N 肥不同，P 肥对莎草科和豆科影响显著，对禾本科影响不显著。②在 $10g/m^2$ 的水平下，P 肥比 N 肥提高了植被总生物量的 37.62%，与 N 肥相比 P 肥使禾本科和莎草科的生物量分别增加了 23.14% 和 26.71%，但杂类草和豆科的生物量分别降低了 32.19% 和 10.22%。③在 $20g/m^2$ 和 $30g/m^2$ 的施肥水平，N 肥和 P 肥对禾本科、莎草科、杂类草、豆科生物量的影响与 $10g/m^2$ 的施肥水平完全相反。在 $20g/m^2$ 的水平，N 肥比 P 肥的植被总生物量降低了 23.19%，禾本科和莎草科的生物量分别降低了 84.30% 和 28.40%，杂类草和豆科的生物量分别增加了 29.40% 和 81.38%；在 $30g/m^2$ 的水平下，P 肥比 N 肥的植被总生物量增加了 13.22%，禾本科的生物量降低了 102.20%，杂类草和豆科的生物量增加了 44.07% 和 88.44%。④在三个施肥水平，N 肥单施的植被总生物量比 CK 分别增加了 -16.36%、23.15% 和 14.77%，P 肥单施比 CK 分别增加了 27.42%、5.33% 和 26.04%。综上所述，在高寒草甸施肥第二年，从提高草地生产力考虑，$10g/m^2$ 和 $30g/m^2$ 的 P 肥、$20g/m^2$ 和 $30g/m^2$ 的 N 肥最优；从牧草品质考虑，$20g/m^2$ 和 $30g/m^2$ 的 N 肥施加水平可提高禾本科和莎草科生物量，降低杂类草和豆科生物量，为最优选择。

4.2.2　长期氮磷混施对植物群落特征的影响

根据研究区不同施肥梯度及不同施肥年限植被群落总盖度的变化（图 4.5），CK 和 NP10 处理施肥 1 年的总盖度显著最低，施肥处理 7 年后，CK 的总盖度显著最高，NP10 施肥 6 年的总盖度显著最高（$P<0.05$）；NP20 和 NP30 的总盖度随施肥年限的增加无显著

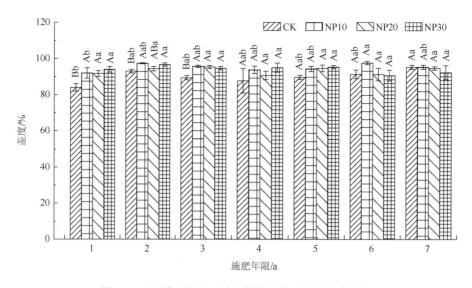

图 4.5　不同施肥年限及施肥梯度植物群落总盖度变化

注：CK、NP10、NP20、NP30 分别表示不施肥、氮肥磷肥分别为 $5g/m^2$、氮肥磷肥分别为 $10g/m^2$、氮肥磷肥分别为 $15g/m^2$。

变化。就不同施肥梯度而言，施肥 1 年、2 年、3 年和 5 年 CK 总盖度显著低于 NP10、
NP20 和 NP30；施肥 4、6 和 7 年，不同施肥梯度间的总盖度无显著差异。

CK、NP10、NP20 和 NP30 4 个不同施肥梯度下，施肥 1 年的丰富度均显著低于其他
年限（$P<0.05$）。CK 和 NP30 处理下，物种丰富度在施肥 3 年显著最高；NP10 处理下，
在施肥 5 年显著最高；NP20 处理下，在施肥 4 年显著最高（$P<0.05$）。随着施肥梯度的
增加，施肥 1 年和 4 年丰富度呈逐渐降低的趋势，且施肥 4 年 NP30 的丰富度显著低于其
他年限（$P<0.05$）；施肥 2 年、3 年、6 年和 7 年丰富度先降低后增加；施肥 5 年丰富度
先增加后降低，但不同施肥梯度间差异不显著（$P>0.05$）（图 4.6）。

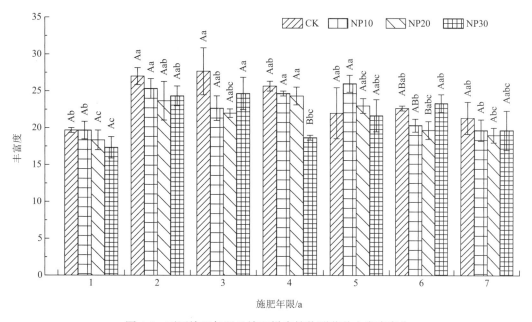

图 4.6　不同施肥年限及施肥梯度植物群落总丰富度变化

CK 处理下，Simpson 指数在施肥 3 年最高，施肥 7 年最低；NP10 处理下，在施肥
4 年最高，施肥 3 年最低；NP20 处理下，在施肥 5 年最高，施肥 1 年最低，但差异不
显著（$P>0.05$）；NP30 处理下，在施肥 2 年最高，施肥 7 年最低。随着施肥梯度的增加，
Simpson 指数在施肥 1、2、3 和 6 年呈先降低后增加的趋势；在施肥 4、5 和 7 年，先增
加后降低。在施肥 1 年和 3 年，NP10 处理下的 Simpson 指数显著低于其他施肥梯度；在
施肥 2 年，NP20 处理下的 Simpson 指数显著低于其他施肥梯度；在施肥 4 年，NP30 处
理下的 Simpson 指数显著低于其他施肥梯度（$P<0.05$）（图 4.7）。

CK、NP10、NP20 和 NP30 4 个不同施肥梯度下，施肥 6 年的 Shannon-Wiener 指数
显著低于其他年限；CK 和 NP20 处理下，Shannon-Wiener 指数在施肥 2 年显著最高；NP10
处理下，在施肥 5 年显著最高；NP30 处理下，在施肥 3 年显著最高（$P<0.05$）。随着施
肥梯度的增加，Shannon-Wiener 指数在施肥 1 年、3 年和 7 年先降低后增加；在施肥 2 年
和 6 年呈不断降低的趋势；在施肥 4 年呈倒 "N" 字形变化趋势，在 NP30 处理下显著低
于其他施肥梯度（$P<0.05$）；在施肥 5 年先增加后降低（图 4.8）。

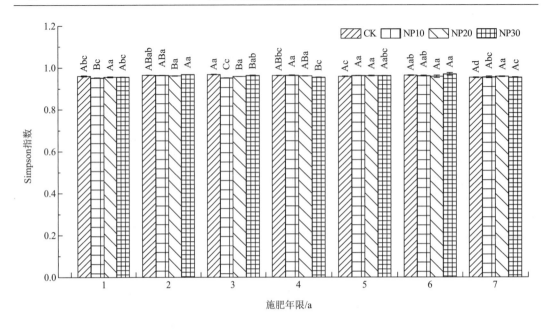

图 4.7 不同施肥年限及施肥梯度 Simpson 指数变化

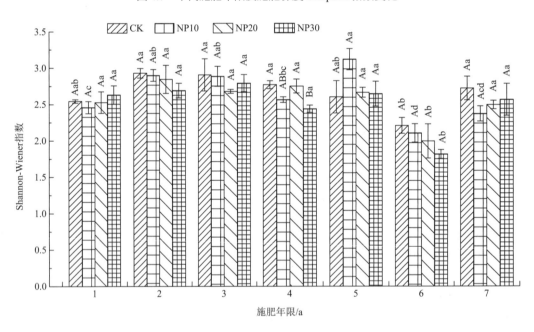

图 4.8 不同施肥年限及施肥梯度 Shannon-Wiener 指数变化

CK、NP10、NP20 和 NP30 4 个不同施肥梯度下，施肥 6 年的 Pielou 指数显著低于其他年限（$P<0.05$）。CK 处理下，Pielou 指数在施肥 7 年最高；NP10 处理下，在施肥 5 年最高；NP20 处理下，在施肥 2 年最高；NP30 处理下，在施肥 1 年最高。随着施肥梯度的增加，Pielou 指数在施肥 1 年呈不断增加的趋势；在施肥 2 年呈先增加后降低的趋势；在施肥 3 年和 5 年呈"N"字形变化规律；在施肥 4 年呈倒"N"字形变化规律，且在

NP10 处理下显著低于其他施肥梯度（$P<0.05$）；在施肥 6 年呈逐渐降低的趋势；在施肥 7 年先降低后增加，且在 CK 处理下显著高于 NP10（$P<0.05$）（图 4.9）。

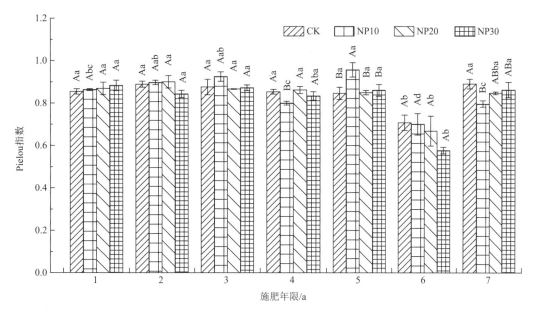

图 4.9　不同施肥年限及施肥梯度 Pielou 指数变化

4.2.3　长期氮磷混施对植物群落生产力的影响

根据研究区不同施肥梯度及不同施肥年限植物群落地上生物量的变化（图 4.10），植物群落地上生物量在 CK 处理下于施肥 4 年最高，施肥 7 年最低，且差异显著（$P<0.05$）；NP10 处理下，在施肥 4 年最高，施肥 3 年最低；NP20 和 NP30 处理下，地上生物量均在施肥 2 年最高，施肥 1 年最低，且差异显著（$P<0.05$）。就不同施肥梯度而言，地上生物量随施肥梯度的增加不断增加，在 NP30 梯度下最高，在 CK 处理下最低，除施肥 3 年外，均存在显著差异（$P<0.05$）。

4 个不同功能群地上生物量的变化（图 4.11）显示，禾本科地上生物量在 CK 处理下在施肥 2 年有最大值 108.71g/m²，施肥第七年有最小值 37.81g/m²；在 NP10 处理下，在施肥 4 年有最大值 150.63g/m²，施肥 7 年有最小值 47.52g/m²；在 NP20 处理下，在施肥 4 年有最大值 161.78g/m²，在施肥 1 年有最小值 44.19g/m²；在 NP30 处理下，在施肥 4 年有最大值 189.91g/m²，在施肥 1 年有最小值 84.95g/m²。就不同施肥梯度而言，除施肥 1 年和 2 年外，禾本科生物量随施肥梯度的增加而增加。

莎草科地上生物量在 CK 处理下在施肥 4 年最高，施肥 6 年最低，分别为 92.15g/m² 和 51.13g/m²；在 NP10 处理下，在施肥 5 年最高，施肥 7 年最低，分别为 135.00g/m² 和 43.84g/m²；在 NP20 处理下，在施肥 3 年最高，施肥 2 年最低，分别为 130.44g/m² 和 49.81g/m²；在 NP30 处理下，在施肥 4 年最高，施肥 1 年最低，分别为 188.71g/m² 和 78.99g/m²。不同施肥年限施肥处理下莎草科生物量均高于未施肥处理下。

豆科地上生物量在 CK 处理下，在施肥 5 年最高，施肥 7 年最低，分别为 28.27g/m² 和 2.09g/m²；在 NP10 处理下，在施肥 6 年有最大值 30.02g/m²，施肥 3 年有最小值 3.51g/m²；在 NP20 处理下，在施肥 6 年最高，施肥 4 年最低，分别为 29.33g/m² 和 2.36g/m²；在 NP30 处理下，在施肥 1 年有最大值 34.69g/m²，施肥 4 年有最小值 0.42g/m²。此外，整体而言，氮磷添加增加了施肥 3 年豆科的生物量，降低了施肥 6 年豆科的生物量，且施肥降低了豆科地上生物量在群落生物量中的占比。

杂类草地上生物量在 CK 处理下，在施肥 2 年最高，施肥 7 年最低，分别为 152.49g/m² 和 99.20g/m²；在 NP10 处理下，在施肥 7 年有最大值 194.13g/m²，施肥 4 年有最小值 89.14g/m²；在 NP20 处理下，在施肥 2 年最高，施肥 3 年最低，分别为 273.69g/m² 和 92.73g/m²；在 NP30 处理下，在施肥 2 年有最大值 242.69g/m²，施肥 6 年有最小值 106.01g/m²。此外，氮磷添加增加了施肥 2、3、5 和 7 年杂类草的地上生物量，降低了施肥 1、4 和 6 年杂类草的地上生物量，且施肥降低了杂类草地上生物量在群落生物量中的占比。

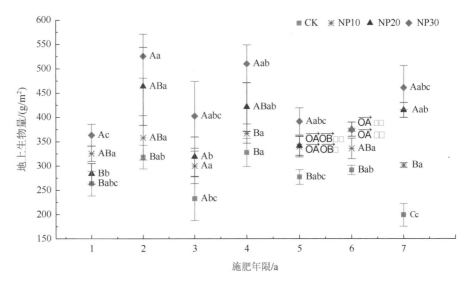

图 4.10 不同施肥年限及施肥梯度地上生物量的变化

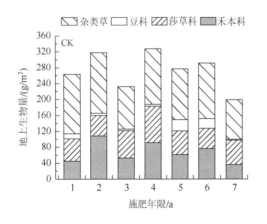
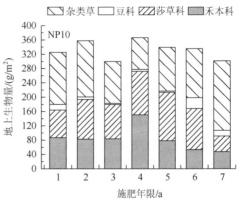

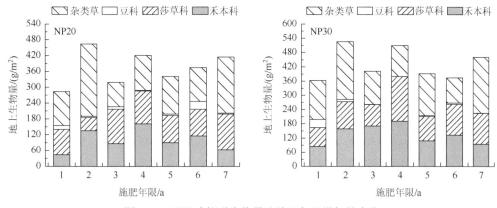

图 4.11　不同功能群生物量随施肥年限增加的变化

4.2.4　长期氮磷混施对植物群落物种组成的影响

施肥 1 年植物群落物种组成和重要值均随施肥梯度改变而改变（图 4.12），试验样地共观测到 37 个物种。其中 CK 样地记录了 27 个物种，重要值大于 5% 的物种有 4 种，分

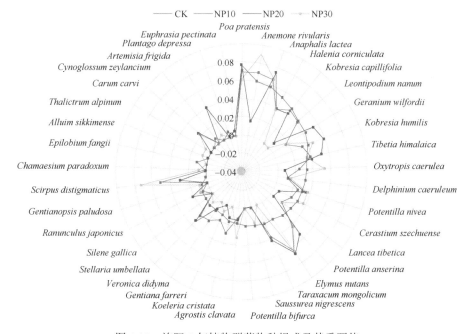

图 4.12　施肥 1 年植物群落物种组成及其重要值

注：*Poa pratensis*（草地早熟禾）、*Anemone rivularis*（草玉梅）、*Anaphalis lactea*（乳白香青）、*Halenia corniculata*（花锚）、*Kobresia capillifolia*（线叶嵩草）、*Leontipodium nanum*（矮火绒草）、*Geranium wilfordii*（老鹳草）、*Kobresia humilis*（矮生嵩草）、*Tibetia himalaica*（高山豆）、*Oxytropis caerulea*（蓝花棘豆）、*Delphinium caeruleum*（蓝翠雀花）、*Potentilla nivea*（雪白委陵菜）、*Cerastium szechuense*（四川卷耳）、*Lancea tibetica*（肉果草）、*Potentilla anserina*（蕨麻）、*Elymus nutans*（垂穗披碱草）、*Taraxacum mongolicum*（蒲公英）、*Saussurea nigrescens*（钝苞雪莲）、*Potentilla bifurca*（二裂委陵菜）、*Agrostis clavata*（四川剪股颖）、*Koeleria cristata*（落草）、*Gentiana farreri*（线叶龙胆）、*Veronica didyma*（婆婆纳）、*Stellaria umbellata*（伞花繁缕）、*Silene gallica*（蝇子草）、*Ranunculus japonicus*（毛茛）、*Gentianopsis paludosa*（湿生扁蕾）、*Scirpus distigmaticus*（双柱头藨草）、*Chamaesium paradoxum*（矮泽芹）、*Epilobium fangii*（川西柳叶菜）、*Allium sikkimense*（高山韭）、*Thalictrum alpinum*（高山唐松草）、*Carum carvi*（葛缕子）、*Cynoglossum zeylancium*（琉璃草）、*Artemisia frigida*（冷蒿）、*Plantago depressa*（平车前）、*Euphrasia pectinata*（小米草）。

别为草地早熟禾、草玉梅、乳白香青和花锚，占群落总优势度的 30.5%；NP10 样地记录了 27 个物种，重要值大于 5%的物种有 4 种，分别为草地早熟禾、草玉梅、乳白香青和垂穗披碱草，占群落总优势度的 31.6%；NP20 样地记录了 26 个物种，重要值大于 5%的物种有 7 种，分别为草地早熟禾、乳白香青、老鹳草、矮生嵩草、高山豆（异叶米口袋）、蕨麻和垂穗披碱草，占群落总优势度的 52.1%，在该群落中占绝对优势；NP30 样地记录了 26 个物种，重要值大于 5%的物种有 6 种，分别为草地早熟禾、草玉梅、乳白香青、蓝花棘豆、垂穗披碱草和双柱头蔍草，占群落总优势度的 49.4%。

施肥 2 年植物群落物种组成和重要值均随施肥梯度改变而改变（图 4.13），试验样地共观测到 44 个物种。其中 CK 样地记录了 35 个物种，重要值大于 5%的物种有 3 种，分别为垂穗披碱草、花锚和草地早熟禾，占群落总优势度的 21.5%；NP10 样地记录了 32 个物种，重要值大于 5%的物种有 3 种，分别为草地早熟禾、乳白香青和青藏蔍草，

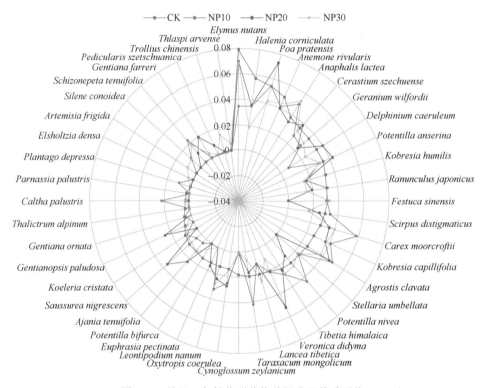

图 4.13　施肥 2 年植物群落物种组成及其重要值

注：*Elymus nutans*（垂穗披碱草）、*Halenia corniculata*（花锚）、*Poa pratensis*（草地早熟禾）、*Anemone rivularis*（草玉梅）、*Anaphalis lacteal*（乳白香青）、*Cerastium szechuense*（四川卷耳）、*Geranium wilfordii*（老鹳草）、*Delphinium caeruleum*（蓝翠雀花）、*Potentilla anserina*（蕨麻）、*Kobresia humilis*（矮生嵩草）、*Ranunculus japonicus*（毛茛）、*Festuca sinensis*（中华羊茅）、*Scirpus distigmaticus*（双柱头蔍草）、*Carex moorcroftii*（青藏蔍草）、*Kobresia capillifolia*（线叶嵩草）、*Agrostis clavata*（四川剪股颖）、*Stellaria umbellata*（伞花繁缕）、*Potentilla nivea*（雪白委陵菜）、*Tibetia himalaica*（高山豆）、*Veronica didyma*（婆婆纳）、*Lancea tibetica*（肉果草）、*Taraxacum mongolicum*（蒲公英）、*Cynoglossum zeylancium*（琉璃草）、*Oxytropis coerulea*（蓝花棘豆）、*Leontipodium nanum*（矮火绒草）、*Euphrasia pectinata*（小米草）、*Potentilla bifurca*（二裂委陵菜）、*Ajania tenuifolia*（细叶亚菊）、*Saussurea nigrescens*（钝苞雪莲）、*Koeleria cristata*（落草）、*Gentianopsis paludosa*（湿生扁蕾）、*Gentiana ornata*（华丽龙胆）、*Thalictrum alpinum*（高山唐松草）、*Caltha palustris*（驴蹄草）、*Parnassia palustris*（梅花草）、*Plantago depressa*（平车前）、*Elsholtzia densa*（密花香薷）、*Artemisia frigida*（冷蒿）、*Silene conoidea*（麦瓶草）、*Schizonepeta tenuifolia*（裂叶荆芥）、*Gentiana farreri*（线叶龙胆）、*Pedicularis szetschuanica*（四川马先蒿）、*Trollius chinensis*（金莲花）、*Thlaspi arvense*（荠菜）。

占群落总优势度的 18.3%；NP20 样地记录了 29 个物种，重要值大于 5%的物种有 3 种，分别为垂穗披碱草、草地早熟禾和婆婆纳，占群落总优势度的 22.0%；NP30 样地记录了 37 个物种，重要值大于 5%的物种有 2 种，分别为垂穗披碱草和乳白香青，占群落总优势度的 14.8%。

　　施肥 3 年植物群落物种组成和重要值均随施肥梯度改变而改变（图 4.14），试验样地共观测到 48 个物种。其中 CK 样地记录了 37 个物种，重要值大于 5%的物种有 2 种，分别为垂穗披碱草和双柱头藨草，占群落总优势度的 13.6%；NP10 样地记录了 36 个物种，重要值大于 5%的物种有 3 种，分别为垂穗披碱草、草地早熟禾和青藏薹草，占群落总优势度的 20.8%；NP20 样地记录了 31 个物种，重要值大于 5%的物种有 5 种，分别为垂穗披碱草、双柱头藨草、草地早熟禾、青藏薹草和四川卷耳，占群落总优势度的 38.8%；NP30 样地记录了 34 个物种，重要值大于 5%的物种有 3 种，分别为垂穗披碱草、草地早熟禾和青藏薹草，占群落总优势度的 23.3%。

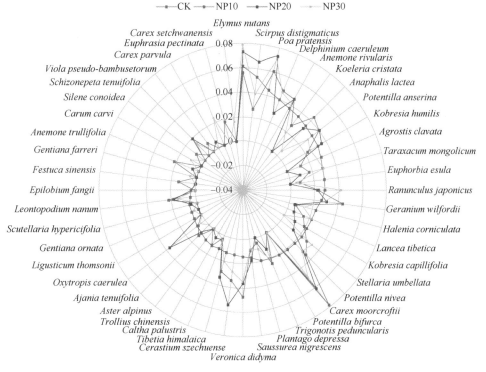

图 4.14　施肥 3 年植物群落物种组成及其重要值

注：*Elymus nutans*（垂穗披碱草）、*Scirpus distigmaticus*（双柱头藨草）、*Poa pratensis*（草地早熟禾）、*Delphinium caeruleum*（蓝翠雀花）、*Anemone rivularis*（草玉梅）、*Koeleria cristata*（落草）、*Anaphalis lactea*（乳白香青）、*Potentilla anserina*（蕨麻）、*Kobresia humilis*（矮生薹草）、*Agrostis clavata*（四川剪股颖）、*Taraxacum mongolicum*（蒲公英）、*Euphorbia esula*（乳浆大戟）、*Ranunculus japonicus*（毛茛）、*Geranium wilfordii*（老鹳草）、*Halenia corniculata*（花锚）、*Lancea tibetica*（肉果草）、*Kobresia capillifolia*（线叶薹草）、*Stellaria umbellata*（伞花繁缕）、*Potentilla nivea*（雪白委陵菜）、*Carex moorcroftii*（青藏薹草）、*Potentilla bifurca*（二裂委陵菜）、*Trigonotis peduncularis*（附地菜）、*Plantago depressa*（平车前）、*Saussurea nigrescens*（钝苞雪莲）、*Veronica didyma*（婆婆纳）、*Cerastium szechuense*（四川卷耳）、*Tibetia himalaica*（高山豆）、*Caltha palustris*（驴蹄草）、*Trollius chinensis*（金莲花）、*Aster alpinus*（高山紫菀）、*Ajania tenuifolia*（细叶亚菊）、*Oxytropis caerulea*（蓝花棘豆）、*Ligusticum thomsonii*（长茎藁本）、*Gentiana ornata*（华丽龙胆）、*Scutellaria hypericifolia*（连翘叶黄芩）、*Leontopodium nanum*（矮火绒草）、*Epilobium fangii*（川西柳叶菜）、*Festuca sinensis*（中华羊茅）、*Gentiana farreri*（线叶龙胆）、*Anemone trullifolia*（匙叶银莲花）、*Carum carvi*（葛缕子）、*Silene conoidea*（麦瓶草）、*Schizonepeta tenuifolia*（裂叶荆芥）、*Viola pseudo-bambusetorum*（圆叶堇菜）、*Carex parvula*（高山薹草）、*Euphrasia pectinata*（小米草）、*Carex setchwanensis*（四川薹草）。

　　施肥 4 年植物群落物种组成和重要值均随施肥梯度改变而改变（图 4.15），试验样地共观测到 41 个物种。其中 CK 样地记录了 35 个物种，重要值大于 5% 的物种有 4 种，分别为垂穗披碱草、草玉梅、落草和线叶嵩草，占群落总优势度的 29.5%；NP10 样地记录了 34 个物种，重要值大于 5% 的物种有 3 种，分别为垂穗披碱草、发草和四川剪股颖，占群落总优势度的 27.7%；NP20 样地记录了 31 个物种，重要值大于 5% 的物种有 4 种，分别为垂穗披碱草、矮生嵩草、发草和双柱头藨草，占群落总优势度的 31.6%；NP30 样地记录了 30 个物种，重要值大于 5% 的物种有 5 种，分别为垂穗披碱草、草玉梅、矮生嵩草、发草和青藏薹草，占群落总优势度的 42.5%。

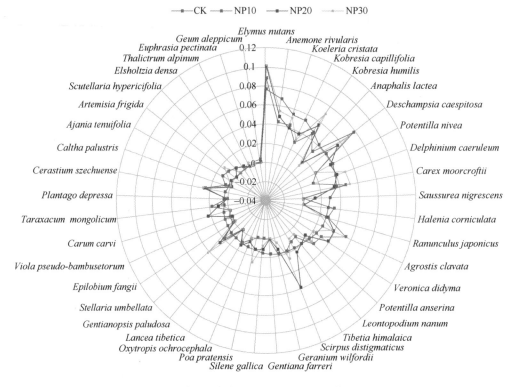

图 4.15　施肥 4 年植物群落物种组成及其重要值

注：*Elymus nutans*（垂穗披碱草）、*Anemone rivularis*（草玉梅）、*Koeleria cristata*（落草）、*Kobresia capillifolia*（线叶嵩草）、*Kobresia humilis*（矮生嵩草）、*Anaphalis lactea*（乳白香青）、*Deschampsia caespitosa*（发草）、*Potentilla nivea*（雪白委陵菜）、*Delphinium caeruleum*（蓝翠雀花）、*Carex moorcroftii*（青藏薹草）、*Saussurea nigrescens*（钝苞雪莲）、*Halenia corniculata*（花锚）、*Ranunculus japonicus*（毛茛）、*Agrostis clavata*（四川剪股颖）、*Veronica didyma*（婆婆纳）、*Potentilla anserina*（蕨麻）、*Leontopodium nanum*（矮火绒草）、*Tibetia himalaica*（高山豆）、*Scirpus distigmaticus*（双柱头藨草）、*Geranium wilfordii*（老鹳草）、*Gentiana farreri*（线叶龙胆）、*Silene gallica*（蝇子草）、*Poa pratensis*（草地早熟禾）、*Oxytropis ochrocephala*（黄花棘豆）、*Lancea tibetica*（肉果草）、*Gentianopsis paludosa*（湿生扁蕾）、*Stellaria umbellata*（伞花繁缕）、*Epilobium fangii*（川西柳叶菜）、*Viola pseudo-bambusetorum*（圆叶堇菜）、*Carum carvi*（葛缕子）、*Taraxacum mongolicum*（蒲公英）、*Plantago depressa*（平车前）、*Cerastium szechuense*（四川卷耳）、*Caltha palustris*（驴蹄草）、*Ajania tenuifolia*（细叶亚菊）、*Artemisia frigida*（冷蒿）、*Scutellaria hypericifolia*（连翘叶黄芩）、*Elsholtzia densa*（密花香薷）、*Thalictrum alpinum*（高山唐松草）、*Euphrasia pectinata*（小米草）、*Geum aleppicum*（路边青）。

　　施肥 5 年植物群落物种组成和重要值均随施肥梯度改变而改变（图 4.16），试验样地共观测到 43 个物种。其中 CK 样地记录了 33 个物种，重要值大于 5% 的物种有 5 种，分别为垂穗披碱草、草玉梅、落草、矮生嵩草和发草，占群落总优势度的 39.7%；NP10 样地记录了 35 个物种，重要值大于 5% 的物种有 5 种，分别为垂穗披碱草、草玉梅、矮生嵩草、发草和四川剪股颖，占群落总优势度的 31.8%；NP20 样地记录了 35 个物种，重要值大于 5% 的物种有 3 种，分别为垂穗披碱草、草玉梅和双柱头藨草，占群落总优势度的 25.1%；NP30 样地记录了 33 个物种，重要值大于 5% 的物种有 4 种，分别为垂穗披碱草、草玉梅、矮生嵩草和四川剪股颖，占群落总优势度的 30.3%。

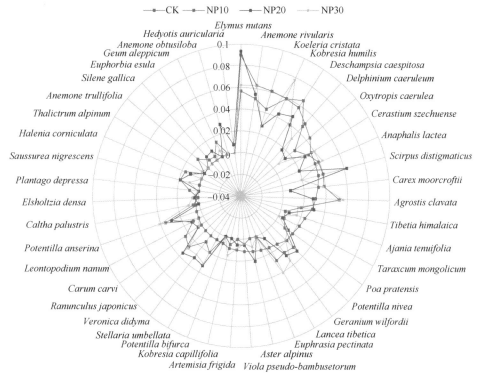

图 4.16　施肥 5 年植物群落物种组成及其重要值

注：*Elymus nutans*（垂穗披碱草）、*Anemone rivularis*（草玉梅）、*Koeleria cristata*（落草）、*Kobresia humilis*（矮生嵩草）、*Deschampsia caespitosa*（发草）、*Delphinnium caeruleum*（蓝翠雀花）、*Oxytropis caerulea*（蓝花棘豆）、*Cerastium szechuense*（四川耳草）、*Anaphalis lactea*（乳白香青）、*Scirpus distigmaticus*（双柱头藨草）、*Carex moorcroftii*（青藏薹草）、*Agrostis clavata*（四川剪股颖）、*Tibetia himalaica*（高山豆）、*Ajania tenuifolia*（细叶亚菊）、*Taraxacum mongolicum*（蒲公英）、*Poa pratensis*（草地早熟禾）、*Potentilla nivea*（雪白委陵菜）、*Geranium wilfordii*（老鹳草）、*Lancea tibetica*（肉果草）、*Euphrasia pectinata*（小米草）、*Aster alpinus*（高山紫菀）、*Viola pseudo-bambusetorum*（圆叶堇菜）、*Artemisia frigida*（冷蒿）、*Kobresia capillifolia*（线叶嵩草）、*Potentilla bifurca*（二裂委陵菜）、*Stellaria umbellata*（伞花繁缕）、*Veronica didyma*（婆婆纳）、*Ranunculus japonicus*（毛茛）、*Carum carvi*（葛缕子）、*Leontopodium nanum*（矮火绒草）、*Potentilla anserina*（鹅绒委陵菜）、*Caltha palustris*（驴蹄草）、*Elsholtzia densa*（密花香薷）、*Plantago depressa*（平车前）、*Saussurea nigrescens*（钝苞雪莲）、*Halenia corniculata*（花锚）、*Thalictrum alpinum*（高山唐松草）、*Anemone trullifolia*（匙叶银莲花）、*Silene gallica*（蝇子草）、*Euphorbia esula*（乳浆大戟）、*Geum aleppicum*（路边青）、*Anemone obtusiloba*（钝裂银莲花）、*Hedyotis auricularia*（耳草）。

　　施肥 6 年植物群落物种组成和重要值均随施肥梯度改变而改变（图 4.17），试验样地共观测到 43 个物种。其中 CK 样地记录了 32 个物种，重要值大于 5% 的物种有 3 种，分别为发草、垂穗披碱草和矮生嵩草，占群落总优势度的 21.2%；NP10 样地记录了 28 个物种，重要值大于 5% 的物种有 3 种，分别为发草、草玉梅和青藏薹草，占群落总优势度的 24.7%；NP20 样地记录了 31 个物种，重要值大于 5%的物种有 5 种，分别为发草、垂穗披碱草、矮生嵩草、四川剪股颖和草玉梅，占群落总优势度的 37.6%；NP30 样地记录了 34 个物种，重要值大于 5%的物种仅有垂穗披碱草，占群落总优势度的 11.7%。

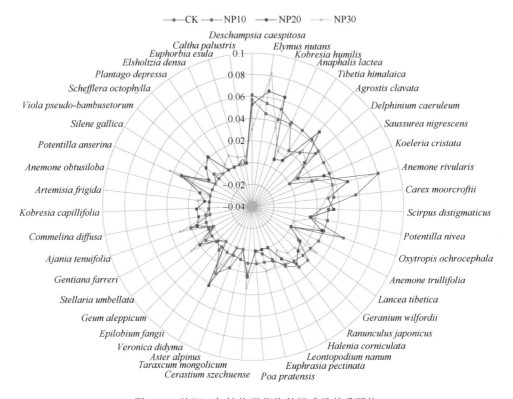

图 4.17　施肥 6 年植物群落物种组成及其重要值

注：*Deschampsia caespitosa*（发草）、*Elymus nutans*（垂穗披碱草）、*Kobresia humilis*（矮生嵩草）、*Anaphalis lactea*（乳白香青）、*Tibetia himalaica*（高山豆）、*Agrostis clavata*（四川剪股颖）、*Delphinium caeruleum*（蓝翠雀花）、*Saussurea nigrescens*（钝苞雪莲）、*Koeleria cristata*（落草）、*Anemone rivularis*（草玉梅）、*Carex moorcroftii*（青藏薹草）、*Scirpus distigmaticus*（双柱头藨草）、*Potentilla nivea*（雪白委陵菜）、*Oxytropis ochrocephala*（黄花棘豆）、*Anemone trullifolia*（匙叶银莲花）、*Lancea tibetica*（肉果草）、*Geranium wilfordii*（老鹳草）、*Ranunculus japonicus*（毛茛）、*Halenia corniculata*（花锚）、*Leontopodium nanum*（矮火绒草）、*Euphrasia pectinata*（小米草）、*Poa pratensis*（草地早熟禾）、*Cerastium szechuense*（四川卷耳）、*Taraxacum mongolicum*（蒲公英）、*Aster alpinus*（高山紫菀）、*Veronica didyma*（婆婆纳）、*Epilobium fangii*（川西柳叶菜）、*Geum aleppicum*（路边青）、*Stellaria umbellata*（伞花繁缕）、*Gentiana farreri*（线叶龙胆）、*Ajania tenuifolia*（细叶亚菊）、*Commelina diffusa*（竹节菜）、*Kobresia capillifolia*（线叶嵩草）、*Artemisia frigida*（冷蒿）、*Anemone obtusiloba*（钝裂银莲花）、*Potentilla anserina*（蕨麻）、*Silene gallica*（蝇子草）、*Viola pseudo-bambusetorum*（圆叶堇菜）、*Schefflera octophylla*（鹅掌柴）、*Plantago depressa*（平车前）、*Elsholtzia densa*（密花香薷）、*Euphorbia esula*（乳浆大戟）、*Caltha palustris*（驴蹄草）。

　　施肥 7 年植物群落物种组成和重要值均随施肥梯度改变而改变（图 4.18），试验样地共观测到 41 个物种。其中 CK 样地记录了 30 个物种，重要值大于 5%的物种有 6 种，分别为垂穗披碱草、草玉梅、发草、矮生嵩草、草地早熟禾和青藏薹草，占群落总优势度的 45.8%；NP10 样地记录了 33 个物种，重要值大于 5%的物种有 4 种，分别为草玉梅、发草、矮生嵩草和乳白香青，占群落总优势度的 35.8%；NP20 样地记录了 30 个物种，重要值大于 5%的物种有 4 种，分别为垂穗披碱草、婆婆纳、蓝翠雀花和双柱头藨草，占群落总优势度的

29.7%；NP30 样地记录了 29 个物种，重要值大于 5%的物种有 5 种，分别为垂穗披碱草、草玉梅、草地早熟禾、青藏薹草和婆婆纳，占群落总优势度的 42.7%。

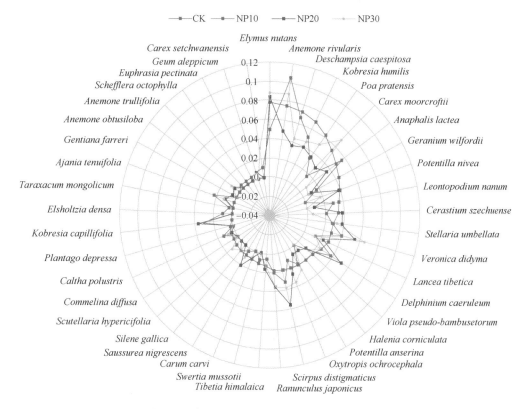

图 4.18　施肥 7 年植物群落物种组成及其重要值

注：*Elymus nutans*（垂穗披碱草）、*Anemone rivularis*（草玉梅）、*Deschampsia caespitosa*（发草）、*Kobresia humilis*（矮生嵩草）、*Poa pratensis*（草地早熟禾）、*Carex moorcroftii*（青藏薹草）、*Anaphalis lactea*（乳白香青）、*Geranium wilfordii*（老鹳草）、*Potentilla nivea*（雪白委陵菜）、*Leontopodium nanum*（矮火绒草）、*Cerastium szechuense*（四川卷耳）、*Stellaria umbellata*（伞花繁缕）、*Veronica didyma*（婆婆纳）、*Lancea tibetica*（肉果草）、*Delphinnium caeruleum*（蓝翠雀花）、*Viola pseudo-bambusetorum*（圆叶堇菜）、*Halenia corniculata*（花锚）、*Potentilla anserina*（蕨麻）、*Oxytropis ochrocephala*（黄花棘豆）、*Scirpus distigmaticus*（双柱头薹草）、*Ranunculus japonicus*（毛茛）、*Tibetia himalaica*（高山豆）、*Swertia mussotii*（川西獐牙菜）、*Carum carvi*（葛缕子）、*Saussurea nigrescens*（钝苞雪莲）、*Silene gallica*（蝇子草）、*Scutellaria hypericifolia*（连翘叶黄芩）、*Commelina diffusa*（竹节菜）、*Caltha palustris*（驴蹄草）、*Plantago depressa*（平车前）、*Kobresia capillifolia*（线叶嵩草）、*Elsholtzia densa*（密花香薷）、*Taraxacum mongolicum*（蒲公英）、*Ajania tenuifolia*（细叶亚菊）、*Gentiana farreri*（线叶龙胆）、*Anemone obtusiloba*（钝裂银莲花）、*Anemone trullifolia*（匙叶银莲花）、*Schefflera octophylla*（鹅掌柴）、*Euphrasia pectinata*（小米草）、*Geum aleppicum*（路边青）、*Carex setchwanensis*（四川嵩草）。

由不同施肥梯度群落相似性指数计算结果可知（表 4.3），不同施肥梯度植物群落的 βCj 和 βCs 指数变化趋势基本一致。施肥 1 年，NP10 和 NP30 群落间异质性最大；施肥 2 年和 3 年，NP20 和 NP30 群落间异质性最大；施肥 4 年，NP10 和 NP20 群落间异质性最大；施肥 5 和 7 年，CK 和 NP10 群落间异质性最大；施肥 6 年，CK 和 NP20 群落间异质性最大。施肥 1 年和 5 年，NP10 和 NP20 群落间异质性最小；施肥 2 年，NP10 和 NP30 群落间异质性最小；施肥 3 年和 6 年，CK 和 NP10 群落间异质性最小；施肥 4 年和 7 年，NP20 和 NP30 群落间异质性最小。

表 4.3　不同施肥梯度 βCj 和 βCs 指数

施肥年限/a	施肥梯度	βCj				βCs			
		CK	NP10	NP20	NP30	CK	NP10	NP20	NP30
1	CK	—	0.26	0.29	0.39	—	0.15	0.17	0.25
	NP10	0.26	—	0.23	0.44	0.15	—	0.13	0.28
	NP20	0.29	0.23	—	0.38	0.17	0.13	—	0.23
	NP30	0.39	0.44	0.38	—	0.25	0.28	0.23	—
2	CK	—	0.24	0.32	0.29	—	0.13	0.19	0.17
	NP10	0.24	—	0.31	0.23	0.13	—	0.18	0.13
	NP20	0.32	0.31	—	0.35	0.19	0.18	—	0.21
	NP30	0.29	0.23	0.35	—	0.17	0.13	0.21	—
3	CK	—	0.26	0.30	0.31	—	0.15	0.18	0.18
	NP10	0.26	—	0.28	0.33	0.15	—	0.16	0.20
	NP20	0.30	0.28	—	0.38	0.18	0.16	—	0.23
	NP30	0.31	0.33	0.38	—	0.18	0.20	0.23	—
4	CK	—	0.28	0.26	0.19	—	0.16	0.15	0.11
	NP10	0.28	—	0.29	0.22	0.16	—	0.17	0.13
	NP20	0.26	0.29	—	0.21	0.15	0.17	—	0.11
	NP30	0.19	0.22	0.21	—	0.11	0.13	0.11	—
5	CK	—	0.30	0.26	0.17	—	0.18	0.15	0.09
	NP10	0.30	—	0.25	0.26	0.18	—	0.14	0.15
	NP20	0.26	0.25	—	0.26	0.15	0.14	—	0.15
	NP30	0.17	0.26	0.26	—	0.09	0.15	0.15	—
6	CK	—	0.24	0.38	0.35	—	0.13	0.24	0.21
	NP10	0.24	—	0.31	0.32	0.13	—	0.19	0.19
	NP20	0.38	0.31	—	0.33	0.24	0.19	—	0.20
	NP30	0.35	0.32	0.33	—	0.21	0.19	0.20	—
7	CK	—	0.38	0.29	0.31	—	0.24	0.17	0.19
	NP10	0.38	—	0.34	0.32	0.24	—	0.21	0.19
	NP20	0.29	0.34	—	0.21	0.17	0.21	—	0.12
	NP30	0.31	0.32	0.21	—	0.19	0.19	0.12	—

注：Cj 和 Cs 分别表示 Jaccard 指数和 Sorenson 指数；βCj 和 βCs 分别是 1-Cj 和 1-Cs，用于反映群落间物种组成的相似性。

4.2.5　长期氮磷混施对植物群落稳定性的影响

将不同施肥年限下不同施肥梯度植物群落调查中所有物种的相对频度累积与植物总物种数倒数累积的散点图进行拟合，并取与直线 $y = 100-x$ 的交点（图 4.19 和表 4.4）。结果显示，各施肥梯度交点坐标均离稳定点（20，80）较远，施肥 4 年 NP10 处理的交点坐标为（38，62），离稳定点最近；施肥 2 年 NP20 处理的交点坐标为（45，55），离稳定点最远。对不同施肥处理而言，CK 和 NP30 在施肥 6 年时植物群落稳定性最高；NP10 和 NP20 在施肥 4 年时植物群落稳定性最高；CK、NP10 和 NP20 均在施肥 2 年时植物群落稳定最低；NP30 则在施肥 4 年时稳定性最低。不同施肥年限，植物群落稳定性最高和最低的施肥梯度也有所差异。施肥 1～2 年，植物群落稳定性最高的为 NP30；施肥 3～4 年，植物群落稳定性最高的为 NP10；施肥 5～7 年，植物群落稳定性最高的为 NP20；施肥 3 年、4 年和 6 年，植物群落稳定性最低的为 CK；施肥 1 年、5 年和 7 年，植物群落稳定性最低的为 NP10；施肥 2 年，植物群落稳定性最低的为 NP20。

表 4.4　不同施肥年限及施肥梯度植物群落稳定性分析结果

年限/a	处理	拟合方程	相关系数	P 值	交点坐标
1	CK	$y=-0.0079x^2+1.8324x-4.5835$	0.9975	$P<0.001$	（42，58）
1	NP10	$y=-0.0062x^2+1.6439x-2.1295$	0.9994	$P<0.001$	（43，57）
1	NP20	$y=-0.0086x^2+1.8888x-4.4238$	0.9972	$P<0.001$	（41，59）
1	NP30	$y=-0.0084x^2+1.8463x-2.4260$	0.9988	$P<0.001$	（41，59）
2	CK	$y=-0.0059x^2+1.6360x-3.3457$	0.9987	$P<0.001$	（43，57）
2	NP10	$y=-0.0055x^2+1.6089x-3.6582$	0.9981	$P<0.001$	（44，56）
2	NP20	$y=-0.0042x^2+1.4484x-2.0144$	0.9994	$P<0.001$	（45，55）
2	NP30	$y=-0.0081x^2+1.8113x-1.6925$	0.9991	$P<0.001$	（41，59）
3	CK	$y=-0.0069x^2+1.7225x-3.0572$	0.9991	$P<0.001$	（42，58）
3	NP10	$y=-0.0087x^2+1.8451x-0.9145$	0.9979	$P<0.001$	（40，60）
3	NP20	$y=-0.0085x^2+1.8651x-3.3892$	0.9984	$P<0.001$	（41，59）
3	NP30	$y=-0.0077x^2+1.8164x-4.1945$	0.9979	$P<0.001$	（42，58）
4	CK	$y=-0.0051x^2+1.5252x-0.4823$	0.9997	$P<0.001$	（44，56）
4	NP10	$y=-0.0107x^2+2.0673x-1.5945$	0.9993	$P<0.001$	（38，62）
4	NP20	$y=-0.0105x^2+2.0749x-3.4317$	0.9989	$P<0.001$	（39，61）
4	NP30	$y=-0.0065x^2+1.6465x-0.0331$	0.9994	$P<0.001$	（42，58）
5	CK	$y=-0.0080x^2+1.8070x-1.9828$	0.9992	$P<0.001$	（41，59）
5	NP10	$y=-0.0068x^2+1.7234x-3.5823$	0.9987	$P<0.001$	（43，57）
5	NP20	$y=-0.0085x^2+1.8485x-2.0386$	0.9987	$P<0.001$	（41，59）
5	NP30	$y=-0.0084x^2+1.8585x-3.6641$	0.9983	$P<0.001$	（41，59）
6	CK	$y=-0.0083x^2+1.8497x-1.9723$	0.9997	$P<0.001$	（41，59）
6	NP10	$y=-0.0085x^2+1.8621x-1.3043$	0.9993	$P<0.001$	（40，60）
6	NP20	$y=-0.0091x^2+1.8903x+0.5812$	0.9995	$P<0.001$	（39，61）
6	NP30	$y=-0.0091x^2+1.8936x-0.2095$	0.9997	$P<0.001$	（40，60）
7	CK	$y=-0.0075x^2+1.7777x-3.2261$	0.9991	$P<0.001$	（42，58）
7	NP10	$y=-0.0066x^2+1.6435x-0.7215$	0.9991	$P<0.001$	（42，58）
7	NP20	$y=-0.0073x^2+1.7135x-0.1015$	0.9993	$P<0.001$	（41，58）
7	NP30	$y=-0.0072x^2+1.7297x-1.6007$	0.9995	$P<0.001$	（42，58）

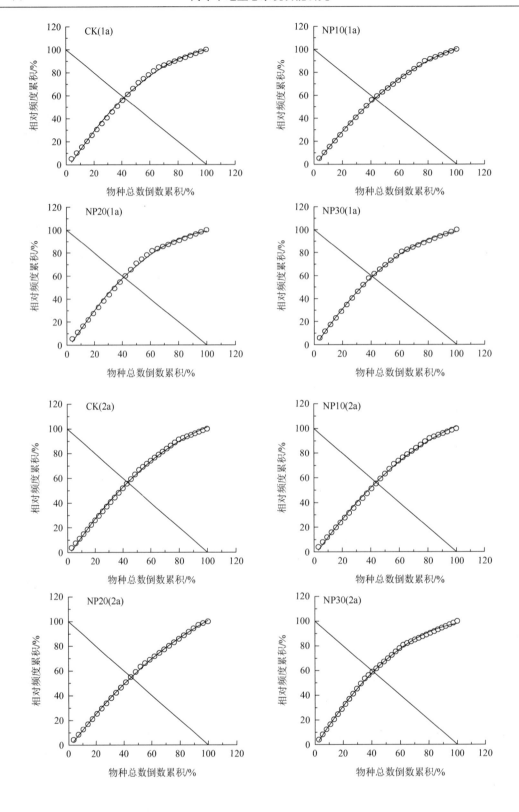

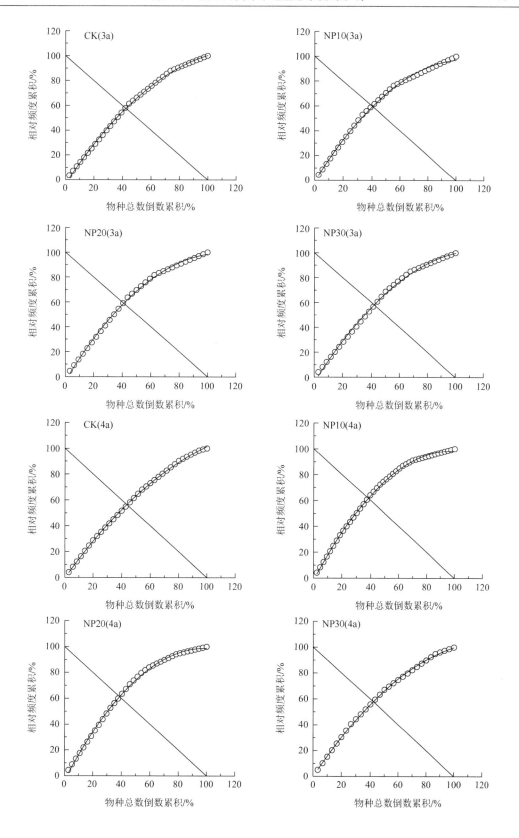

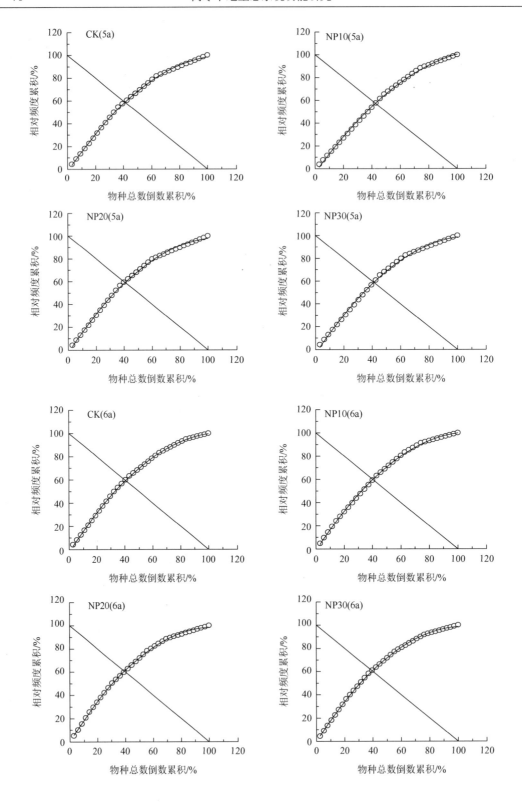

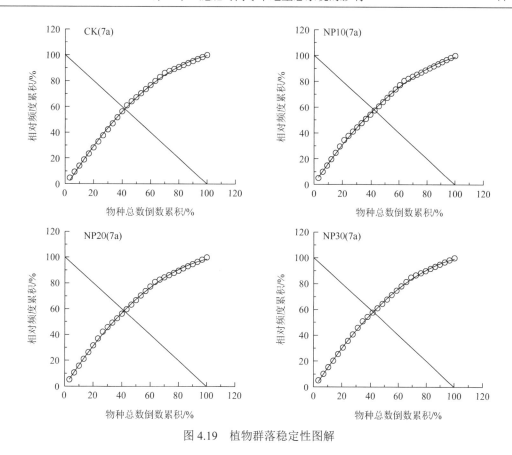

图 4.19　植物群落稳定性图解

4.3　施肥对高寒草地土壤性质的影响

　　土壤微生物作为土壤的重要组成部分和生态系统中的分解者，受土壤环境和地上植物群落多样性的影响，可以用来指示和预测土壤环境的变化，是土壤质量和土壤恢复状态的一项敏感性指标（Garcia and Hernández，1997；胡雷等，2014）。PLFA 是活体微生物细胞膜恒定组分，具有种、属特异性，对环境因素敏感，在生物体外迅速降解，因此特定菌群 PLFA 的数量变化可反映出原位土壤真菌、细菌活体生物量与菌群结构（张瑞福等，2004），同时 PLFA 可以作为微生物生物量和群落结构变化的特征微生物标记物，适合于微生物群落的动态监测（Barbour et al.，1980）。因此，研究高寒草甸土壤微生物群落结构多样性对施肥的响应，有助于了解高寒草甸退化对土壤生态系统结构、功能与过程的影响，揭示高寒草甸生态系统现状和发展趋势，为研究三江源区受损高寒草甸生态系统生物地球化学循环，特别是微生物群落对地下生态系统过程的影响、适应和修复提供生态学基础资料。

4.3.1　短期氮、磷单施对土壤理化性质的影响

　　氮肥添加能够显著降低土壤 pH，这是氮肥添加对土壤理化性质影响最显著的特征之一。然而，短期氮肥添加没有显著改变土壤有机质含量和土壤全氮含量。磷肥添加对土

壤 pH 的影响并不显著。与不施肥处理相比，土壤速效氮含量在短期低浓度氮磷单施处理下均显著降低，随着施肥浓度增加，土壤速效氮含量又显著升高。短期磷肥添加则能够显著增加土壤速效磷含量（图 4.20 和表 4.5）。

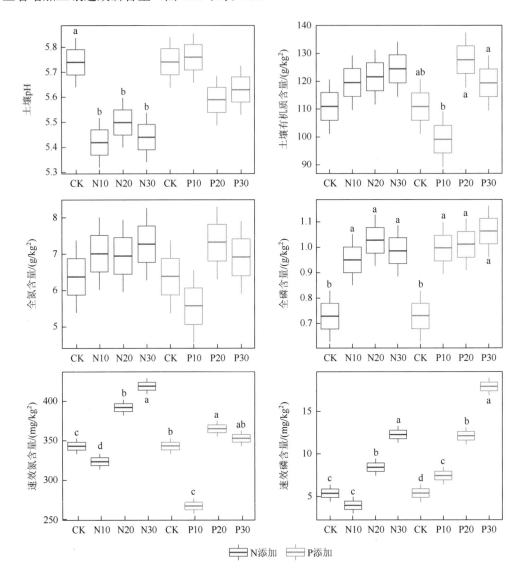

图 4.20　短期氮、磷单施对土壤理化性质的影响

表 4.5　短期氮、磷单施对土壤性质的单因素方差分析结果

项目		氮添加		磷添加	
		F	P	F	P
土壤理化性质	土壤 pH	6.51	0.015	2.06	0.184
	土壤有机质	1.03	0.426	4.47	0.040
	土壤全氮	0.42	0.742	1.66	0.252

续表

项目		氮添加		磷添加	
		F	P	F	P
土壤理化性质	土壤全磷	5.39	0.025	6.66	0.014
	土壤有效氮	57.79	<0.001	58.64	<0.001
	土壤有效磷	40.59	<0.001	92.59	<0.001
土壤酶活性	脲酶	26.27	<0.001	9.79	0.001
	蔗糖酶	11.28	<0.001	7.32	0.003
	过氧化氢酶	16.29	<0.001	17.09	<0.001
	酸性磷酸酶	16.67	<0.001	13.42	<0.001
土壤 PLFA	PLFA 生物量	311.67	<0.001	141.97	<0.001
	PLFA 丰富度	2.15	0.172	18.04	0.001
	一般性细菌 PLFA	805.76	<0.001	35.52	<0.001
	真菌 PLFA	4.85	0.033	45.30	<0.001
	革兰氏阳性菌 PLFA	84.80	<0.001	23.55	<0.001
	革兰氏阴性菌 PLFA	2.15	0.172	5.00	0.031
	放线菌 PLFA	4.06	0.050	3.99	0.052

4.3.2 短期氮、磷单施对土壤酶活性的影响

土壤蔗糖酶活性对短期氮磷单施响应较为一致，表现为随施肥浓度的增加呈先增加后降低的趋势。土壤过氧化氢酶、脲酶和酸性磷酸酶活性则在低浓度和中等浓度氮肥单施时显著降低，而在高浓度氮肥单施时显著增高；以上三种土壤酶活性对磷肥单施的响应与氮肥单施存在显著差异，土壤过氧化氢酶活性受到显著抑制，而酸性磷酸酶活性则显著增加。土壤脲酶活性则在低浓度和高浓度磷肥单施时显著降低，在中等浓度的磷肥单施时具有上升的趋势（图 4.21 和表 4.5）。

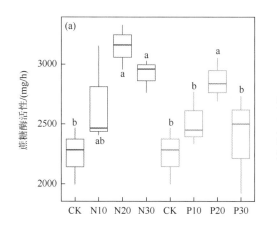
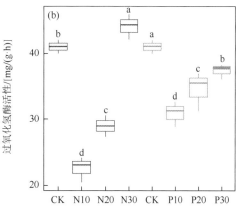

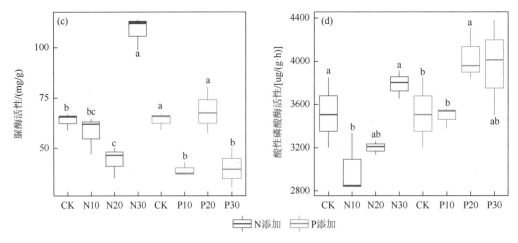

图 4.21　短期氮、磷单施对土壤理化性质的影响

4.3.3　短期氮、磷单施对土壤微生物群落的影响

根据 PLFA 命名规则和现有的研究结果，本书研究测得土壤中 PLFA 共计 25 种，碳链长度为 C13～C18，主要分为三大群落：细菌、真菌和放线菌，细菌又可分为革兰氏阳性菌（G⁺）、革兰氏阴性菌（G⁻）和一般性细菌。

整体来看，土壤微生物 PLFA 种类随氮肥添加具有增加趋势，但不显著，随磷肥添加显著增加。土壤微生物生物量，包括一般性细菌、真菌和放线菌生物量在氮肥添加时均被显著抑制。革兰氏阳性菌生物量随氮肥添加显著增加；革兰氏阴性菌生物量对氮肥添加的响应并不显著。随着磷肥添加梯度的增大，一般性细菌、真菌和革兰氏阴性菌生物量呈现先降低后增加的趋势（图 4.22）。

土壤微生物群落 PLFA 组成的主成分分析表明，在氮肥添加处理下，第一主成分（PC1）能够解释 68.9% 的变异，第二主成分（PC2）解释了总变异的 13.4%。氮肥添加处理的微生物 PLFA 种类与对照相比，处于完全不同的区域，表明氮肥添加显著改变了土壤微生物的群落组成。表征革兰氏阳性菌的 a15:0、i18:0、a18:0、i17:0 和 a17:0 和 i16:0 位于 PC1 轴左侧，而表征一般性细菌的 C13:0、C14:0、C15:0 和 C16:0 位于 PC2 轴右侧，表明氮肥添加显著增加了革兰氏阳性菌而抑制了一般性细菌，尤其是在高氮肥添加梯度下。此外，表征革兰氏阴性菌的 cy15:0、16:1ω7c、18:1ω7c、18:1ω7t、16:1ω9c，表征放线菌的 s2Me18:0、10Me18:0、10Me17:0 和表征真菌的 18:1ω9c、（18:2ω6, 9c）沿着 PC1 轴从左到右依次改变，表明这些 PLFA 对氮肥添加的响应不够显著（图 4.23a）。

在磷肥添加下，第一主成分和第二主成分分别解释了土壤微生物 PLFA 45.6% 和 30.8% 的总变异。低浓度和中等浓度的磷肥添加并没有显著改变土壤微生物群落的物种组成，尤其是土壤革兰氏阳性菌和阴性菌。土壤真菌和放线菌对高浓度磷肥添加的响应更为显著，而一般性细菌无明显变化。以上结果表明，土壤微生物群落对高浓度的磷肥添加更为敏感（图 4.23b）。

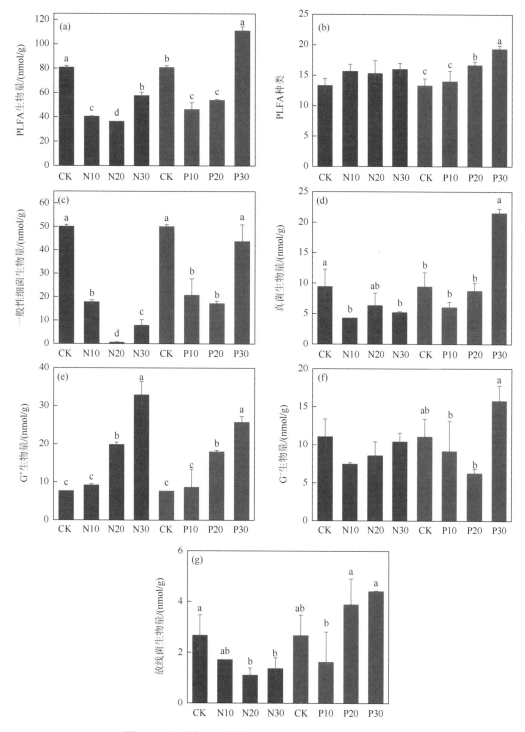

图 4.22　短期氮、磷单施对土壤微生物群落结构的影响

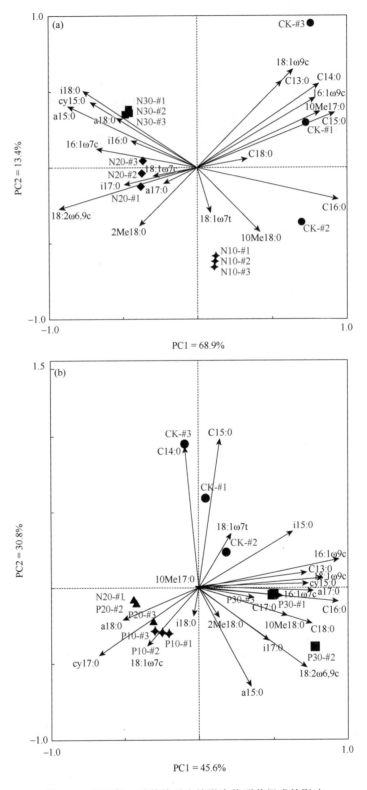

图 4.23 短期氮、磷单施对土壤微生物群落组成的影响

4.4　小　　结

不同施肥类型和施肥梯度对物种产生差异性影响。中等以上水平（20g/m² 和 30g/m²）N 肥单施对禾本科和部分杂类草（如伞花繁缕、草玉梅、钝苞雪莲和蕨麻等）植被的促进作用显著高于其他杂类草（如冷蒿、细叶亚菊、美丽风毛菊、蒲公英、乳白香青、矮火绒草等）、莎草科和豆科植物。高水平 P 肥单施，主要促进莎草科、豆科和部分杂类草（如蓝翠雀花、草玉梅、钝苞雪莲和苍耳）的生长，其促进作用高于对禾本科的促进作用。青藏高原高寒草甸在长期放牧干扰下，草地类型由原来顶级的禾草-莎草草甸植被类型演变为如今以莎草科为主的草甸植被类型，施肥对退化高寒草甸具有一定的修复作用，施肥表现出对禾本科的促进和对莎草科的抑制作用（陈亚明等，2004；姚骓，2008；杨晓霞等，2014），在以氮素和磷素为限制性影响因子的高寒草甸，豆科由于其自身的固氮功能（Hector et al.，1999；王长庭等，2004），对氮肥添加的响应不显著，对磷肥添加产生显著性响应。

综上所述，施肥在短期内均显著增加了地上植被生物量和总盖度，降低了物种丰富度和多样性。N 肥单施和 P 肥单施对高寒草甸功能群影响具有显著性差异，高水平 N 肥单施促进禾本科和部分杂类草生长，抑制莎草科；而高水平 P 肥单施对禾本科、莎草科、豆科和部分杂类草均有促进作用，但对莎草科和豆科的促进作用高于禾本科。

高寒草甸土壤生态系统中能量流动和物质循环（如碳循环和氮循环等）过程与土壤微生物密不可分，土壤微生物是土壤氮素的源，驱动着土壤碳和氮素的转化，土壤中的速效养分又影响着土壤微生物群落结构、功能多样性和代谢活性（李桂花，2010）。施肥是防治高寒草甸土壤退化、恢复退化草甸的重要手段之一，施肥通过各种途径影响土壤微生物多样性、生物量和代谢活性（Ryan and Graham，2002；Fox and Macdonald，2003；Liu et al.，2008；Wei et al.，2008）。施肥通过改变土壤微生物代谢活性、生物量、群落组成等，进一步驱动土壤碳氮转化途径和转化速率，影响土壤供氮能力和碳贮备能力，进而影响土壤质量。土壤微生物群落结构组成反映了被干扰生态系统发生变化的重点监测因子，可以用来研究土壤微生物群落结构变化对群落的影响（Loranger-Merciris et al.，2006）。土壤微生物 PLFA 提供了土壤中微生物量信息，特定的磷脂脂肪酸可以表征土壤微生物群落结构多样性（Frostegård and Bååth，1996）。施肥显著改变了土壤微生物群落组成、生物量和群落结构。本书研究表明，土壤微生物种类和生物量随土壤层次的加深而降低，不同施肥类型和施肥梯度上土壤微生物群落结构差异显著。

N 肥单施显著增加土壤微生物种类，降低表层土壤放线菌和总 PLFA 生物量，这与侯彦林等（2004）、李桂花（2010）研究结果一致，可能一方面是施肥显著增加了土壤微生物结构多样性，物种丰富度的增加导致生物量的下降；另一方面，尿素的添加使高浓度 NO_3^- 的胁迫作用造成土壤环境干燥，土壤 pH 显著下降，不利于土壤微生物的生长，显著降低了土壤微生物生物量（Cammeraat and Risch，2008）。在低施肥水平下，地上植被与土壤微生物对土壤养分相互竞争，显著降低了土壤微生物生物量；在高施肥水平下，两者不存在竞争关系，高施肥水平在增加土壤速效氮的同时，对土壤微生物生物量的影响从氮素限制转移到碳制约（Fisk and Schmidt，1996；Johnson et al.，1998），这也是高施肥水平下土壤微生物生物量显著下降的原因。

N 肥单施显著降低了土壤细菌和真菌生物量，细菌生物量在中等施肥水平下显著低于其他施肥处理，而真菌生物量在中等施肥水平下高于其他施肥处理，但不显著。真菌在寒冷环境中比细菌具有更高的增长速率和活性（Margesin et al.，2003），而且真菌在低养分条件和存在更多难分解有机质的环境中表现出更强的适应性（Wardle et al.，2003）。中等施 N 肥水平下，植被总生物量最高，蒲公英、伞花繁缕和线叶龙胆等杂类草植物显著增多，显著增加了地表掉落物生物量，同时土壤脲酶、过氧化氢酶和酸性磷酸酶活性最低，凋落物分解速率受到影响，这时真菌的作用便体现出来了。N 肥单施显著增加革兰氏阳性菌生物量，并且随着施肥梯度的增加，革兰氏阳性菌生物量显著增加，这可能是因为革兰氏阳性菌作为一种 K-策略生活者，更能够在资源最丰富的环境中生存（Margesin et al.，2009）。N 肥单施三个梯度水平革兰氏阴性菌生物量均低于 CK，但随施肥梯度增加，革兰氏阴性菌生物量增加，这可能是由于 N 肥施加使土壤中 NO_3^--N 含量增加，胁迫作用加强，但土壤 pH 降低，革兰氏阴性菌（R-策略生活者，在低温、低 pH 和植物群落发生改变时竞争力更强）在低 pH 时比革兰氏阳性菌生活得更好（Aislabie et al.，2006）。

对于高寒草甸，磷肥是一个很重要的限制性因子，不同施肥梯度对 PLFA 的影响可能改变整个土壤微生物生物量，或者单个菌群（细菌、真菌、放线菌）的生物量，也可能是结构多样性的改变。然而施肥对土壤微生物的影响大多关注于 N 肥，对 P 肥的研究，尤其是不同 P 肥梯度对土壤微生物的影响的研究更少（Beauregard et al.，2010）。有研究指出，土壤磷含量能够改变土壤细菌和真菌数量（Zhong and Cai，2007；He et al.，2008）。本书研究中，P 肥单施对土壤微生物菌群生物量的影响与 N 肥单施不同，低水平和中等水平 P 肥显著降低了土壤微生物各个菌群生物量（Silva and Nahas，2002；Girvan et al.，2004），但随着施肥梯度的增加，土壤微生物生物量显著上升，高水平 P 肥单施与 CK 相比，显著增加了各个菌群生物量。我们假设 P 肥单施对土壤微生物菌群生物量变化的影响与土壤中脱氢酶活性有关。脱氢酶活性是一种氧化活性指标，也是土壤微生物生物量的指标。过氧化氢酶是脱氢酶中的一种，本书研究中，过氧化氢酶活性在不同 P 肥梯度上表现为随梯度上升，酶活性显著增加，但均显著小于 CK，这验证了我们的假设，即在低水平和中等水平施P肥时土壤微生物各个菌群生物量显著低于CK，但随施肥梯度增加，土壤微生物生物量显著增加。同时，在低施肥水平下，生长季植被与土壤微生物之间存在竞争关系，共同竞争土壤氮养分含量；在高施 P 肥水平下，植被与土壤微生物则不存在竞争关系。土壤微生物对环境变化极为敏感，施肥必然会对其产生影响。土壤微生物的演替主要由季节变化、植被物候和环境状况触发（Beauregard et al.，2010）。地上植被生物量和地下根系分泌物的变化同样会对土壤微生物结构和生物量产生影响（Grayston et al.，1997；Filion et al.，2004）。施肥、刈割、放牧等人为活动移除地上植被生物量，对植物生理产生影响，进而改变地下根系分泌物（Tracy and Frank，1998），从而改变土壤微生物含量。Beauregard 等（2010）研究指出，施低水平 P 肥增加了土壤中速效磷含量，但并未对豆科植被生物量产生显著性影响，因此低水平 P 肥施加主要提高了养分循环效率，对土壤微生物组成和群落结构影响不显著。本书研究中，低水平 P 肥和高水平 P 肥对不同植物功能群影响差异，也间接作用于土壤微生物的各个菌群生物量。

不同梯度 P 肥单施对土壤微生物含量的影响也说明，20～30g/m² P 施肥量之间存在一个阈值，对土壤微生物各个菌群生物量产生不同影响的一个明显转折点，需要找一个"肥际"（侯彦林等，2004），以更加准确地了解施肥量对于地上植被和地下土壤微环境的影响，为提高肥料利用率、减少或消除肥料降低物种多样性负面效应提供一个新的思路。在 N 肥梯度上也存在类似的"肥际"效应，Zhang 等（2008）在研究中国北部温带半干旱草原不同 N 肥添加梯度对土壤微生物群落结构影响时指出，在 16～32g/m² N 施肥量之间存在一个适宜的施肥量，在这个施肥量下，土壤微生物生物量和功能多样性达到最优。

外源性氮、磷添加对高寒草甸氮、磷限制的缓解在提高植物群落盖度和生物量的同时，会导致有效生态位维度和物种丰富度的降低。长期施肥会降低土壤"载体"量，影响根系的生长。此外，低施肥浓度[23.33kg/(hm²·a) N，8kg/(hm²·a) P₂O₅]更有利于植物群落的稳定。在低施肥梯度下，禾草作为高产优势种的特性提高了群落时间稳定性，随施肥梯度增加，群落时间稳定性维持的主要驱动力由禾草的稳定性转变为优势功能群——杂类草的稳定性。因此，外源性氮、磷添加下，优势种和优势功能群间的相互竞争作用及负相关反应所驱动的补偿动态是维持群落稳定性的重要机制。

参 考 文 献

陈凌云，2010. 添加氮磷对亚高寒草甸金露梅群落各功能群化学计量学特征的影响[D]. 兰州：兰州大学.

陈亚明，李自珍，杜国祯，2004. 施肥对高寒草甸植物多样性和经济类群的影响[J]. 西北植物学报，24（3）：424-429.

陈阳，李喜安，黄润秋，等，2015. 影响黄土湿陷性因素的微观试验研究[J]. 工程地质学报，23（4）：646-653.

邓超，毕利东，秦江涛，等，2013. 长期施肥下土壤性质变化及其对微生物生物量的影响[J]. 土壤，45（5）：888-893.

高会议，郭胜利，刘文兆，等，2014. 不同施肥土壤水分特征曲线空间变异[J]. 农业机械学报，45（6）：161-165，176.

侯彦林，王曙光，郭伟，2004. 尿素施肥量对土壤微生物和酶活性的影响[J]. 土壤通报，35（3）：303-306.

胡冬雪，2017. 氮素调控对羊草生产性能、品质及土壤理化性质的影响[D]. 哈尔滨：哈尔滨师范大学.

胡雷，王长庭，王根绪，等，2014. 三江源区不同退化演替阶段高寒草甸土壤酶活性和微生物群落结构的变化[J]. 草业学报，23（3）：8-19.

纪亚君，2002. 青海高寒草地施肥的研究概况[J]. 草业科学，19（5）：14-18.

姜林，胡骥，杨振安，等，2021. 植物功能群去除对高寒草甸群落结构、多样性及生产力的影响[J]. 生态学报，41（4）：1402-1411.

雷特生，任继生，张学洲，等，1996. 天山北坡高寒草甸和山地草原氮磷配方施肥的研究[J]. 草业学报，5（4）：55-60.

李桂花，2010. 不同施肥对土壤微生物活性、群落结构和生物量的影响[J]. 中国农学通报，26（14）：204-208.

李禄军，曾德慧，于占源，等，2009. 氮素添加对科尔沁沙质草地物种多样性和生产力的影响[J]. 应用生态学报，20（8）：1838-1844.

梁艳，干珠扎布，曹旭娟，等，2017. 模拟氮沉降对藏北高寒草甸温室气体排放的影响[J]. 生态学报，37（2）：485-494.

牛小云，孙晓梅，陈东升，等，2015. 辽东山区不同林龄日本落叶松人工林土壤微生物，养分及酶活性[J]. 应用生态学报，26（9）：2663-2672.

邱波，罗燕江，杜国祯，2004. 施肥梯度对甘南高寒草甸植被特征的影响[J]. 草业学报，13（6）：65-68.

施瑶，王忠强，张心昱，等，2014. 氮磷添加对内蒙古温带典型草原土壤微生物群落结构的影响[J]. 生态学报，34（17）：4943-4949.

汪涛，杨元合，马文红，2008. 中国土壤磷库的大小、分布及其影响因素[J]. 北京大学学报（自然科学版），44（6）：945-952.

王党军, 2018. 退化典型草原对施用磷肥的响应机理研究[D]. 重庆: 西南大学.

王婷, 张永超, 赵之重, 2020. 青藏高原退化高寒湿地植被群落结构和土壤养分变化特征[J]. 草业学报, 29（4）: 9-18.

王譞, 牛永梅, 梁存柱, 等, 2019. 氮沉降与降水影响温性草甸草原优势种植物空间分布格局[J]. 干旱区资源与环境, 33（10）: 156-164.

王艳, 杨剑虹, 潘洁, 等, 2009. 川西北高寒草原退化沙化成因分析: 以红原县为例[J]. 草原与草坪, 29（1）: 20-26.

王长庭, 龙瑞军, 丁路明, 2004. 高寒草甸不同草地类型功能群多样性及组成对植物群落生产力的影响[J]. 生物多样性, 12（4）: 403-409.

王长庭, 龙瑞军, 曹广民, 等, 2008. 高寒草甸不同类型草地土壤养分与物种多样性: 生产力关系[J]. 土壤通报, 39（1）: 1-8.

魏金明, 姜勇, 符明明, 等, 2011. 水、肥添加对内蒙古典型草原土壤碳、氮、磷及 pH 的影响[J]. 生态学杂志, 30（8）: 1642-1646.

文亦芾, 蒋文兰, 冉繁军, 2001. 改良云贵高原退化红壤人工草地的施肥效应研究[J]. 草原与草坪, 21（2）: 46-48.

杨倩, 王娓, 曾辉, 2018. 氮添加对内蒙古退化草地植物群落多样性和生物量的影响[J]. 植物生态学报, 42（4）: 430-441.

杨晓霞, 任飞, 周华坤, 等, 2014. 青藏高原高寒草甸植物群落生物量对氮、磷添加的响应[J]. 植物生态学报, 38（2）: 159-166.

杨振安, 2017. 青藏高原高寒草甸植被土壤系统对放牧和氮添加的响应研究[D]. 咸阳: 西北农林科技大学.

杨中领, 2011. 青藏高原东部高寒草甸群落结构和功能对施肥和放牧的响应[D]. 兰州: 兰州大学.

姚骅, 2008. 施肥对玛曲退化草地植物群落特征的影响[D]. 兰州: 甘肃农业大学.

翟辉, 张海, 张超, 等, 2016. 黄土峁状丘陵区不同类型林分土壤微生物功能多样性[J]. 林业科学, 52（12）: 84-91.

张峰, 郑佳华, 赵萌莉, 等, 2020. 刈割强度对大针茅草原地上生物量时间稳定性的影响[J]. 生物多样性, 28（7）: 779-786.

张杰琦, 2011. 氮素添加对青藏高原高寒草甸植物群落结构的影响[D]. 兰州: 兰州大学.

张杰琦, 李奇, 任正炜, 等, 2010. 氮素添加对青藏高原高寒草甸植物群落物种丰富度及其与地上生产力关系的影响[J]. 植物生态学报, 34（10）: 1125-1131.

张金霞, 曹广民, 1999. 高寒草甸生态系统氮素循环[J]. 生态学报, 19（4）: 509-512.

张莉, 党军, 刘伟, 等, 2012. 高寒草甸连续围封与施肥对土壤微生物群落结构的影响[J]. 应用生态学报, 23（11）: 3072-3078.

张瑞福, 崔中利, 李顺鹏, 2004. 土壤微生物群落结构研究方法进展[J]. 土壤, 36（5）: 476-480, 515.

张森溪, 2018. 施肥对高寒草甸土壤有机碳矿化的影响[D]. 兰州: 兰州大学.

周兴民, 2001. 中国嵩草草甸[M]. 北京: 科学出版社.

朱建国, 袁翀, 2002. 甘南州发展草产业的前景与对策[J]. 草业科学, 19（2）: 26-28.

宗宁, 石培礼, 蒋婧, 等, 2013. 施肥和围栏封育对退化高寒草甸植被恢复的影响[J]. 应用与环境生物学报, 19（6）: 905-913.

Aerts R, De Caluwe H, Beltman B, 2003. Plant community mediated vs. nutritional controls on litter decomposition rates in grasslands[J]. Ecology, 84（12）: 3198-3208.

Aislabie J M, Broady P A, Saul D J, 2006. Culturable aerobic heterotrophic bacteria from high altitude, high latitude soil of La Gorce Mountains（86°30'S, 147°W）, Antarctica[J]. Antarctic Science, 18（3）: 313-321.

Bai Y F, Han X G, Wu J G, et al., 2004. Ecosystem stability and compensatory effects in the Inner Mongolia grassland[J]. Nature, 431（7005）: 181-184.

Baldock J A, Skjemstad J O, 2000. Role of the soil matrix and minerals in protecting natural organic materials against biological attack[J]. Organic Geochemistry, 31（7-8）: 697-710.

Barbour M G, Burk J H, Pitts W D, 1980. Terrestrial plant ecology [M]. California: Benjamin/Cummings Publishing Company.

Beauregard M S, Hamel C, Atul Nayyar, et al., 2010. Long-term phosphorus fertilization impacts soil fungal and bacterial diversity but not AM fungal community in alfalfa[J]. Microbial Ecology, 59（2）: 379-389.

Borer E T, Seabloom E W, Gruner D S, et al., 2014. Herbivores and nutrients control grassland plant diversity via light limitation[J]. Nature, 508（7497）: 517-520.

Bowman W D, Gartner J R, Holland K, et al., 2006. Nitrogen critical loads for alpine vegetation and terrestrial ecosystem response: are we there yet? [J]. Ecological Applications, 16（3）: 1183-1193.

Bowman W D，Cleveland C C，Halada Ĺ，et al.，2008. Negative impact of nitrogen deposition on soil buffering capacity[J]. Nature Geoscience，1（11）：767-770.

Cammeraat E L H，Risch A C，2008. The impact of ants on mineral soil properties and processes at different spatial scales[J]. Journal of Applied Entomology，132（4）：285-294.

Campbell B J，Polson S W，Hanson T E，et al.，2010. The effect of nutrient deposition on bacterial communities in arctic tundra soil[J]. Environmental Microbiology，12（7）：1842-1854.

Chinalia F A，Killham K S，2006. 2，4-Dichlorophenoxyacetic acid（2，4-D）biodegradation in river sediments of Northeast-Scotland and its effect on the microbial communities（PLFA and DGGE）[J]. Chemosphere，64（10）：1675-1683.

Chu H Y，Lin X G，Fujii T，et al.，2007. Soil microbial biomass，dehydrogenase activity，bacterial community structure in response to long-term fertilizer management[J]. Soil Biology and Biochemistry，39（11）：2971-2976.

Clark C M，Tilman D，2010. Recovery of plant diversity following N cessation: effects of recruitment，litter，and elevated N cycling[J]. Ecology，91（12）：3620-3630.

Cruz J L，Mosquim P R，Pelacani C R，et al.，2003. Photosynthesis impairment in cassava leaves in response to nitrogen deficiency[J]. Plant and Soil，257（2）：417-423.

Díaz S，Cabido M，2001. Vive la difference: plant functional diversity matters to ecosystem processes[J]. Trends in Ecology & Evolution，16（11）：646-655.

Fanin N，Hättenschwiler S，Schimann H，et al.，2015. Interactive effects of C，N and P fertilization on soil microbial community structure and function in an Amazonian rain forest[J]. Functional Ecology，29（1）：140-150.

Filion M，Hamelin R C，Bernier L，et al.，2004. Molecular profiling of rhizosphere microbial communities associated with healthy and diseased black spruce（*Picea mariana*）seedlings grown in a nursery[J]. Applied and Environmental Microbiology，70（6）：3541-3551.

Fisk M C，Schmidt S K，1996. Microbial responses to nitrogen additions in alpine tundra soil[J]. Soil Biology and Biochemistry，28（6）：751-755.

Fisk M C，Fahey T J，2001. Microbial biomass and nitrogen cycling responses to fertilization and litter removal in young northern hardwood forests[J]. Biogeochemistry，53（2）：201-223.

Fox C A，MacDonald K R，2003. Challenges related to soil biodiversity research in agroecosystems-issues within the context of scale of observation[J]. Canadian Journal of Soil Science，83（Special Issue）：231-244.

Frostegård A，Bååth E，1996. The use of phospholipid fatty acid analysis to estimate bacterial and fungal biomass in soil[J]. Biology and Fertility of Soils，22（1）：59-65.

Gallo M，Amonette R，Lauber C，et al.，2004. Microbial community structure and oxidative enzyme activity in nitrogen-amended north temperate forest soils[J]. Microbial Ecology，48（2）：218-229.

Garcia C，Hernández T，1997. Biological and biochemical indicators in derelict soils subject to erosion[J]. Soil Biology and Biochemistry，29（2）：171-177.

Girvan M S，Bullimore J，Ball A S，et al.，2004. Responses of active bacterial and fungal communities in soils under winter wheat to different fertilizer and pesticide regimens[J]. Applied and Environmental Microbiology，70（5）：2692-2701.

Grayston S J，Vaughan D，Jones D，1997. Rhizosphere carbon flow in trees，in comparison with annual plants: the importance of root exudation and its impact on microbial activity and nutrient availability[J]. Applied Soil Ecology，5（1）：29-56.

Grman E，Lau J A，Schoolmaster D R Jr，et al.，2010. Mechanisms contributing to stability in ecosystem function depend on the environmental context[J]. Ecology Letters，13（11）：1400-1410.

Hautier Y，Niklaus P A，Hector A，2009. Competition for light causes plant biodiversity loss after eutrophication[J]. Science，324（5927）：636-638.

Hautier Y，Seabloom E W，Borer E T，et al.，2014. Eutrophication weakens stabilizing effects of diversity in natural grasslands[J]. Nature，508（7497）：521-525.

He J Z，Zheng Y，Chen C R，et al.，2008. Microbial composition and diversity of an upland red soil under long-term fertilization treatments as revealed by culture-dependent and culture-independent approaches[J]. Journal of Soils and Sediments，8（5）：349-358.

Hector A，Schmid B，Beierkuhnlein C，et al.，1999. Plant diversity and productivity experiments in European grasslands[J]. Science，286（5442）：1123-1127.

Hector A，Hautier Y，Saner P，et al.，2010. General stabilizing effects of plant diversity on grassland productivity through population asynchrony and overyielding[J]. Ecology，91（8）：2213-2220.

Hillebrand H，Gruner D S，Borer E T，et al.，2007. Consumer versus resource control of producer diversity depends on ecosystem type and producer community structure[J]. Proceedings of the National Academy of Sciences of the United states of America，104（26）：10904-10909.

Hu J L，Lin X G，Wang J H，et al.，2011. Microbial functional diversity，metabolic quotient，and invertase activity of a sandy loam soil as affected by long-term application of organic amendment and mineral fertilizer[J]. Journal of Soils and Sediments，11（2）：271-280.

Huang B T，Zhou H，Ding H X，2011. Soil inorganic phosphorus fractions as affected by fertilization[J]. Advanced Materials Research，322：108-111.

Huang M J，Liu X，Zhou S R，2020. Asynchrony among species and functional groups and temporal stability under perturbations：patterns and consequences[J]. Journal of Ecology，108（5）：2038-2046.

Jia J C，Zhang P P，Yang X F，et al.，2018. Feldspathic sandstone addition and its impact on hydraulic properties of sandy soil[J]. Canadian Journal of Soil Science，98（3）：399-406.

Johnson D，Leake J R，Lee J A，et al.，1998. Changes in soil microbial biomass and microbial activities in response to 7 years simulated pollutant nitrogen deposition on a heathland and two grasslands[J]. Environmental Pollution，103（2-3）：239-250.

Koyama A，Wallenstein M D，Simpson R T，et al.，2014. Soil bacterial community composition altered by increased nutrient availability in arctic tundra soils[J]. Frontiers in Microbiology，5：516.

Leff J W，Jones S E，Prober S M，et al.，2015. Consistent responses of soil microbial communities to elevated nutrient inputs in grasslands across the globe. Proceedings of the National Academy of Sciences，112：10967-10972.

Liu A G，Hamel C，Spedding T，et al.，2008. Soil microbial carbon and phosphorus as influenced by phosphorus fertilization and tillage in a maize-soybean rotation in south-western Quebec[J]. Canadian Journal of Soil Science，88（1）：21-30.

Loranger-Merciris G，Barthes L，Gastine A，et al.，2006. Rapid effects of plant species diversity and identity on soil microbial communities in experimental grassland ecosystems[J]. Soil Biology and Biochemistry，38（8）：2336-2343.

Loreau M，de Mazancourt C，2013. Biodiversity and ecosystem stability：a synthesis of underlying mechanisms[J]. Ecology Letters，16：106-115.

Ma F F，Song B，Zhang F Y，et al.，2018. Ecosystem carbon use efficiency is insensitive to nitrogen addition in an alpine meadow[J]. Journal of Geophysical Research：Biogeosciences，123（8）：2388-2398.

Madan R，Pankhurst C，Hawke B，et al.，2002. Use of fatty acids for identification of AM fungi and estimation of the biomass of AM spores in soil[J]. Soil Biology and Biochemistry，34（1）：125-128.

Margesin R，Gander S，Zacke G，et al.，2003. Hydrocarbon degradation and enzyme activities of cold-adapted bacteria and yeasts[J]. Extremophiles，7（6）：451-458.

Margesin R，Jud M，Tscherko D，et al.，2009. Microbial communities and activities in alpine and subalpine soils[J]. FEMS Microbiology Ecology，67（2）：208-218.

Mckinley V L，Peacock A D，White D C，2005. Microbial community PLFA and PHB responses to ecosystem restoration in tallgrass prairie soils[J]. Soil Biology and Biochemistry，37（10）：1946-1958.

Neff J C，Townsend A R，Gleixner G，et al.，2002. Variable effects of nitrogen additions on the stability and turnover of soil carbon[J]. Nature，419（6910）：915-917.

Phillips R L，Zak D R，Holmes W E，et al.，2002. Microbial community composition and function beneath temperate trees exposed to elevated atmospheric carbon dioxide and ozone[J]. Oecologia，131（2）：236-244.

Quilchano C，Marañón T，2002. Dehydrogenase activity in Mediterranean forest soils[J]. Biology and Fertility of Soils，35（2）：102-107.

Ramirez K S，Craine J M，Fierer N，2012. Consistent effects of nitrogen amendments on soil microbial communities and processes across biomes[J]. Global Change Biology，18（6）：1918-1927.

Rooney D C，Clipson N J W，2009. Phosphate addition and plant species alters microbial community structure in acidic upland grassland soil[J]. Microbial Ecology，57（1）：4-13.

Rutigliano F A，D'Ascoli R，Virzo De Santo，2004. Soil microbial metabolism and nutrient status in a Mediterranean area as affected by plant cover[J]. Soil Biology and Biochemistry，36（11）：1719-1729.

Ryan M H，Graham J H，2002. Is there a role for arbuscular mycorrhizal fungi in production agriculture？[C]//Diversity and Integration in Mycorrhizas. Berlin：Springer.

Sarathchandra S U，Lee A，Perrott K W，et al.，1993. Effects of phosphate fertilizer applications on microorganisms in pastoral soil[J]. Australian Journal of Soil Research，31（3）：299-309.

Silva P D，Nahas E，2002. Bacterial diversity in soil in response to different plans，phosphate fertilizers and liming[J]. Brazilian Journal of Microbiology，33（4）：304-310.

Song M H，Yu F H，2015. Reduced compensatory effects explain the nitrogen-mediated reduction in stability of an alpine meadow on the Tibetan Plateau[J]. New Phytologist，207（1）：70-77.

Stevens C J，Duprè C，Dorland E，et al.，2010. Nitrogen deposition threatens species richness of grasslands across Europe[J]. Environmental Pollution，158（9）：2940-2945.

Tracy B F，Frank D A，1998. Herbivore influence on soil microbial biomass and nitrogen mineralization in a northern grassland ecosystem：Yellowstone National Park[J]. Oecologia，114（4）：556-562.

Vaz C M P，Manieri J M，Maria I C，et al.，2011. Modeling and correction of soil penetration resistance for varying soil water content[J]. Geoderma，166（1）：92-101.

Wardle D A，Nilsson M C，Zackrisson O，et al.，2003. Determinants of litter mixing effects in a Swedish boreal forest[J]. Soil Biology and Biochemistry，35（6）：827-835.

Wei D，Yang Q，Zhang J Z，et al.，2008. Bacterial community structure and diversity in a black soil as affected by long-term fertilization[J]. Pedosphere，18（5）：582-592.

White D，Stair J，Ringelberg D，1996. Quantitative comparisons of in situ microbial biodiversity by signature biomarker analysis[J]. Journal of Industrial Microbiology，17（3）：185-196.

Williams M A，Rice C W，Owensby C E，2001. Nitrogen competition in a tallgrass prairie ecosystem exposed to elevated carbon dioxide[J]. Soil Science Society of America Journal，65（2）：340-346.

Woodmansee R G，Duncan D A，1980. Nitrogen and phosphorus dynamics and budgets in annual grasslands[J]. Ecology，61（4）：893-904.

Yang H J，Jiang L，Li L H，et al.，2012. Diversity-dependent stability under mowing and nutrient addition：evidence from a 7-year grassland experiment[J]. Ecology Letters，15（6）：619-626.

Yao M J，Rui J P，Li J B，et al.，2014. Rate-specific responses of prokaryotic diversity and structure to nitrogen deposition in the Leymus chinensis steppe[J]. Soil Biology and Biochemistry，79：81-90.

Yu L，Song X L，Zhao J N，et al.，2015. Responses of plant diversity and primary productivity to nutrient addition in a Stipa baicalensis grassland，China[J]. Journal of Integrative Agriculture，14（10）：2099-2108.

Zelles L，1997. Phospholipid fatty acid profiles in selected members of soil microbial communities[J]. Chemosphere，35（1-2）：275-294.

Zelles L，Bai Q Y，1993. Fractionation of fatty acids derived from soil lipids by solid phase extraction and their quantitative analysis by GC-MS[J]. Soil Biology and Biochemistry，25（4）：495-507.

Zhang B，Li Y J，Ren T S，et al.，2014. Short-term effect of tillage and crop rotation on microbial community structure and enzyme activities of a clay loam soil[J]. Biology and Fertility of Soils，50（7）：1077-1085.

Zhang N L，Wan S Q，Li L H，et al.，2008. Impacts of urea N addition on soil microbial community in a semi-arid temperate steppe in northern China[J]. Plant and Soil，311（1）：19-28.

Zhong W H，Cai Z C，2007. Long-term effects of inorganic fertilizers on microbial biomass and community functional diversity in a paddy soil derived from quaternary red clay[J]. Applied Soil Ecology，36（2-3）：84-91.

Zhou B R，Li S，Li F，et al.，2019. Plant functional groups asynchrony keep the community biomass stability along with the climate change-a 20-year experimental observation of alpine meadow in eastern Qinghai-Tibet Plateau[J]. Agriculture，Ecosystems & Environment，282：49-57.

Zogg G P，Zak D R，Ringelberg D B，et al.，1997. Compositional and functional shifts in microbial communities due to soil warming[J]. Soil Science Society of America Journal，61（2）：475-481.

Zong N，Shi P L，Song M H，et al.，2016. Nitrogen critical loads for an alpine meadow ecosystem on the Tibetan Plateau[J]. Environmental Management，57（3）：531-542.

第5章 降水变化对高寒草地生态系统的影响

5.1 引 言

5.1.1 高寒草地的降水变化格局

人类活动已经成为全球气候变化的重要驱动因素，在人类活动的持续影响下，生态系统非生物环境条件发生异常变动（Inderjit et al.，2008）。一方面，全球降水格局改变，在高纬度、赤道以及湿润地区年降水量很可能呈增加趋势；而在中纬度和亚热带地区，则呈减少趋势（刘彦春等，2016）。另一方面，极端降水事件增多，其间还穿插着较长的干旱期（Kharin et al.，2013）。青藏高原地处我国西部，被称为世界屋脊和亚洲水塔，在我国水资源宏观调控中具有重要的战略地位，是国家重要的生态安全屏障和战略资源储备基地，其独特的地理位置和环境使其对气候变化尤其敏感。研究表明，温度的持续增加使青藏高原多年冻土区面积逐年减少，有向暖湿化转变的趋势，具有区域性和季节性的差异：东南、西南、西北边缘降水集中期较小，夏季降水不及全年降水的 50%；随着逐渐向高原腹地推进，降水集中期逐渐增大，雨季缩短且推迟，雨季降水占全年降水的比例也逐渐增加（Clifford et al.，2013；白春利等，2013）。气温升高主要发生在秋季，降水量增加主要发生在春季和冬季（Kudo and Suzuki，2003）。张人禾等（2015）的研究表明，2030～2049 年青藏高原大部分地区气温将升高 1.4～2.2℃，而降水量则以增加为主，其中北部和西部地区增幅最大，极端降水的强度和频次也会增多。但值得指出的是，由于陆地表面和大气过程的复杂性，对区域尺度特别是陆地降水量变化的预测比全球尺度上的可信度要小得多，因此未来青藏高原地区降水的变化情况还具有一定不确定性。

5.1.2 降水变化对土壤理化性质的影响

土壤是生态系统中大气圈、水圈、生物圈和岩石圈的连接者，是最大的有机碳库（Clifford et al.，2013）。同时，土壤是植物生长的物质基础，其理化性质影响着植物生长特征，土壤中可利用的营养成分决定着地上植物群落的生产力（白春利等，2013）。其中碳、氮和磷在养分循环、生态系统结构和功能的维护中起着重要作用（Griffiths et al.，2012）。研究表明，通过大气沉积和施肥，陆地生态系统的营养元素输入（如 N、P）显著增加（Tipping et al.，2014），氮和磷的不平衡输入会严重影响土壤和生物的生态化学计量，从而进一步改变生态系统功能（Sardans and Penuelas，2012）。例如，速效氮可以改变植物营养化学计量，加速磷循环；然而，在贫瘠的土壤中，磷添加可能导致气态氮损失（Wang et al.，2010；He and Diikstra，2015）。在干旱半干旱地区，降水是限制植物对养分吸收和利用的重要影响因子，例如，降水的改变影响草地生态系统土壤养分（如 N）的生物或非生物路径。一方面，降水可以改变植物死亡率，以介导土壤 N 输入（Belay et al.，2009；Li et al.，2011）；另一方面，降水也可以影响微生物生物量和活动，以控制作为土壤 N 输出的 N_2O 排放率（Rustad et al.，2001）。在草地生态系统中，研究人员对降水变化如何影响土壤 N 库进行研究，结果表明，降水是形成土壤 N 库格局的关键因素（Liu et al.，2009），但关于降水对土壤 N 的研究结果并不一致。例如，在半干旱的温带草原上，降水增加显著增加了土壤 NO_3^- 含量，这可能是微生物活性的增强导致的（Lv et al.，2010）。但又有研究表明，降水增加通过提高高寒草原的净初级产量间接减少了土壤氮库（Luo et al.，2004）。因此，需要进一步研究降水变化对土壤养分（如 N）的影响，以明晰降水变化下，土壤养分的变化及其对草甸生态系统生产力的影响。

5.1.3　降水变化对植物群落的影响

作为生态系统重要的环境因子，水分变化必然对生态系统中生物环境（土壤微生物、地上植被群落、土壤动物等）和非生物环境（土壤通气条件、土壤湿度、土壤温度等）产生重要影响，进而影响生态系统碳循环过程中凋落物的分解过程（向元彬等，2016）。降水作为驱动生态系统生存和发展的关键因素之一，当其模式改变后，生态系统中土壤可利用水分首先受到影响。王海梅等（2016）对锡林浩特典型草原土壤水分的研究表明，常规降水过程仅能影响 40cm 以上的土层，更深层的土壤仅受极端降水过程影响；要使 0～10cm 和 10～20cm 土层的土壤水分稳定增加，至少需要 10mm 和 17mm 的降水量；要使 20～30cm 土壤水分增加，至少需要 25.5mm 降水量；要使 30～40cm 土壤水分增加，至少需要 29mm 降水量。土壤水分的合理性直接关系到土壤中养分的运移过程（Berg and Mcclaugherty，2013）。降水对土壤水热也有影响（Pérez-Suárez et al.，2012），两者在空间上和时间上分别呈现二次函数和一次函数关系。过高的水分会限制氧气进入土壤，从而限制微生物活动（闫钟清等，2017）。降水引起的干湿交替也会影响微生物活性和底物可利用性，从而调节土壤中的自养呼吸和异养呼吸（王振海，2016）。因此降水模式会影响土壤二氧化碳释放，进而影响土壤碳库和生态系统碳循环。土壤生物环境对降水的响应同样很迅速，适当增加降水量能使土壤微生物活性在短时间内得到提升（李雪峰等，2007）。但不同环境条件下微生物对降水变化的响应不同，比如在干旱地区，土壤微生物在降水后会受到激发，但在潮湿的土壤中则受到抑制（Martínez et al.，2005）。

综上，植物群落在受到水分胁迫时，群落生产力会受多种因素的影响，包括植物组成、土壤理化性质等。在降水量改变的情况下，植物种类和多样性较高的群落可能具有更大的抵抗力（Hector et al.，1999），因为这样的群落往往在很短的时间内可以通过调节群落的结构和组成达到新的稳态，这个过程涉及许多效应，主要包括高产物种的选择效应（群落中高产物种通过选择效应的组合来降低群落生物量的时间变异性）和互补效应（群落中各功能群更充分地利用资源）等（Bai et al.，2008）。除了上述机制外，我们不能排除物种间（功能群间）的补偿机制。以往研究表明，降水的变化主要通过改变水分有效性，间接改变种间关系，从而影响植物群落的结构和组成，最终表现在植物群落生产力对气候变化的响应上（Kardolet al.，2010）。生产力对气候变化的响应取决于主要功能群之间的补偿性相互的稳定作用。Liu 等（2018）通过长期野外试验表明，降水的减少导致深根草和牧草增加，以及浅根莎草产量不变或减少，这是因为在青藏高原高寒草地上，地下土壤的含水量高于表层土壤（Huo et al.，2013），增加深根草的丰度可以使聚集群落能够获得更多的水分。土壤水分利用率的增加可以在干旱时期缓冲群落生物量的丧失，保障群落初级生产力在降水减少的情况下随着时间的推移而趋于稳定（Bai et al.，2004）。

5.1.4 降水变化对凋落物的影响

狭义上凋落物指植物地上组分产生并归还到土地表面的有机质总称，广义上凋落物还包括植物地下枯死部分。凋落物分解是 C、N 及其他重要矿质元素在生态系统生命组分之间、生物环境和非生物环境之间循环和平衡的核心生态过程（李宜浓等，2016）。据统计，全球每年凋落物分解释放的 CO_2 高达 68Gt C，占全年碳通量的 70%（Raich and Schlesinger，1992）。凋落物分解还可以调节土壤有机物组成，释放矿质元素供植物生长，并影响陆地生态系统生产力（李宜浓等，2016）。

前人从不同尺度对凋落物的积累和分解进行研究并取得一些重要结论。比如土壤有机质的分解速率受基质化学成分、分解者可利用养分、微生物性质、温度和水分环境四个方面的影响（Tenney and Waksman，1929），但凋落物中的木质素和纤维素含量、C/N、木质素/N、C/P 同样能影响凋落物分解速率和模式（彭少麟等，2002）。之后对凋落物的研究更加深入，尤其是对凋落的养分释放的研究。以离子状态存在于细胞中的 Na、K 属于淋溶-释放模式，微生物利用率较高的 N、P 属于淋溶-富集-释放模式，而一些重金属物质（如 Pn、Cu、Zn、Fe、Mn）为先进行富集直至分解最后阶段才进行释放的富集-释放模式（王振海，2016）。虽然对凋落物的研究已经有一百多年的历史，但我国直到 20 世纪 80 年代才开始对凋落物进行研究，最初的研究开始于森林生态系统，涉及内容主要包括不同物种和区域差异对凋落物分解的影响，以及凋落物分解过程中养分的动态变化（宋飘等，2014）。随着研究的深入，研究者开始关注草地凋落物分解，并在内蒙古、青藏高原等地展开了一些研究，比如母悦和耿元波（2016）研究了内蒙古羊草草原凋落物分解，结果表明 C、P、K、Mg、Ca、Cu 为净释放，Mn、Zn 为净积累；魏晴等（2013）研究了青藏高原矮生嵩草草甸中 4 种凋落物的分解，结果表明，甘肃棘豆分解速率最快，而垂穗披碱草的分解速率最慢，麻花艽和矮生嵩草分解速率处于中间水平；王星丽等（2011）研究了凋落物分解过程中土壤动物的作用，结果表明，土壤动物能促进凋落物的分解，其中中小型土壤动物的促进作用最为显著。目前多数研究关注单一类型的凋落物分解，但自然条件下的凋落物通常混合了多种植物类型（Lummer et al.，2012），这种混合的结果导致凋落物分解速率和养分循环速率发生变化（李宜浓等，2016）。Wardle 等（1997）对 4 种功能群共 70 个不同物种组合的叶凋落物进行了混合分解试验，结果显示，45 个组合表现出正效应，13 个组合表现为负效应，另有 12 个组合表现出加和效应。除混合种类外，混合比例、分解阶段的差异也会影响分解过程。Hansen 和 Coleman（1998）按等比例混合 3 种落叶树种的凋落物，结果显示，分解前 9 个月混合凋落物的分解表现为正效应，而经过 10 个月的分解后，凋落物分解表现为负效应。Rustad 和 Cronan（1988）对 3 种乔木的混合凋落物分解进行研究，结果显示，在分解第一年为加和效应，在分解第二年为正效应。造成这些差异的原因是混合凋落物的分解过程比单一凋落物分解过程更加复杂，在混合凋落物分解过程中，可能发生养分传递、化学抑制等种间相互作用，分解过程会形成多种不同的分解生境、多样性很高的分解者类群和复杂的级联效应，这些因素均对揭示混合凋落物的分解机制形成了巨大挑战（李宜浓等，2016）。

随着近年来对全球气候变化的广泛关注，全球气候变化背景下凋落物分解研究得以快速发展。如王其兵等（2000）使用埋袋法研究气候变化对黄山针茅、羊草、大针茅三个草原群落混合凋落物分解的影响，结果显示，温度升高、降水量无变化时能提高凋落物分解速率；但当温度升高同时降水量下降 20%或更多时，凋落物分解率将降低。Robinson 等（1995）对石楠灌丛区域的研究发现，增温降低了凋落物的分解速率，而水分增加却能显著提高凋落物分解速率。但降水增加并不总是对凋落物分解具有促进作用，如 MacKay 等（1987）通过模拟增水试验研究凋落物分解，结果表明，凋落物质量损失和增水量、增水频率均没有直接关系。赵红梅等（2012）在古尔班通古特沙漠模拟季节降水增加试验，结果同样表明，季节性短暂的降水增加对地表凋落物分解没有影响。但在干旱条件下，凋落物的分解会受到明显抑制（Whitford et al.，1995；黄强等，2015）。由此可见，降水是影响凋落物分解不可忽视的环境因子，但目前众多的研究结果之间存在较大差异。

5.2 高寒草地降水变化对土壤理化性质的影响

5.2.1 降水变化对土壤含水量和紧实度的影响

对土壤含水量的多因素方差分析表明，土壤含水量主要受处理、土层深度、降水年限的影响，同时也受处理×土层深度、处理×降水年限及土层深度×降水年限交互作用的影响（表 5.1）（$P < 0.01$）。2016～2020 年，不同的降水量显著改变了 0～10cm、10～20cm 土层的土壤含水量（图 5.1）。其中，在 0～10cm 土层，降水量减少降低了土壤的含水量，且 0.1P 显著降低了土壤含水量（$P < 0.05$）。在 10～20cm 土层中土壤含水量随降水量减少也呈降低趋势，但其降低的幅度较小。此外，不同处理土层间土壤含水量差异显著，0～10cm 土层含水量高于 10～20cm 土层（$P < 0.05$）。多因素方差分析表明，土壤紧实度主要受处理、土层深度、降水年限的影响，同时也受处理×土层深度、处理×降水年限、土层深度×降水年限及处理×土层深度×降水年限交互作用的影响（表 5.1）（$P < 0.01$）。不同的降水量显著改变了 0～10cm、10～20cm 土层的土壤紧实度（图 5.2）。其中，在 0～10cm 土层，土壤的紧实度随着降水量减少而升高，且 0.1P 显著升高了土壤紧实度（$P < 0.05$）。10～20cm 土层土壤紧实度也随降水量减少呈升

高趋势，但其升高的幅度比 0～10cm 土层小。此外，不同处理土层间土壤紧实度差异显著，0～10cm 土层紧实度高于 10～20cm 土层（$P<0.05$）。

表 5.1　土壤含水量、紧实度和 pH 的多因素方差分析

因子	土壤含水量/%	土壤紧实度/KPa	土壤 pH
处理	123.858**	110.412**	3.509*
土层深度	65.112**	36.565**	21.755**
降水年限	136.857**	551.705**	50.037**
处理×土层深度	4.929**	3.131**	1.142
处理×降水年限	6.032**	22.22**	1.488
土层深度×降水年限	20.034**	8.591**	4.097*
处理×土层深度×降水年限	1.061	5.434**	0.896

注：***表示 $P<0.001$；**表示 $P<0.01$；*表示 $P<0.05$，下同。

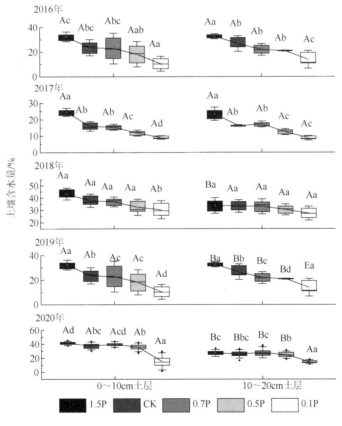

图 5.1　降水变化对土壤含水量的影响

注：平均值±标准误；不同大写字母表示土层间的差异性显著，小写字母表示处理间的差异性显著。1.5P 表示增雨 50%；0.7P 表示减雨 30%；0.5P 表示减雨 50%；0.1P 表示减雨 90%。下同。

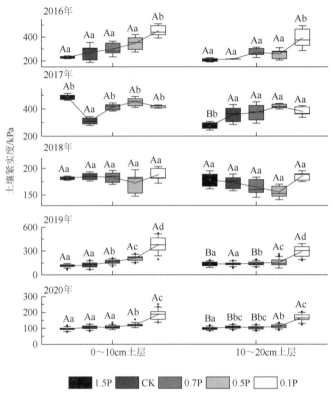

图 5.2　降水变化对土壤紧实度的影响

5.2.2　降水变化对土壤 pH 的影响

不同降雨处理、土层深度及降水年限均显著影响土壤 pH（$P<0.05$）（表 5.1）。2017～2019 年，土壤 pH 均在 0.7P 处理下表现为降低而在 0.1P 处理下增加的趋势，但均不显著（$P>0.05$）。增雨 50% 处理下（1.5P）和减雨 50% 处理下（0.5P），土壤 pH 与降水年限和土层深度有关，2017～2019 年两个处理下土壤 pH 表现出相反趋势，而在 2020 年与对照（CK）相比，增雨 50%（1.5P）和减雨 50%（0.5P）均在 0～10cm 土层降低而在 10～20cm 增加（表 5.2）。

表 5.2　不同降水量对土壤 pH 的影响

年份	土层	1.5P	CK	0.7P	0.5P	0.1P
2017	0～10cm	5.64±0Aa	5.65±0.03Aa	5.64±0.06Aa	5.71±0.05Aa	5.74±0.12Aa
	10～20cm	5.59±0.04Aa	5.66±0.01Aa	5.65±0.03Aa	5.73±0.02Ab	5.69±0.01Aa
2018	0～10cm	5.83±0.02Aa	5.87±0.02Aa	5.73±0.12Aa	5.8±0.07Aa	5.88±0.03Aa
	10～20cm	5.96±0.04Aa	5.9±0.03Aa	5.88±0.03Aa	5.9±0.1Aa	6.01±0.01Ba
2019	0～10cm	5.98±0.06Aa	5.85±0.07Aab	5.52±0.22Ab	5.68±0.15Aab	5.89±0.06Aab
	10～20cm	6.08±0.04Aa	5.98±0.05Aa	5.94±0.04Aa	5.95±0.13Aa	6.05±0.03Aa

续表

年份	土层	1.5P	CK	0.7P	0.5P	0.1P
2020	0～10cm	5.92±0.02Aa	6.07±0.04Ab	6.04±0.07Aab	6.02±0.05Aab	6.03±0.02Aab
	10～20cm	6.19±0.06Bab	6±0.07Ab	6.15±0.05Aab	6.05±0.13Aab	6.27±0.02Ba

注：平均值±标准误差；不同小写字母表示不同处理之间差异显著（$P<0.05$）；不同大写字母表示不同土层之间差异显著（$P<0.05$），下同。

5.2.3　降水变化对土壤化学性质的影响

土壤总碳（total carbon，TC）和总氮（total nitrogen，TN）含量主要受土层深度、降水年限及其交互作用的影响（$P<0.05$）；TP 含量受处理、处理×土层深度交互作用的影响（$P<0.05$）；C/N 受处理、土层深度、降水年限及土层深度×降水年限交互作用的影响（$P<0.05$）；C/P 受处理、降水年限及土层深度×降水年限交互作用的影响（$P<0.05$）；N/P 受处理、降水年限的影响（$P<0.05$）（表 5.3）。

表 5.3　土壤 C、N、P 及其化学计量特征的多因素方差分析

因子	TC 含量/(g/kg)	TN 含量/(g/kg)	TP 含量/(g/kg)	C/N	C/P	N/P
处理	0.124	2.302	5.221*	2.856*	5.664*	3.228*
土层深度	72.315**	16.915**	3.744	4.823*	3.173	0.004
降水年限	120.69**	38.756**	0.417	30.737*	31.03*	3.161*
处理×土层深度	1.142	1.341	2.843*	2.21	2.712	2.436
处理×降水年限	1.292	0.615	0.959	0.904	1.444	1.597
土层深度×降水年限	9.129**	5.322**	2.378	3.973*	3.876*	1.135
处理×土层深度×降水年限	0.378	0.805	1.259	1.281	1.005	1.254

注：*表示差异显著（$P<0.05$），**表示差异显著（$P<0.01$）。

不同土层土壤 TC 含量在降水变化下趋势不同，在 0～10cm 土层，降雨总体增加了土壤 TC 含量，2017～2020 年，0.5P、0.1P 土壤 TC 含量均高于 CK，但并不显著（$P>0.05$）；在 10～20cm 土层，土壤养分在不同年份变化趋势不同，在 2017 年，随着降水的减少，土壤 TC 含量呈上升趋势，但并不显著；2018～2020 年，土壤 TC 含量随降水减少呈降低趋势。此外，0～10cm 土层土壤 TC 含量均高于 10～20cm 土层，但土层间并无显著差异（图 5.3）。降水变化对不同土层土壤 TN 含量影响较小，在 0～10cm 土层，降水减少总体增加了土壤 TN 含量（2017～2019 年），随着降水年限的增加，在 2020 年，降水减少降低了土壤 TN 含量；在 10～20cm 土层，降水减少增加了土壤 TN 含量（2017～2020 年），但处理间无显著差异（图 5.4）。土壤 TP 含量与 TN、TC 含量变化趋势不同，在 0～10cm 土层，随着降水的减少，土壤 TP 含量呈降低的趋势，但处理间无显著差异；不同降水下土壤 TP 含量在 10～20cm 土层的变化趋势与其在 0～10cm 土层的变化趋势相似，均随降水减少呈降低的趋势，但处理间无显著差异（图 5.5）。

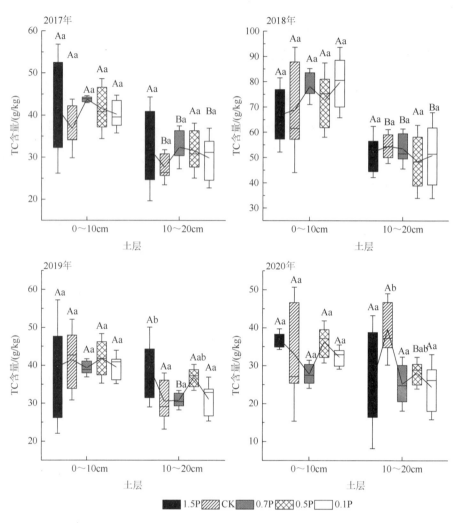

图 5.3　不同降水量对土壤 TC 的影响

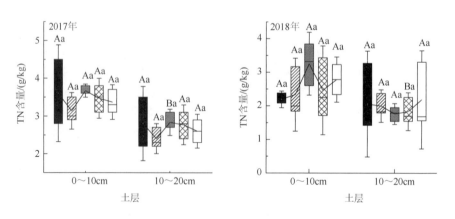

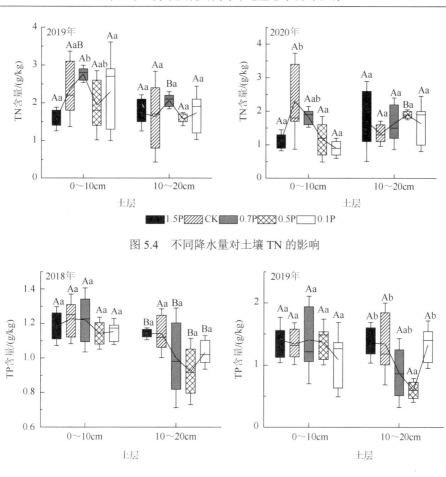

图 5.4 不同降水量对土壤 TN 的影响

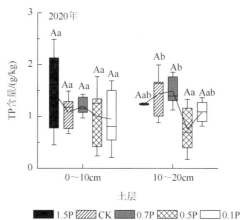

图 5.5 不同降水量对土壤 TP 的影响

在 2017 年，0~10cm 土层土壤 C/N 在降水变化下无显著差异，但总体随降水减少呈增加的趋势（$P>0.05$）。在 10~20cm 土层，土壤 C/N 随降水减少呈降低的趋势，但处理间无显著差异；除了 0.5P 外，其余 0~10cm 土层 C/N 均显著高于 10~20 土层（$P<0.05$）。随着降水年限的增加，2018~2019 年，土壤 C/N 在不同土层变化趋势相似，总体呈随

降水减少而降低的趋势。在 2020 年，不同土层土壤 C/N 变化趋势不同，在 0～10cm 土层，土壤 C/N 随降水减少而增加，并在 0.5P、0.1P 显著增加（$P<0.05$）；在 10～20cm 土层，土壤 C/N 随降水减少而降低，且在 0.7P、0.5P、0.1P 显著降低（$P<0.05$）。在不同降水处理下，不同降水年限土壤 C/P 变化趋势不同。在 2018 年，土壤 C/P 在 0～10cm 和 10～20cm 土层均随降水减少呈上升的趋势，但处理间无显著差异。在 2019 年，土层间土壤 C/P 变化趋势相同，在 0～10cm 和 10～20cm 土层，C/P 随降水减少均呈增加趋势。到 2020 年，土壤 C/P 变化趋势与其在 2018 年的变化趋势相似，各土层土壤 C/P 均随降水减少呈增加的趋势，但处理间均无显著差异（$P>0.05$）。不同降水年限下，土壤 N/P 变化趋势不同，2018～2019 年，各土层土壤 N/P 均随降水的减少而增加，但处理间无显著差异；在 2020 年，随着降水的减少，0～10cm 和 10～20cm 土层土壤 N/P 均呈增加的趋势，但处理间均无显著差异。2019～2020 年，各层土壤碱性磷酸酯（alkali phosphatase，AP）含量对降水减少的变化趋势相同，均随降水减少而降低。在 2020 年，0～10cm 土层 1.5P 处理 AP 含量显著增加（$P<0.05$），10～20cm 土层 0.1P 处理 AP 含量显著降低（$P<0.05$）。土壤铵态氮（NH_4^+-N）、硝态氮（NO_3^--N）、速效氮（available nitrogen，AN）含量变化趋势相同，在 2018～2019 年，各土层土壤铵态氮、硝态氮、速效氮含量总体随降水减少而增加，但处理间无显著差异；在 2020 年，各土层土壤铵态氮、硝态氮、速效氮含量均随降水减少而降低（表 5.4）。

表 5.4　不同降水量对土壤化学计量比的影响

年份	土层/cm	处理	C/N	C/P	N/P	铵态氮（NH_4^+-N）含量/(mg/kg)	硝态氮（NO_3^--N）含量/(mg/kg)	AN 含量/(mg/kg)	AP 含量/(mg/kg)
2017	0～10	1.5P	11.59±0.063Aa			1.51±0.21Aa	1.61±0.14Ab	3.12±0.34Ab	—
		CK	11.7±0.243Aa			0.59±0.09Abc	0.91±0.08Aa	1.5±0.14Aa	—
		0.7P	12.04±0.136Aa			1.08±0.21Aabc	3.1±0.14Ac	4.19±0.3Ab	—
		0.5P	11.93±0.174Aa			0.2±0.02Ac	1.14±0.17Aabc	1.34±0.19Aa	—
		0.1P	11.97±0.174Aa			2.04±0.61Aa	6.3±0.37Ac	8.34±0.63Ac	—
	10～20	1.5P	11.35±0.154Ba			1.93±0.66A	5.69±0.16Ab	7.62±0.65Ab	—
		CK	11.45±0.169Ba			0.63±0.18A	1.2±0.06Aa	1.84±0.25Aa	—
		0.7P	11.4±0.105Ba			3.02±0.96B	5.99±0.25Ab	9.01±1.11Ab	—
		0.5P	11.36±0.15Aa			2.71±0.22B	2.23±0.39Ab	4.95±0.6Ab	—
		0.1P	11.43±0.258Ba			1.25±0.18B	1.13±0.01Aa	2.39±0.19Aa	—

续表

年份	土层/cm	处理	C/N	C/P	N/P	铵态氮（NH$_4^+$-N）含量/(mg/kg)	硝态氮（NO$_3^-$-N）含量/(mg/kg)	AN 含量/(mg/kg)	AP 含量/(mg/kg)
2018	0~10	1.5P	30.63±3.158Aa	56.22±2.718Aa	1.85±0.1Aa				
		CK	31.5±7.091Aa	56.11±7.159Aa	1.88±0.26Aa				
		0.7P	24.47±2.27Aa	64.41±4.112Aa	2.7±0.38Aa				
		0.5P	32.94±8.454Aa	64.04±6.836Aa	2.13±0.37Aa				
		0.1P	28.77±0.753Aa	69.45±6.342Aa	2.42±0.28Aa				
	10~20	1.5P	28.9±6.24Aa	45.85±3.15Aa	1.79±0.5Aa				
		CK	27.72±2.891Aa	47.93±3.833Aa	1.74±0.08Aa				
		0.7P	30.88±3.957Ba	54.93±6.878Aa	1.79±0.19Aa				
		0.5P	27.32±5.186Aa	53.68±8.401Aa	2.04±0.39Aa				
		0.1P	26.14±7.066Aa	49.12±5.399Aa	2.15±0.62Aa				
2019	0~10	1.5P	25±3.36Aa	27.8±2.34Aa	0.74±0.33Aa	11.11±2.07Aa	29.2±1.24Aa	40.32±3.04Aa	26.07±2.04Aa
		CK	18.5±4.03Aa	31.8±5.18Aa	1.83±0.45Ab	9.63±0.98Aa	28.9±3.09Aa	38.57±2.13Aa	24.04±0.28Aa
		0.7P	14.2±0.21Aa	29.9±4.98Aa	2.09±0.32Ab	9.55±1.03Aa	34.5±8.51Aa	44.07±9.03Aa	23.05±0.38Aa
		0.5P	22.5±2.62Aa	30.8±1.84Aa	1.39±0.14Aab	17.07±5.43Aa	42.6±15.0Aa	59.68±14.6Aa	23.92±0.83Aa
		0.1P	19.1±4.37Aa	40±8.68Aa	2.11±0.09Ab	8.47±1.88Aa	31.0±2.77Aa	39.49±4.59Aa	25.39±1.51Aa
	10~20	1.5P	23.7±4.38Aa	29.2±2.49Aa	1.31±0.24Aa	11.58±1.65Aa	26.7±0.88Aa	38.30±1.53Aa	23.35±1.64Aa
		CK	22.3±7.01Aa	23.5±2.03Aa	1.22±0.29Aa	7.27±0.90Aa	27.2±0.95Aa	34.46±0.98Aa	21.07±0.46Ba
		0.7P	14.9±0.26Aa	40±10.1Aa	2.69±0.72Ab	11.78±2.04Aa	28.9±1.58Aa	40.76±2.93Aa	20.58±0.87Aa
		0.5P	23.6±1.2Aa	64±9.73Bb	2.68±0.26Bb	8.47±1.94Aa	31.9±5.52Aa	40.42±5.13Aa	21.01±0.88Aa
		0.1P	19.2±4.46Aa	24.2±4.06Aa	1.28±0.07Ba	7.22±2.05Aa	27.4±1.20Aa	34.66±3.22Aa	20.98±2.26Aa
2020	0~10	1.5P	33.5±4.49Ab	29.9±9.51Aa	0.96±0.37Aa	9.80±1.55Aa	41.0±1.39Ab	50.85±1.23Ab	25.6±0.61Aa
		CK	14.5±0.43Aa	34.4±13.1Aa	2.42±1Aa	8.44±0.93Aab	51.9±4.90Ac	60.41±5.61Ac	20.8±1.60Ab

续表

年份	土层/cm	处理	C/N	C/P	N/P	铵态氮（NH₄⁺-N）含量/(mg/kg)	硝态氮（NO₃⁻-N）含量/(mg/kg)	AN 含量/(mg/kg)	AP 含量/(mg/kg)
2020	0～10	0.7P	15.1±0.4Aa	23.3±1.83Aa	1.53±0.1Aa	6.63±0.49Aa	19.8±1.09Aa	26.52±1.56Aa	17.8±0.57Ab
		0.5P	33.8±6.32Ab	49.3±22.6Aa	1.76±1.04Aa	6.27±0.65Aa	21.0±0.51Aa	27.29±0.74Aa	19.1±0.85Ab
		0.1P	36.7±3.4Ab	39.6±9.58Aa	1.08±0.24Aa	6.13±0.75Aa	21.2±0.87Aa	27.35±0.21Aa	19.0±1.24Ab
	10～20	1.5P	15.1±0.24Bb	20.7±5.43Aa	1.37±0.36Aa	7.54±0.63Abc	41.6±0.38Ab	49.24±1.02Ab	20.8±0.95Bb
		CK	29.8±0.91Ba	28.4±3.48Aab	0.94±0.09Aa	8.08±0.64Ac	35.7±7.00Ab	43.85±7.42Ab	19.8±1.67Ab
		0.7P	15.7±1.07Ab	16.9±1.2Ba	1.08±0.11Ba	6.77±0.46Aabc	23.0±1.8Aa	29.85±1.93Aa	18.1±0.79Aab
		0.5P	14.8±0.85Bb	44.9±14.2Ab	2.99±0.82Ab	6.03±0.39Aab	22.0±1.84Aa	28.08±2.24Aa	16.7±1.86Aab
		0.1P	15.4±1.3Bb	22.3±2.11Aab	1.47±0.21Aa	5.59±0.38Aa	23.0±0.75Aa	28.65±0.69Aa	15.0±1.39Aa

5.3　高寒草地降水变化对植物群落特征的影响

5.3.1　降水变化对植物群落生物量的影响

2016 年群落总生物量、功能群生物量受降水影响显著，其中总群落生物量在 CK 最高，1.5P、0.5P、0.1P 群落总生物量显著降低（$P<0.05$）。禾本科、莎草科、豆科生物量在 0.1P 显著降低（$P<0.05$），杂类草生物量随降水减少而降低，在 0.5P、0.1P 显著降低（$P<0.05$）。

在 2017 年，群落总生物量，豆科、杂类草生物量均随降水减少呈降低趋势，但均不显著（$P>0.05$）；此外，禾本科生物量随降水减少呈升高趋势，但不显著（$P>0.05$）。

随着降水年限的增加，在 2018 年，群落总生物量，莎草科、豆科、杂类草生物量均随降水减少呈降低趋势，但均不显著（$P>0.05$）；禾本科生物量在 0.1P 显著增加（$P<0.05$）。

2019 年，群落总生物量表现为在 0.5P 处理下最高，在 0.1P 处理下最低，不同降水量下差异不显著；杂类草生物量在 0.1P 处理下显著降低；豆科与莎草科生物量在各处理间显著无差异；禾本科生物量在 0.1P 处理下最高，且 0.5P、0.1P 显著增加（$P<0.05$）。

2020 年，群落总生物量在 1.5P 处理下最高，但处理间无显著差异；豆科生物量在 0.7P 显著升高（$P<0.05$）；莎草科和禾本科生物量随着降水减少呈增加的趋势，其中禾本科生物量在 0.5P、0.1P 显著增加（$P<0.05$）（图 5.6）。

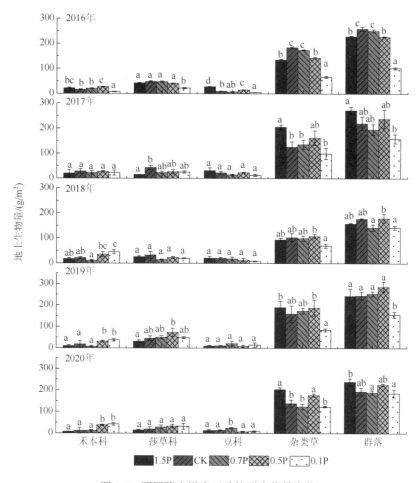

图 5.6　不同降水梯度下功能群生物量变化

5.3.2　降水变化对植物群落盖度的影响

不同降水量下植物群落盖度的方差分析表明（图 5.7），2016 年，群落盖度随降水减少而降低，在 0.7P、0.5P 和 0.1P 显著降低（$P<0.05$）；莎草科、豆科盖度随降水减少显著降低；禾本科植物盖度在 0.5P 下显著增加（$P<0.05$）。

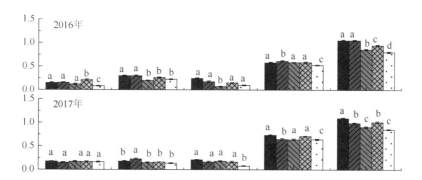

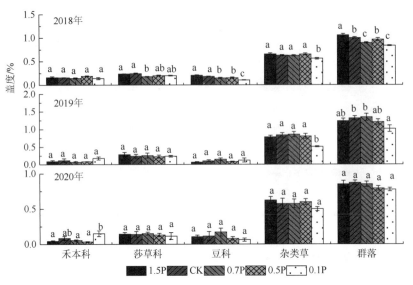

图 5.7　不同降水量对高寒草甸功能群盖度的影响

在 2017 年，群落盖度在 0.7P、0.1P 显著降低（P<0.05）；莎草科和豆科盖度随降水减少呈降低趋势，其中，莎草科盖度在 0.7P、0.5P 和 0.1P 显著降低（P<0.05），豆科盖度在 0.1P 显著降低（P<0.05）；此外，降水减少增加了杂类草盖度，1.5P、0.5P 和 0.1P 杂类草盖度显著增加（P<0.05）。

随着降水年限的增加，2018 年总盖度在 0.7P、0.1P 显著降低（P<0.05）；莎草科和豆科盖度随降水减少呈降低趋势，其中，莎草科盖度在 0.7P 显著降低（P<0.05），豆科盖度在 0.1P、0.5P 和 0.7P 显著降低（P<0.05）；此外，0.1P 杂类草盖度显著降低（P<0.05）。

在 2019 年，群落盖度随着降水减少而降低，其中，0.1P 盖度显著降低（P<0.05）；杂类草盖度和群落盖度有相同的变化趋势，0.1P 杂类草盖度显著降低（P<0.05）；豆科与莎草科盖度在各处理间无显著差异；禾本科植物盖度在 0.1P 处理下升高，但无显著差异。

在 2020 年，群落盖度随降水减少而降低，但各处理间无显著差异；杂类草、豆科、莎草科植物盖度均随降水减少而降低，但差异不显著；禾本科植物盖度在 0.1P 处理下最高，但无显著差异。

5.3.3　降水变化对植物群落多样性的影响

由图 5.8 可知，2016～2018 年，群落 Simpson 指数随水减少呈降低趋势，但各处理间均无显著差异。随着降水处理年限的增加，2019 年高寒草甸植物群落 Simpson 指数随降水减少表现为先降低后增加的趋势，0.7P 处理下 Simpson 指数显著降低（P<0.05）。在 2020 年，群落 Simpson 指数随降水减少呈降低趋势，在 0.1P 下最低，但各处理间均无显著差异。

单因素方差分析表明，Shannon-Wiener 指数在 2016～2018 年呈先增加后降低的趋势，各处理间无显著差异。随降水处理年限的增加，到 2019 年，群落 Shannon-Wiener 指数随降水量变化显著，在 1.5P、0.7P、0.1P 处理下显著升高（P<0.05）。到 2020 年，群落 Shannon-Wiener 指数在各处理间无显著差异（图 5.9）。

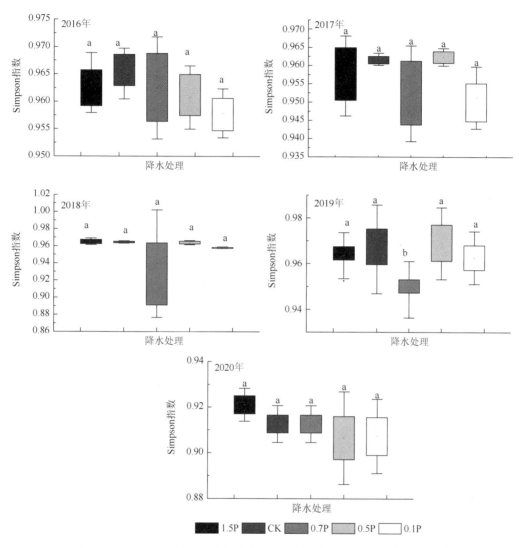

图 5.8　2016～2020 年不同降水量对高寒草甸植物群落 Simpson 指数的影响

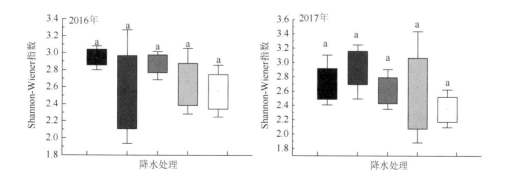

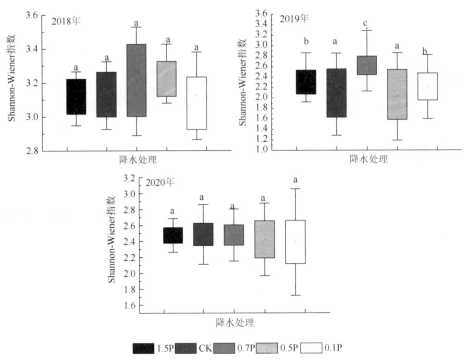

图 5.9　2016～2020 年不同降水量对高寒草甸植物群落 Shannon-Wiener 指数的影响

　　2016～2017 年，Pielou 指数随降水减少呈降低趋势；在 2018 年呈增加趋势；随着降水处理年限的增加，在 2019 年，1.5P、0.7P、0.1P 处理下群落 Pielou 指数显著升高（$P<0.05$）；在 2020 年，Pielou 指数在各降水梯度间无显著变化（图 5.10）。

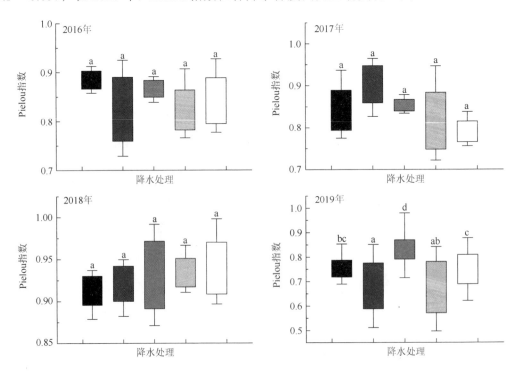

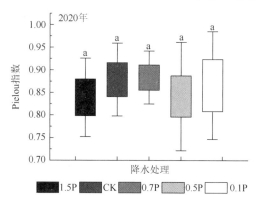

图 5.10　2016～2020 年不同降水量对高寒草甸植物群落 Pielou 指数的影响

5.4　高寒草地降水变化对凋落物分解的影响

5.4.1　降水变化对凋落物初始化学性质的影响

在所有凋落物类型中，初始 C 含量在各类凋落物中无明显差异，而 N、P 含量在禾本科中最低。降水变化改变了凋落物 C、N、P 含量，其影响因凋落物类型而异：与自然降水（CK）相比，增水或减水对各类型凋落物 C 含量均无显著影响；减水处理（0.1P、0.5P、0.7P）分别显著增加禾本科、杂类草和群落凋落物 N 含量，而 0.1P 显著降低群落 N 含量（$P<0.05$）；增水处理（1.5P）显著增加各类型凋落物 P 含量；0.5P、0.7P 均显著增加禾本科和群落 P 含量，0.5P 显著增加莎草科 P 含量（图 5.11）。

在所有凋落物类型中，木质素含量在莎草科中最低，杂类草和群落中纤维素和半纤维素含量低于禾本科和莎草科。降水变化对木质素、纤维素、半纤维素含量的影响较小：与 CK 相比，0.1P 和 0.5P 显著降低禾本科木质素含量，0.7P 显著增加莎草科和杂类草木质素含量（$P<0.05$）；0.5P 和 0.7P 显著降低禾本科纤维素含量；0.1P 和 1.5P 分别显著降低禾本科和杂类草本纤维素含量。

C/N、C/P、木质素/N 在禾本科中较其他类型凋落物更高，N/P 在各类型凋落物中无明显差异。增水处理下各类型凋落物 C/P、N/P 均显著降低（$P<0.05$），而减水处理对计量比的影响在凋落物类型中存在差异。禾本科减水处理下 C/N、C/P、N/P 和木质素/N 显著降低，仅 0.1P 对 N/P 无显著影响；莎草科中减水处理显著降低 C/P，0.5P 显著降低 N/P，0.7P 显著增加木质素/N；杂类草 0.7P 处理下 C/N 显著降低，木质素/N 显著增加；群落中 0.1P 显著增加 C/N，0.5P 显著降低 C/P 和 N/P，0.7P 显著降低 C/N 和 C/P（表 5.5）。

以凋落物类型和降水量为自变量，对凋落物初始化学性质进行双因素方差分析（表 5.6）。除初始 N/P 外，凋落物类型对其他初始化学性质均有显著影响（$P<0.05$）；降水量对初始 N、P、木质素含量和 C/N、C/P、N/P 有显著影响；除初始 C、P 含量和 N/P、木质素/N 外，两因素的交互作用对其他初始化学性质均有显著影响（表 5.6）。

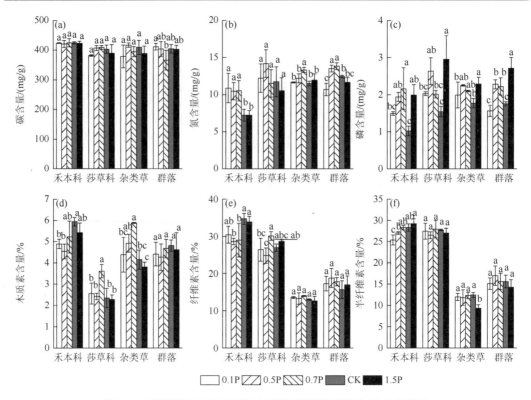

图 5.11　不同降水处理下不同功能群及群落凋落物初始化学组成

注：不同小写字母表示不同降水处理间差异显著（$P<0.05$）。

表 5.5　不同降水处理下不同功能群及群落凋落物初始化学计量比

凋落物类型	降水梯度	C/N	C/P	N/P	木质素/N
禾本科	0.1P	39.89 ± 7.83^{b}	284.72 ± 5.46^{b}	7.29 ± 0.66^{a}	4.63 ± 1.14^{b}
	0.5P	40.61 ± 5.20^{b}	218.11 ± 10.87^{bc}	5.40 ± 0.21^{b}	4.35 ± 0.32^{b}
	0.7P	34.56 ± 11.61^{b}	205.99 ± 32.36^{bc}	5.05 ± 0.62^{bc}	4.96 ± 0.69^{b}
	CK	59.29 ± 6.13^{a}	422.31 ± 31.38^{a}	7.13 ± 0.39^{a}	8.78 ± 0.79^{a}
	1.5P	58.95 ± 5.53^{a}	214.73 ± 14.81^{c}	3.68 ± 0.37^{c}	7.59 ± 1.19^{a}
莎草科	0.1P	32.00 ± 7.20^{a}	187.68 ± 7.32^{bc}	6.02 ± 0.60^{ab}	2.10 ± 0.27^{b}
	0.5P	29.73 ± 7.44^{a}	157.00 ± 12.52^{cd}	5.42 ± 0.61^{bc}	1.75 ± 0.31^{b}
	0.7P	36.08 ± 5.33^{a}	203.36 ± 4.81^{b}	5.72 ± 0.55^{abc}	3.20 ± 0.72^{a}
	CK	35.10 ± 6.74^{a}	262.80 ± 15.30^{a}	7.57 ± 0.38^{a}	2.01 ± 0.24^{b}
	1.5P	37.79 ± 7.89^{a}	135.70 ± 12.49^{d}	3.76 ± 0.80^{c}	2.10 ± 0.39^{b}
杂类草	0.1P	32.51 ± 3.28^{ab}	196.31 ± 29.32^{ab}	5.98 ± 0.62^{ab}	3.76 ± 0.68^{abc}
	0.5P	34.20 ± 1.58^{ab}	184.84 ± 2.23^{ab}	5.41 ± 0.14^{ab}	4.04 ± 0.21^{ab}
	0.7P	29.63 ± 0.79^{b}	187.40 ± 3.94^{ab}	6.32 ± 0.07^{a}	4.48 ± 0.12^{a}
	CK	35.53 ± 1.09^{a}	230.84 ± 8.03^{a}	6.50 ± 0.23^{a}	3.61 ± 0.30^{bc}
	1.5P	32.69 ± 4.11^{ab}	153.42 ± 13.25^{b}	4.79 ± 0.70^{b}	3.18 ± 0.09^{c}

续表

凋落物类型	降水梯度	C/N	C/P	N/P	木质素/N
	0.1P	38.53 ± 2.91^{a}	265.60 ± 16.99^{a}	6.90 ± 0.37^{ab}	4.12 ± 0.40^{a}
	0.5P	29.90 ± 2.54^{cd}	177.17 ± 10.97^{b}	5.92 ± 0.21^{b}	3.16 ± 0.56^{b}
群落	0.7P	26.51 ± 3.14^{d}	166.29 ± 16.61^{bc}	6.26 ± 0.29^{ab}	3.38 ± 0.40^{ab}
	CK	32.51 ± 1.25^{bc}	231.13 ± 2.96^{a}	7.12 ± 0.18^{a}	3.87 ± 0.16^{ab}
	1.5P	34.59 ± 1.49^{ab}	128.28 ± 19.92^{c}	3.69 ± 0.51^{c}	3.94 ± 0.50^{ab}

注：不同小写字母表示差异显著（$P<0.05$）。

表 5.6　凋落物类型和降水量对凋落物初始化学性质的双因素方差分析

凋落物化学性质	L		R		$L\times R$	
	F	P	F	P	F	P
碳含量/(g/kg)	6.758	0.001	1.391	0.255	1.444	0.187
氮含量/(g/kg)	20.094	<0.001	6.986	<0.001	2.287	0.025
磷含量/(g/kg)	6.708	0.001	19.042	<0.001	1.767	0.088
木质素含量/%	86.889	<0.001	6.828	<0.001	3.747	0.001
纤维素含量/%	289.576	<0.001	1.483	0.225	3.227	0.003
半纤维素含量/%	575.796	<0.001	1.922	0.126	2.282	0.025
C/N	23.248	<0.001	6.978	<0.001	3.426	0.002
N/P	28.676	<0.001	38.313	<0.001	5.335	<0.001
C/P	0.372	0.773	25.016	<0.001	1.391	0.210
木质素/N	6.648	0.001	1.119	0.361	1.604	0.130

注：显著性影响（$P<0.05$）。L 表示凋落物类型；R 表示降水量。

5.4.2　降水变化对凋落物质量损失的影响

表 5.7 表明，分解时间、凋落物类型、降水量及其交互作用对凋落物质量损失均有显著影响（$P<0.05$）。凋落物质量残留率随时间逐渐下降，且前期（$0\sim200d$）下降慢，中期（$201\sim294d$）快速下降，后期（$295\sim365d$）下降减慢（图 5.12）。分解 365d 后，CK 下杂类草分解最快，群落次之，莎草科较慢，禾本科最慢，质量残留率分别为 43.96%、45.01%、53.61%、56.28%。降水变化对质量损失的影响因凋落物类型而异，与 CK 相比，禾本科中增水（1.5P）或减水（0.1P、0.5P、0.7P）均在中期和后期显著抑制分解，365d 后质量残留率分别增加 10.75%、19.22%、3.15%、10.76%；在莎草科、杂类草和群落中 0.1P 抑制分解，365d 后质量残留率分别增加 12.39%、22.80%、17.32%；此外，杂类草中 1.5P 明显促进分解，且在分解前期影响显著。

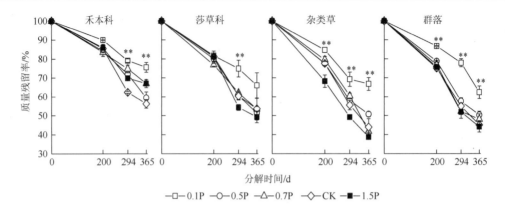

图 5.12　不降水处理下不同功能群及群落凋落物的质量残留率

表 5.7　凋落物类型、分解时间和降水量对质量损失和养分释放的重复测量方差分析

差异来源	MR/%		R_C/%		R_N/%		R_P/%	
	F	P	F	P	F	P	F	P
L	51.072	<0.001	23.966	0.001	138.895	<0.001	73.247	<0.001
T	334.324	<0.001	284.117	<0.001	49.010	0.002	239.147	<0.001
R	34.481	<0.001	60.966	<0.001	104.726	<0.001	158.340	<0.001
L×T	3.550	0.029	3.529	0.030	3.489	0.031	6.871	0.002
L×R	3.632	0.003	1.924	0.083	14.058	<0.001	27.063	<0.001
T×R	7.714	<0.001	6.350	0.001	9.822	<0.001	73.057	<0.001
L×T×R	3.077	<0.001	1.855	0.034	3.762	<0.001	5.484	<0.001

注：显著性影响（$P<0.05$）用粗体表示。L 表示凋落物类型；T 表示分解时间；R 表示降水量；MR 表示质量残留率；R_C 表示碳残留率；R_N 表示氮残留率；R_P 表示磷残留率。

5.4.3　降水变化对凋落物养分释放的影响

　　C 在分解过程中主要为直接释放模式，C 残留率随时间下降（图 5.13a～图 5.13d）。0.1P 和 0.7P 抑制 C 释放，且主要影响中后期。分解 365d 后，CK 下 C 残留率在禾本科中为 54.28%，显著低于 0.1P、0.7P 和 1.5P（$P<0.05$）；CK 下 C 残留率在莎草科中为 49.96%，0.7P 和 1.5P 与 CK 相比无显著差异；CK 下 C 残留率在杂类草中为 40.30%，0.1P 显著高于其他处理；CK 下 C 残留率在群落中为 42.46%，各处理间无显著差异。

　　N 在分解各阶段均出现富集，分解前期禾本科 CK 和 1.5P、杂类草 0.5P 下 N 率先富集，中期和后期主要在减水下出现富集（图 5.13）。禾本科增水或减水均促进 N 释放，且分解各个阶段均存在显著影响，而莎草科、杂类草和群落凋落物中仅 0.7P 促进各类型凋落物 N 释放。分解 365d 后，CK 下 N 残留率在禾本科中为 95.38%，显著大于其他处理；CK 下 N 残留率在莎草科和群落中分别为 63.50%、65.53%，各降水处理间均无显著差异；CK 下 N 残留率在杂类草中为 77.41%，显著大于 0.7P。

　　P 在分解各阶段均出现富集，分解前期禾本科 0.1P 和 CK、群落 0.1P 下 P 率先富集，分解中期各类型凋落物在 0.7P 下均显著富集（图 5.13）。禾本科增水或减水均促进 P 释放，而莎草科、杂类草和群落 0.1P 和 1.5P 分别抑制和促进 P 释放，0.5P 也促进莎草科 P 释放，分解各时期降水处理间均存在显著差异。分解 365d 后，CK 下 P 残留率在禾本科中为 114.04%，高于初始含量，也显著高于其他降水处理；CK 下 P 残留率在莎草科、杂类草和群落中分别为 54.01%、44.28%、43.59%，均显著低于 0.1P，显著高于 1.5P。

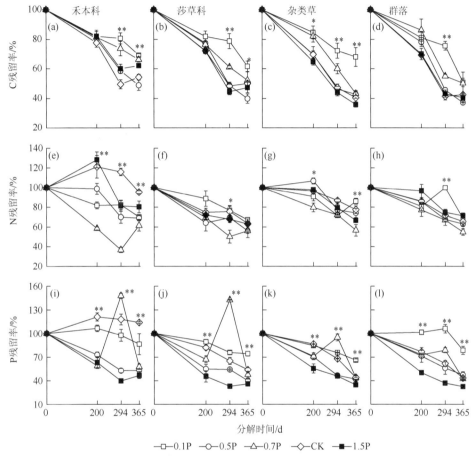

图 5.13　不同降水处理下凋落物 C、N、P 残留率

注：*表示 $P < 0.05$；**表示 $P < 0.01$。

5.4.4　降水变化对凋落物分解速率的影响

负指数衰减模型能较好地预测凋落物分解过程，R^2 的范围为 0.888～0.989，表明拟合方程可以较好地反映每种凋落物的分解速率（表 5.8）。分解系数 k 越大，凋落物分解速率越快，分解 50%和 95%所需时间越短。各凋落物 k 差异较大，为 0.268～0.858。不同降水处理下，禾本科凋落物周转期（$t_{0.95}$）为 5.840～11.178a，莎草科为 4.652～7.741a，杂类草为 3.492～7.452a，群落为 4.065～8.053a。各类型凋落物周转期均在 0.1P 处理下最长，禾本科在 CK 下最短，莎草科、杂类草和群落凋落物在 1.5P 处理下最短。总体来看，分解最快的是 1.5P 下的杂类草凋落物，周转期为 3.492a，最慢的是 0.1P 下的禾本科凋落物，周转期为 11.178a。相关分析表明，莎草科、杂类草和群落凋落物分解速率与降水量显著线性正相关（$P<0.05$），而禾本科降水量与分解速率无显著线性相关性（图 5.14）。

表 5.8　不同降水处理下不同类型凋落物质量残留率随时间的指数回归方程

凋落物类型	降水处理	回归方程	R^2	分解系数 k	半分解时间 $t_{0.5}$/a	分解95%时间 $t_{0.95}$/a
禾本科	0.1P	$y=e^{-0.268t}$	0.955	0.268	2.586	11.178
	0.5P	$y=e^{-0.438t}$	0.935	0.438	1.583	6.840
	0.7P	$y=e^{-0.373t}$	0.987	0.373	1.858	8.031
	CK	$y=e^{-0.513t}$	0.898	0.513	1.351	5.840
	1.5P	$y=e^{-0.391t}$	0.947	0.391	1.773	7.662
莎草科	0.1P	$y=e^{-0.387t}$	0.989	0.387	1.791	7.741
	0.5P	$y=e^{-0.591t}$	0.945	0.591	1.173	5.069
	0.7P	$y=e^{-0.581t}$	0.981	0.581	1.193	5.156
	CK	$y=e^{-0.568t}$	0.939	0.568	1.220	5.274
	1.5P	$y=e^{-0.644t}$	0.908	0.644	1.076	4.652
杂类草	0.1P	$y=e^{-0.402t}$	0.958	0.402	1.724	7.452
	0.5P	$y=e^{-0.628t}$	0.962	0.628	1.104	4.770
	0.7P	$y=e^{-0.668t}$	0.894	0.668	1.038	4.485
	CK	$y=e^{-0.699t}$	0.933	0.699	0.992	4.286
	1.5P	$y=e^{-0.858t}$	0.978	0.858	0.808	3.492
群落	0.1P	$y=e^{-0.372t}$	0.888	0.372	1.863	8.053
	0.5P	$y=e^{-0.626t}$	0.948	0.626	1.107	4.786
	0.7P	$y=e^{-0.695t}$	0.942	0.695	0.997	4.310
	CK	$y=e^{-0.710t}$	0.959	0.710	0.976	4.219
	1.5P	$y=e^{-0.737t}$	0.945	0.737	0.940	4.065

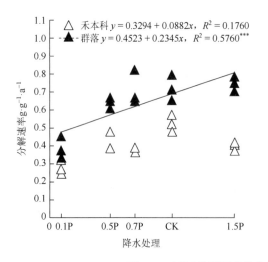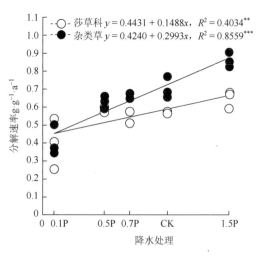

图 5.14　不同类型凋落物分解速率与降水量的线性回归

注：**表示 $P<0.01$，**表示 $P<0.001$。

5.5　小　　结

1. 降水变化对植物群落的影响

水分是控制生态系统生产力的主要环境因素，也是控制植物群落结构和组成的主导因素之一（闫钟清等，2017），生态系统中降水格局变化对植物群落的影响非常复杂（White et al.，2012）。植物多度和盖度能直接或间接反映植物的生长情况和获取资源的能力，是反映植物生长状况最直接的指标（张永宽等，2012）。本书研究中杂类草、豆科群落的多度和盖度在 0.1P 处理下显著降低，这表明 0.1P 处理抑制了杂类草和豆科的生长。绝大多数杂类草和豆科属于 C3 型植物[①]，根系较浅且多为轴根，在致密的草毡层内很难发育，对水分的竞争利用耐受性较低，水分对其生长的限制作用较强（沈振西等，2002；刘晓娟和马克平 2015，张博等，2015），0.1P 处理下水分含量明显降低，严重影响了杂类草和豆科的生理化过程和生长发育（李国斌等，2015）。另外，0.1P 处理对植物群落造成了干旱胁迫，植物会调整自身地上-地下生物量比例来降低逆境对自身的伤害（李国斌等，2015），因此豆科和杂类草可能将有限的资源和能量用于地下部分生物量的积累，从而导致地上植物群落盖度降低。杂类草是整个群落中的优势群落，对群落总盖度贡献很大，0.1P 处理下杂类草盖度的显著降低也导致其群落总盖度显著低于 CK。

植物生物量是研究初级生产力的基础，在一定程度上体现生态系统结构和功能，同时也是度量植被碳库，评价植物生长状况和碳储量的重要指标（沈豪等，2019）。本书研究中，仅禾本科生物量在 0.1P 和 0.5P 处理下显著增加，这一方面是因为两种处理使整个生长季土壤含水量均降低，对豆科和杂类草植物的生长产生了限制，致使更多的资源流向禾本科，加之禾本科本身对干旱的耐受性较强（张东等，2018），因此能积累更多的生物量；另一方面是这两种处理下群落总生物量没有发生显著变化，但杂类草生物量明显降低，当环境变化后不同功能群之间会产生补偿作用，以维持生态系统稳定性（Bai et al.，2004），因此生态系统可能通过调控作用（比如种间竞争、种内功能性状变异等）增加禾本科生物量，以补偿杂类草生物量的损失（Grime，2006）。1.5P 处理后，植物群落盖度、多度、生物量均无显著影响。降水改变能否引起植物的显著变化取决于是否对土壤含水量和植被可利用水分产生影响（焦珂伟等，2018）。1.5P 处理土壤含水量并没有出现较大波动，因此没有引起生物量的显著改变。研究区内年平均降水量为 600～800mm，处于相对较高的水平，研究表明，年平均降水量大于 600mm 的地区植被对热量因子的变化更敏感，而对水分的敏感性相对较弱（Clifford et al.，2013）。

物种多样性能够反映物种种类与数量的丰富程度（白春利等，2013）。当外界环境条件长期改变后，植物群落原有的关系会被打破，进而导致群落发生演替，物种多样性发生改变（Kudo and Suzuki，2003）。本书研究中，物种 Simpson 指数、Shannon-Winer 指数和 Pielou 指数在不同降水量梯度下无显著差异。这三个指数属于 α 多样性，也被称为物种多样性（王伯苏和彭少麟，1997）。本书研究的结果意味着增减水处理没有改变群落中物种

[①] C3 型植物即二氧化碳同化的最初产物是光合碳循环中的三碳化合物 3-磷酸甘油酸的植物。

种类与数量，这一方面可能是由于土壤种子库中仍然具有植物的种子，加上在生长季前中期增减水没有显著改变土壤中的水分和紧实度，因此物种种子仍能萌发，然后进行生长；另一方面可能是本书研究于 2015 年建立，经历了 3 年的试验，然而植物群落演替是长期的过程，因此没有引起植物群落物种多样性发生显著变化。

综上，目前研究区内的植物群落总体上能抵抗 0.5P 和 1.5P 之间的干扰。当 0.1P 处理时，群落总生物量没有发生显著变化，但群落组成已经发生了较大改变。在结构模型中，降水对群落多样性的影响是通过影响群落多度和盖度来实现的，因此高寒草甸对降水量变化的适应策略可能是改变不同功能群植物的多度和盖度，从而维持原有的生产力和多样性。

2. 降水变化对凋落物分解的影响

凋落物分解是生态系统物质循环和能量流动的关键环节，其分解受降水淋溶、动物咀嚼、干湿交替、冻融循环、微生物代谢等相互联系的物理、化学、生物作用影响（杨万勤等，2007）。在本书研究中，凋落物分解过程质量残留率整体呈现出先慢后快再变缓的趋势，这是因为分解试验早期凋落物主要分解的是可溶性物质、未被保护的纤维素和半纤维素等，这一过程易受水热影响（宋飘等，2014）。10 月至次年 4 月是青藏高原的冰冻期，这个时期降水较少，而且以降雪为主，淋溶作用较弱，加之气温较低，导致前期分解较慢。分解试验中期，随着降水增加和气温的回升，以及前期物理和真菌破碎使凋落物体积变小而表面积增大，微生物大量定植导致分解加快（Berg and Mcclaugherty，2013）。分解试验后期，分解变慢则是因为凋落物自身的养分限制了分解速率（宋飘等，2014）。研究表明，凋落物中碳元素含量和 C/N 越高，凋落物分解失重、元素释放和迁移率就越高，随着分解的进行，C/N 逐渐下降，难分解组分含量相对增加，分解速率就会变缓（林波等，2004）。混合凋落物中禾本科、杂类草、莎草科之间没有相互作用，其中一个原因是凋落物中不同化学成分具有不同的分解速率和分解模式，凋落物混合后彼此之间复杂的相互联系改变着凋落物的性质（丁桂芳等，1986），混合凋落物中不同组分之间的促进或抑制作用可能相互抵消；另一个原因也可能是禾本科、莎草科、杂类草凋落物中同样混合了不同植物物种，其中存在着不同植物物种之间的相互作用，当不同功能群凋落物混合后，这些相互作用依然存在，因此在物种水平上混合凋落物和不同功能群凋落物中的相互作用是一致的。

0.1P 处理下凋落物全年分解量显著低于其他处理，其残留率在分解过程中也明显高于 CK，这是因为在 0.1P 处理下，凋落物缺少淋溶作用，且土壤水分明显降低，抑制了凋落物中微生物的活性和数量、养分分布以及酶活性，进而降低了凋落物的分解速率（Mondini et al.，2002）。在不同功能群凋落物类型中，杂类草凋落物对降水变化最敏感，其在 0.1P 处理下残留率明显升高，在 1.5P 处理下明显下降。这一方面是由于杂类草中初始纤维素、半纤维素含量显著低于禾本科、莎草科混合凋落物，这意味着杂类草易分解组分的含量高于其他凋落物类型，而这些物质极易受到降水淋溶的影响（闫钟清等，2017a），且容易被微生物利用；另一方面，适当增水能增加微生物活性和多样性（王振海等，2016），高的微生物活性和多样性利于凋落物的分解。

3. 降水变化对凋落物养分释放的影响

凋落物分解过程中不同组分和养分的释放主要有直接释放、淋溶-释放、淋溶-释放-富集、富集-释放等模式,并受到生物和非生物条件的影响(王振海等, 2016)。在众多影响因子中,水分条件起着关键作用,其变化会影响植物的生理代谢过程导致凋落物内化学物质浓度发生变化,改变生态系统中养分释放和分解者吸收之间的平衡关系(李雪峰等, 2007)。本书研究发现,半纤维素、纤维素含量在分解过程中呈先升高后降低的趋势,符合富集-释放的分解模式。纤维素和半纤维素的残留率在分解试验前6 个月变化很小,说明其分解量很少,明显小于凋落物质量在此期间的损失量,因此在分解前期纤维素和半纤维含量会升高。半纤维素、纤维素都是包含多种物质的混合物,半纤维素主要包含木聚糖、半乳糖、阿拉伯糖、甘露糖等,纤维素是由长链葡萄糖分解构成的(Brown et al., 2014),两者的分解主要受生物降解作用影响(Martínez et al., 2005),降解过程需要多种不同水解酶的共同作用,同时需要形成较为复杂的微生物群落,加之凋落物前期主要是真菌和物理破碎作用(林波等, 2004; Berg and Macclaugherty, 2013),因此在前期分解量很少,之后随着分解量的增加,其含量才会出现明显下降。氢键断裂导致纤维素超分子结构的破坏是纤维素降解过程中普遍存在的机制,也是天然纤维素生物降解的限速阶段(高培基和庞世瑾, 1998)。从微生物的积累到产生纤维素酶,氢键的大量断裂需要时间的积累,因此两者含量在分解前期先上升,之后微生物大量定植,发挥生物降解作用,氢键大量断裂,其含量才开始下降。在 0.1P 处理下,杂类草凋落物和混合凋落物出现明显质量损失的时间延迟了三个月,说明 0.1P 处理下前期的破碎和真菌作用时间明显延长,这一方面是因为 0.1P 淋溶作用弱;另一方面是因为凋落物中真菌的数量和多样性能影响纤维素酶的活性,从而调控凋落物中纤维素组分的分解(Aon et al., 2001), 0.1P 处理下土壤可利用水分较低,水分的不足影响了凋落物中真菌的活性,降低了纤维素和半纤维的分解速率(曾锋等, 2010),致使纤维素中氢键大量断裂所需的时间延长了三个月。

本书研究中 TC 总体表现为释放,其残留率随着分解时间而明显降低, 0.1P 处理能一定程度抑制凋落物 TC 的释放。0.1P 处理中,土壤水分受到明显影响,特别是分解后期土壤表层水分明显下降,紧实度明显升高。水分减少能改变凋落物中微生物的活性和数量,进而降低凋落物的分解速率和养分释放速率(Mondini et al., 2002),所以对 TC 的分解产生了抑制作用。凋落物中不同养分的分解并不总是表现如 TC 一样的释放模式,还受到凋落物类型、分解阶段、分解环境、养分自身特性影响(Mcclaugherty et al., 1985)。低品质凋落物在分级初期经常需要从环境中固定养分,达到养分释放的时间较长,而养分含量较高的凋落物则可以在短时间内释放(李志安等, 2004)。N、P 在不同分解时间段、增减水处理、凋落物类型之间表现出多种模式。增减水处理没有改变 N 在杂类草和混合凋落物中的释放模式,其含量在分解试验期内表现为随分解时间延迟而增加。这一方面是由于 N 是微生物利用率较高的物质(王振海, 2016),凋落物中 N 的损失没有经过淋溶进入土壤,而是被微生物大量固定,微生物固定的 N 很大部分会以微生物组织内不溶解的成分形式存在,比如真菌菌丝体(He et al., 1988),因此随着其他组分分解量的增加，N 含量会出现上升；另一方面，杂类草和混合凋落物中初始半纤维素和纤维含量均显著低于禾本科和莎草科，TN 含量与半纤维素、纤维素具有显著负相关性，因此较低含量的半纤维素、纤维素导致 TN 含量的升高。在 0.1P 处理下，混合凋落中 TN 残留率在2018 年 8 月初出现显著上升，说明此时凋落物从环境中固定的 N 多于其损失的 N（Aon et al.，2001）。这是因为微生物的活动需要足够的碳源和氮源供应，凋落物中 N 源不足时微生物需要从外界固定氮（林波等，2004；李志安等，2004）。TP 的分解与 TN 不同，在分解前含量较高时，分解前期浓度会下降，而浓度较低时会上升（李志安等，2004）。在本书研究中，TP 含量在分解过程中的变化与此结论一致，相关性分析也显示分解过程 TP 含量与 TP 的初始含量具有显著负相关关系，但 0.7P 处理下在 2018 年 5 月以后 TP 含量的残留率均出现显著上升，说明此期间有外源的 P 被大量固定。C/N 是凋落物分解最重要的指标，一般认为凋落物中 C/N 越高，代表着 N 含量越低，因此凋落物分解速率越慢（王相娥等，2009）。C/N 在 0.1P 和 0.7P 处理下总体高于其他处理，说明这两个处理下凋落物分解较慢，这一结论在本书研究半分解时间和全年质量损失量上也得到验证。总体上降水量对凋落物不同组分和养分分解模式的影响较小，但对富集和释放的时间段影响较大，且主要集中在分解试验中后期，0.7P 处理能明显影响凋落物的分解模式和分解时间。

参 考 文 献

阿的鲁骥，字洪标，刘敏，等，2017. 高寒草甸地下根系生长动态对积雪变化的响应[J]. 生态学报，37（20）：6773-6784.

白春利，阿拉塔，陈海军，等，2013. 氮素和水分添加对短花针茅荒漠草原植物群落特征的影响[J]. 中国草地学报，35（2）：69-75.

白文明，左强，黄元仿，等，2001. 乌兰布和沙区紫花苜蓿根系生长及吸水规律的研究[J]. 植物生态学报，25（1）：35-41.

陈文，王桔红，马瑞君，等，2016. 粤东 89 种常见植物叶功能性状变异特征[J]. 生态学杂志，35（8）：2101-2109.

戴黎聪，柯浔，曹莹芳，等，2019. 青藏高原矮嵩草草甸地下和地上生物量分配格局及其与气象因子的关系[J]. 生态学报，39（2）：486-493.

丁桂芳，程伯容，许广山，1986. 长白山主要林型森林凋落物对土壤养分的影响[C]//全国森林土壤学术讨论会.

段桂芳，单立山，李毅，等，2016. 降水格局变化对红砂幼苗生长的影响[J]. 生态学报，36（20）：6457-6464.

高培基，庞世瑾，1998. 天然纤维素在生物降解过程中超分子结构的变化[J]. 中国科学基金，12（1）：35-37.

龚时旸，温仲明，施宇，2011. 延河流域植物群落功能性状对环境梯度的响应[J]. 生态学报，31（20）：6088-6097.

顾振宽，杜国祯，朱炜歆，等，2012. 青藏高原东部不同草地类型土壤养分的分布规律[J]. 草业科学，29（4）：507-512.

胡霞，吴宁，吴彦，等，2012. 川西高原季节性雪被覆盖对窄叶鲜卑花凋落物分解和养分动态的影响[J]. 应用生态学报，23（5）：1226-1232.

黄强，黄从德，2015. 模拟干旱对华西雨屏区常绿阔叶林凋落物分解及其养分释放的影响[J]. 四川林勘设计（4）：8-13.

焦伟玮，高江波，吴绍洪，等，2018. 植被活动对气候变化的响应过程研究进展[J]. 生态学报，38（6）：2229-2238.

李国斌，李光跃，孙窗舒，等，2015. 干旱胁迫对蒙古黄芪生物量及其根际微生物种群数量的影响[J]. 西北植物学报，35（9）：1868-1874.

李洁，潘攀，王长庭，等，2021. 三江源区不同建植年限人工草地根系动态特征[J]. 草业学报，30（3）：28-40.

李文娆，张岁岐，丁圣彦，等，2010. 干旱胁迫下紫花苜蓿根系形态变化及与水分利用的关系[J]. 生态学报，30（19）：5140-5150.

李雪峰，韩士杰，张岩，2007. 降水量变化对蒙古栎落叶分解过程的间接影响[J]. 应用生态学报，18（2）：261-266.

李宜浓，周晓梅，张乃莉，等，2016. 陆地生态系统混合凋落物分解研究进展[J]. 生态学报，36（16）：4977-4987.

李志安，邹碧，丁永祯，等，2004. 森林凋落物分解重要影响因子及其研究进展[J]. 生态学杂志，23（6）：77-83.

林波, 刘庆, 吴彦, 等, 2004. 森林凋落物研究进展[J]. 生态学杂志, 23（1）: 60-64.

刘庚山, 郭安红, 任三学, 等, 2003. 人工控制有限供水对冬小麦根系生长及土壤水分利用的影响[J]. 生态学报, 23（11）: 2342-2352.

刘旻霞, 马建祖, 2012. 甘南高寒草甸植物功能性状和土壤因子对坡向的响应[J]. 应用生态学报, 23（12）: 3295-3300.

刘斯莉, 王长庭, 张昌兵, 等, 2021. 川西北高原 3 种禾本科牧草根系特征比较研究[J]. 草业学报, 30（3）: 41-53.

刘晓娟, 马克平, 2015. 植物功能性状研究进展[J]. 中国科学: 生命科学, 45（4）: 325-339.

刘彦春, 尚晴, 王磊, 等, 2016. 气候过渡带锐齿栎林土壤呼吸对降雨改变的响应[J]. 生态学报, 36（24）: 8054-8061.

陆姣云, 段兵红, 杨梅, 等, 2018. 植物叶片氮磷养分重吸收规律及其调控机制研究进展[J]. 草业学报, 27（4）: 178-188.

吕殿青, 邵明安, 潘云, 2009. 容重变化与土壤水分特征的依赖关系研究[J]. 水土保持学报, 23（3）: 209-212, 216.

毛军, 王长庭, 胡雷, 等, 2021. 三江源区不同建植期禾草混播人工草地植物群落根系特征变化[J]. 应用与环境生物学报, 27（6）: 1538-1546.

孟婷婷, 倪健, 王国宏, 2007. 植物功能性状与环境和生态系统功能[J]. 植物生态学报, 31（1）: 150-165.

母悦, 耿元波, 2016. 内蒙古羊草草原凋落物分解过程中营养元素的动态[J]. 生态环境学报, 25（7）: 1154-1163.

宁宝权, 占鹤彪, 2008. 植物护坡过程中护坡植物演替规律的数学模型研究[C]//中国公路学会公路环境与可持续发展分会学术年会.

裴智琴, 周勇, 郑元润, 等, 2011. 干旱区琵琶柴群落细根周转对土壤有机碳循环的贡献[J]. 植物生态学报, 35（11）: 1182-1191.

彭少麟, 刘强, 2002. 森林凋落物动态及其对全球变暖的响应[J]. 生态学报, 22（9）: 1534-1544.

邱俊, 谷加存, 姜红英, 等, 2010. 樟子松人工林细根寿命估计及影响因子研究[J]. 植物生态学报, 34（9）: 1066-1074.

沈豪, 董世魁, 李帅, 等, 2019. 氮添加对高寒草甸植物功能群数量特征和光合作用的影响[J]. 生态学杂志, 38（5）: 1276-1284.

沈振西, 周兴民, 陈佐忠, 等, 2002. 高寒矮嵩草草甸植物类群对模拟降水和施氮的响应[J]. 植物生态学报, 26（3）: 288-294.

宋飘, 张乃莉, 马克平, 等, 2014. 全球气候变暖对凋落物分解的影响[J]. 生态学报, 34（6）: 1327-1339.

孙元丰, 万宏伟, 赵玉金, 等, 2018. 中国草地生态系统根系周转的空间格局和驱动因子[J]. 植物生态学报, 42（3）: 337-348.

唐立涛, 毛睿, 王长庭, 等, 2021. 氮磷添加对高寒草甸植物群落根系特征的影响[J]. 草业学报, 30（9）: 105-116.

王伯荪, 彭少麟, 1997. 植被生态学: 群落与生态系统[M]. 北京: 中国环境科学出版社.

王根绪, 胡宏昌, 王一博, 等, 2007. 青藏高原多年冻土区典型高寒草地生物量对气候变化的响应[J]. 冰川冻土, 29（5）: 671-679.

王海梅, 侯琼, 2016. 降雨对典型草原土壤养分的影响[C]//第 33 届中国气象学会年会. 中国气象学会.

王其兵, 李凌浩, 白永飞, 等, 2000. 模拟气候变化对 3 种草原植物群落混合凋落物分解的影响[J]. 植物生态学报, 24（6）: 674-679.

王相娥, 薛立, 谢腾芳, 2009. 凋落物分解研究综述[J]. 土壤通报, 40（6）: 1473-1478.

王星丽, 殷秀琴, 宋博, 等, 2011. 羊草草原主要凋落物分解及土壤动物的作用[J]. 草业学报, 20（6）: 143-149.

王振海, 2016. 长白山针叶林凋落物分解及土壤动物在凋落物分解和元素释放中的作用[D]. 长春: 东北师范大学.

王振海, 殷秀琴, 张成蒙, 2016. 土壤动物在长白山臭冷杉凋落物分解中的作用[J]. 林业科学, 52（7）: 59-67.

魏琳, 2017. 氮添加和刈割对黄土高原天然草地生态系统地下碳循环关键过程的影响[D]. 北京: 中国科学院大学.

魏晴, 周华坤, 姚步青, 等, 2013. 施肥和增雨雪对矮嵩草草甸 4 种典型植物凋落物分解的影响[J]. 草地学报, 21（5）: 875-880.

吴军虎, 张铁钢, 赵伟, 等, 2013. 容重对不同有机质含量土壤水分入渗特性的影响[J]. 水土保持学报, 27（3）: 63-67, 268.

向元彬, 黄从德, 胡庭兴, 等, 2016. 模拟氮沉降和降雨对华西雨屏区常绿阔叶林土壤呼吸的影响[J]. 生态学报, 36（16）: 5227-5235.

肖春旺, 张新时, 2001. 模拟降水量变化对毛乌素油蒿幼苗生理生态过程的影响研究[J]. 林业科学, 37（1）: 15-22.

徐文静, 王政权, 范志强, 等, 2006. 遮荫对水曲柳幼苗细根衰老的影响[J]. 植物生态学报, 30（1）: 104-111.

许驭丹, 董世魁, 李帅, 等, 2019. 植物群落构建的生态过滤机制研究进展[J]. 生态学报, 39（7）: 2267-2281.

闫钟清, 齐玉春, 李素俭, 等, 2017a. 降水和氮沉降增加对草地土壤微生物与酶活性的影响研究进展[J]. 微生物学通报, 44（6）: 1481-1490.

闫钟清, 齐玉春, 彭琴, 等, 2017b. 模拟降水和氮沉降增加对草地生物量影响的研究进展[J]. 草地学报, 25（6）: 1165-1170.

杨万勤，邓仁菊，张健，2007. 森林凋落物分解及其对全球气候变化的响应[J]. 应用生态学报，18（12）：2889-2895.

曾锋，邱治军，许秀玉，2010. 森林凋落物分解研究进展[J]. 生态环境学报，19（1）：239-243.

张博，宁有丰，安芷生，等，2015. 黄土高原现代 C_4 和 C_3 植物生物量及其对环境的响应[J]. 第四纪研究，35（4）：801-808.

张东，钞然，万志强，等，2018. 模拟增温增雨对典型草原优势种羊草功能性状的影响[J].草业科学，35（8）：1919-1928.

张人禾，苏凤阁，江志红，等，2015. 青藏高原 21 世纪气候和环境变化预估研究进展[J]. 科学通报，60（32）：3036-3047.

张喜英，1999. 高粱根系生长发育规律及动态模拟[J]. 生态学杂志，18（5）：65-67.

张燕堃，张灵菲，张新中，等，2014. 不同草地恢复措施对高寒草甸植物根系特征的影响[J]. 兰州大学学报（自然科学版），50（1）：107-111.

张永宽，陶冶，刘会良，等，2012. 人工固沙区与流沙区准噶尔无叶豆种群数量特征与空间格局对比研究[J]. 生态学报，32（21）：6715-6725.

赵红梅，黄刚，马健，等，2012. 荒漠区地表凋落物分解对季节性降水增加的响应[J]. 植物生态学报，36（6）：471-482.

钟波元，熊德成，史顺增，等，2016. 隔离降水对杉木幼苗细根生物量和功能特征的影响[J]. 应用生态学报，27（9）：2807-2814.

周婵，张卓，吕勇通，等，2011. 松嫩平原两个生态型羊草营养和生殖生长的研究[J]. 草地学报，19（3）：372-376.

字洪标，陈焱，胡雷，等，2018. 氮肥添加对川西北高寒草甸植物群落根系动态的影响[J]. 植物生态学报，42（1）：38-49.

An Y Y，Liang Z S，Zhao R K，et al.，2011. Organ-dependent responses of *Periploca sepium* to repeated dehydration and rehydration[J]. South African Journal of Botany，77（2）：446-454.

Aon M A，Cabello M N，Sarena D E，et al.，2001. Spatio-temporal patterns of soil microbial and enzymatic activities in an agricultural soil[J]. Applied Soil Ecology，18（3）：239-254.

Arend M，Kuster T，Gunthardt-Goerg M S，et al.，2011. Provenance-specific growth responses to drought and air warming in three European oak species（Quercus robur，Q.petraea and Q.pubescens）[J]. Tree Physiology，31（3）：287-297.

Bai W M，Wang Z W，Chen Q S，et al.，2008. Spatial and temporal effects of nitrogen addition on root life span of Leymus chinensis in a typical steppe of Inner Mongolia[J]. Functional Ecology，22（4）：583-591.

Bai W M，Xun F，Li Y，et al.，2010. Rhizome severing increases root lifespan of *leymus chinensis* in a typical steppe of Inner Mongolia [J]. Plos One，5（8）：e12125.

Bai W M，Zhou M，Fang Y，et al.，2017. Differences in spatial and temporal root lifespan of three Stipa grasslands in Northern China[J]. Biogeochemistry，132（3）：293-306.

Bai Y F，Han X G，Wu J G，et al.，2004. Ecosystem stability and compensatory effects in the Inner Mongolia grassland[J]. Nature，431（7005）：181-184.

Bai Y F，Wu J G，Xing Q，et al.，2008. Primary production and rain use efficiency across a precipitation gradient on the Mongolia Plateau[J]. Ecology，89（8）：2140-2153.

Bakker M R，Augusto L，Achat D L，2006. Fine root distribution of trees and understory in mature stands of maritime pine（Pinus pinaster）on dry and humid sites[J]. Plant and Soil，286（1-2）：37-51.

Belay T A，Zhou X H，Su B，et al.，2009. Labile，recalcitrant，and microbial carbon and nitrogen pools of a tallgrass prairie soil in the US Great Plains subjected to experimental warming and clipping[J]. Soil Biology and Biochemistry，41（1）：110-116.

Berg B，McClaugherty C，2008. Plant litter: decomposition，humus formation，carbon sequestration[M]. Berlin: Springer.

Brown M E，Chang M C，2014. Exploring bacterial lignin degradation[J]. Current Opinion in Chemical Biology，19：1-7.

Burton A J，Pregitzer K S，Hendrick R L，2000. Relationships between fine root dynamics and nitrogen availability in Michigan northern hardwood forests[J]. Oecologia，125（3）：389-399.

Chen H Y H，Brassard B W，2013. Intrinsic and extrinsic controls of fine root life span[J]. Critical Reviews in Plant Sciences，32（3）：151-161.

Clifford M J，Royer P D，Cobb N S，et al.，2013. Precipitation thresholds and drought-induced tree die-off: insights from patterns of Pinus edulis mortality along an environmental stress gradient[J]. New Phytologist，200（2）：413-421.

Farrar J F，Jones D L，2000. The control of carbon acquisition by roots[J]. New Phytologist，147（1）：43-53.

Fitter A H，Stickland T R，1991. Architectural analysis of plant root systems 2. influence of nutrient supply on architecture in contrasting plant species[J]. New Phytologist，118（3）：383-389.

Gill R A，Jackson R B，2000. Global patterns of root turnover for terrestrial ecosystems[J]. New Phytologist，147（1）：13-31.

Griffiths B S，Spilles A，Bonkowski M，2012. C∶N∶P stoichiometry and nutrient limitation of the soil microbial biomass in a grazed grassland site under experimental P limitation or excess[J]. Ecological Processes，1（1）：6.

Grime J P，2006. Trait convergence and trait divergence in herbaceous plant communities：mechanisms and consequences[J]. Journal of Vegetation Science，17（2）：255-260.

Guo D L，Mitchell R J，Withington J M，et al.，2008a. Endogenous and exogenous controls of root life span，mortality and nitrogen flux in a longleaf pine forest：root branch order predominates[J]. Journal of Ecology，96（4）：737-745.

Guo D L，Xia M X，Wei X，et al.，2008b. Anatomical traits associated with absorption and mycorrhizal colonization are linked to root branch order in twenty-three Chinese temperate tree species[J]. New Phytologist，180（3）：673-683.

Hansen R A，Coleman D C，1998. Litter complexity and composition are determinants of the diversity and species composition of oribatid mites（Acari：Oribatida）in litterbags[J]. Applied Soil Ecology，9（1-3）：17-23.

He M Z，Dijkstra F A，2015. Phosphorus addition enhances loss of nitrogen in a phosphorus-poor soil[J]. Soil Biology and Biochemistry，82（2）：99-106.

He X T，Stevenson F J，Mulvaney R L，et al.，1998. Incorporation of newly immobilized 15N into stable organic forms in soil[J]. Soil Biology and Biochemistry，20（1）：75-81.

Hector A，Schmid B，Beierkuhnlein C，et al.，1999. Plant diversity and productivity experiments in European grasslands[J]. Science，286（5442）：1123-1127.

Hertel D，Strecker T，Müller-Haubold H，et al.，2013. Fine root biomass and dynamics in beech forests across a precipitation gradient-is optimal resource partitioning theory applicable to water-limited mature trees？[J]. Journal of Ecology，101（5）：1183-1200.

Hodge A，2004. The plastic plant：root responses to heterogeneous supplies of nutrients[J]. New Phytologist，162（1）：9-24.

Huo L L，Chen Z K，Zou Y C，et al.，2013. Effect of Zoige alpine wetland degradation on the density and fractions of soil organic carbon[J]. Ecological Engineering，51（1）：287-295.

Imada S，Taniguchi T，Acharya K，et al.，2013. Vertical distribution of fine roots of Tamarix ramosissima in an arid region of southern Nevada[J]. Journal of Arid Environments，92（5）：46-52.

Inderjit，Seastedt T R，Callaway R M，et al.，2008. Allelopathy and plant invasions：traditional，congeneric，and bio-geographical approaches[J]. Biological Invasions，10（6）：875-890.

Jiang H，Bai Y Y，Du H Y，et al.，2016. The spatial and seasonal variation characteristics of fine roots in different plant configuration modes in new reclamation saline soil of humid climate in China[J]. Ecological Engineering，86：231-238.

Joslin J D，Wolfe M H，Hanson P J，2000. Effects of altered water regimes on forest root systems[J]. New Phytologist，147（1）：117-129.

Kardol P，Campany C E，Souza L，et al.，2010. Climate change effects on plant biomass alter dominance patterns and community evenness in an experimental old-field ecosystem[J]. Global Change Biology，16（10）：2676-2687.

Kharin V V，Zwiers F W，Zhang X，et al.，2013. Changes in temperature and precipitation extremes in the CMIP5 ensemble[J]. Climatic Change，119（2）：345-357.

Kudo G，Suzuki S，2003. Warming effects on growth，production，and vegetation structure of alpine shrubs：a five-year experiment in northern Japan[J]. Oecologia，135（2）：280-287.

Larreguy C，Carrera A L，Bertiller M B，2012. Production and turnover rates of shallow fine roots in rangelands of the Patagonian Monte，Argentina[J]. Ecological Research，27（1）：61-68.

Lienin P，Kleyer M，2011. Plant leaf economics and reproductive investment are responsive to gradients of land use intensity[J]. Agriculture Ecosystems & Environment，145（1）：67-76.

Liu C，Xiang W H，Lei P F，et al.，2014. Standing fine root mass and production in four Chinese subtropical forests along a succession and species diversity gradient[J]. Plant and Soil，376（1-2）：445-459.

Liu H Y，Mi Z R，Lin L，et al.，2018. Shifting plant species composition in response to climate change stabilizes grassland primary production[J]. Proceedings of the National Academy of Sciences of the United States of America，115（16）：4051-4056.

Liu W X，Zhang Z，Wan S Q，2009. Predominant role of water in regulating soil and microbial respiration and their responses to climate change in a semiarid grassland[J]. Global Change Biology，15（1）：184-195.

Lummer D，Scheu S，Butenschoen O，2012. Connecting litter quality，microbial community and nitrogen transfer mechanisms in decomposing litter mixtures[J]. Oikos，121（10）：1649-1655.

Luo Y Q，Su B，Currie W S，et al.，2004. Progressive nitrogen limitation of ecosystem responses to rising atmospheric carbon dioxide[J]. BioScience，54（8）：731-739

Lv X T，Han X G，2010. Nutrient resorption responses to water and nitrogen amendment in semi-arid grassland of Inner Mongolia，China[J]. Plant and Soil，327（1）：481-491.

Mackay W P，Silva S，Loring S J，et al.，1987. The role of subterranean termites in the decomposition of above-ground creosote bush litter[J]. Sociobiology，13：235-239.

Majdi H，Öhrvik J，2004. Interactive effects of soil warming and fertilization on root production，mortality，and longevity in a Norway spruce stand in Northern Sweden[J]. Global Change Biology，10（2）：182-188.

Martínez A T，Speranza M，Ruiz-Dueñas F J，et al.，2005. Biodegradation of lignocellulosics：microbial，chemical，and enzymatic aspects of the fungal attack of lignin[J]. International Microbiology，8（3）：195-204.

Mcclaugherty C A，Pastor J，Aber J D，et al.，1985. Forest litter decomposition in relation to soil nitrogen dynamics and litter quality[J]. Ecology，66（1）：266-275.

Mccormack M L，Guo D L，2014. Impacts of environmental factors on fine root lifespan[J]. Frontiers in Plant Science，5：205.

Mondini C，Contin M，Leita L，et al.，2002. Response of microbial biomass to air-drying and rewetting in soils and compost[J]. Geoderma，105（1-2）：111-124.

Li N，Wang G X，Yang Y，et al.，2011. Plant production，and carbon and nitrogen source pools，are strongly intensified by experimental warming in alpine ecosystems in the Qinghai-Tibet Plateau[J]. Soil Biology and Biochemistry，43（5）：942-953.

Peek M S，2007. Explaining variation in fine root life span[J]. Acta Botanica Neerlandica，68：382-398.

Perez-Suarez M，Arredondo-Moreno J T，Huber-Sannwald E，2012. Early stage of single and mixed leaf-litter decomposition in semiarid forest pine-oak：the role of rainfall and microsite[J]. Biogeochemistry，108（1-3）：245-258.

Poorter H，Nagel O，2000. The role of biomass allocation in the growth response of plants to different levels of light，CO_2，nutrients and water：a quantitative review[J]. Australian Journal of Plant Physiology，27（12）：1191.

Pregitzer K S，2008. Tree root architecture-form and function[J]. New Phytologist，180（3）：562-564.

Pregitzer K S，Zak D R，Curtis P S，et al.，1995. Atmospheric CO_2，soil nitrogen and turnover of fine roots[J]. New Phytologist，129（4）：579-585.

Raich J W，Schlesinger W H，1992. The global carbon dioxide flux in soil respiration and its relationship to vegetation and climate[J]. Tellus B：Chemical and Physical Meteorology. 44（2）：81-99.

Reich P B，Luo Y J，Bradford J B，et al.，2014. Temperature drives global patterns in forest biomass distribution in leaves，stems，and roots[J]. Proceedings of the National Academy of Sciences of the United States of America，111（38）：13721-13726.

Robinson C H，Wookey P A，Parsons A N，et al.，1995. Responses of plant litter decomposition and nitrogen mineralisation to simulated environmental change in a high arctic polar semi-desert and a subarctic dwarf shrub heath[J]. Oikos，74（3）：503-512.

Rustad L E，Cronan C S，1988. Element loss and retention during litter decay in a red spruce stand in Maine[J]. Canadian Journal of Forest Research，18（7）：947-953.

Rustad L，Campbell J，Marion G，et al.，2001. A meta-analysis of the response of soil respiration，net nitrogen mineralization，and aboveground plant growth to experimental ecosystem warming[J]. Oecologia，126（4）：543-562.

Sardans J，Penuelas J，2012. The role of plants in the effects of global change on nutrient availability and stoichiometry in the plant-soil system[J]. Plant Physiology，160（4）：1741-1761.

Stran A E，Pritchard S G，McCrmack M L，et al.，2008. Irreconcilable differences：fine-root life spans and soil carbon persistence[J]. Science，319（5862）：456-458.

Tenney F G，Waksman S A，1929. Composition of natural organic materials and their decomposition in the soil：IV. the nature and rapidity of decomposition of the various organic complexes in different plant materials，under aerobic conditions[J]. Soil Science，28（1）：55.

Tipping E，Benham S，Boyle J F，et al.，2014. Atmospheric deposition of phosphorus to land and freshwater[J]. Environmental Science：Processes & Impacts，16（7）：1608-1617.

Valenzuela-Estrada L R，Vera-Caraballo V，Ruth L E，et al.，2008. Root anatomy，morphology，and longevity among root orders in Vaccinium corymbosum（Ericaceae）[J]. American Journal of Botany，95（12）：1506-1514.

Van Der Krift T A J，Berendse F，2002. Root life spans of four grass species from habitats differing in nutrient availability[J]. Functional Ecology，16（2）：198-203.

Vendramini F，Diaz S，Gurvich D E，et al.，2002. Leaf traits as indicators of resource-use strategy in floras with succulent species[J]. New Phytologist，154（1）：147-157.

Vogt K A，Grier C C，Vogt D J，1986. Production，turnover，and nutrient dynamics of above and belowground detritus of world forests[J]. Advances in Ecological Research，15（15）：303-377.

Wang Y P，Law R M，Pak B，2010. A global model of carbon，nitrogen and phosphorus cycles for the terrestrial biosphere[J]. Biogeosciences，7（7）：2261-2282.

Wardle D A，Bonner K I，Nicholson K S，1997. Biodiversity and plant litter：experimental evidence which does not support the view that enhanced species richness improves ecosystem function[J]. Oikos，79（2）：247-258.

Weemstra M，Mommer L，Visser E J W，et al.，2016. Towards a multidimensional root trait framework：a tree root review[J]. New Phytologist，211（4）：1159-1169.

Weemstra M，Sterck F J，Visser E J W，et al.，2017. Fine-root trait plasticity of beech（*Fagus sylvatica*）and spruce（*Picea abies*）forests on two contrasting soils[J]. Plant and Soil，415（1）：175-188.

White S R，Carlyle C N，Fraser L H，et al.，2012. Climate change experiments in temperate grasslands：synthesis and future directions[J]. Biology Letters，8（4）：484-487.

Whitford W G，Martínez-Turanzas G，Martínez-Meza E，1995. Persistence of desertified ecosystems：explanations and implications[J]. Environmental Monitoring and Assessment，37（1-3）：319-332.

Yuan Z Y，Chen H Y H，2010. Fine root biomass，production，turnover rates，and nutrient contents in boreal forest ecosystems in relation to species，climate，fertility，and stand age：literature review and meta-analyses[J]. Critical Reviews in Plant Sciences，29（4）：204-221.

Zhang F Y，Quan Q，Song B，et al.，2017. Net primary productivity and its partitioning in response to precipitation gradient in an alpine meadow[J]. Scientific Reports，7（1）：15193.

Zhang J，Wang P，Xue K，et al.，2019. Trait complementarity between fine roots of Stipa purpurea and their associated arbuscular mycorrhizal fungi along a precipitation gradient in Tibetan alpine steppe[J]. Journal of Mountain Science，16（3）：542-547.

第6章 积雪变化对高寒草地生态系统的影响

6.1 引　　言

6.1.1 雪生态学研究进展

雪生态学是一门研究积雪及其生态系统与周围环境关系的科学（赵哈林等，2004）。目前，随着各学科的快速发展与交叉学科的融合，雪生态学已成为全球气候变化下的一个热门研究领域。总体来看，雪生态学当前研究方向主要集中在：①积雪对全球气候变化的响应及其反馈机制，如雪盖与大气作用过程的研究、与天气循环系统关系的研究、与气候学关系的研究等（Yeh et al.，1983；Karl et al.，1993；Hughes and Robinson，1996）。②积雪的物理特性及其生态功能，如 Hedstrom 和 Pomeroy（1998）提出了关于风速、温度、降雪量、时间、林冠密度间的雪拦截物理模型；Sturm 等（1995）提出了雪盖的分类方法；Gray 等（1970）发现积雪可作为小麦过冬的保温层。③雪化学过程与养分循环，如地表水质量对融雪过程的响应、雪的净化效率与清除作用、雪与土壤间的气体交换关系等（Scott，1981；Bales et al.，1993；Granli et al.，1994）。④雪与微生物的生理生化研究，如 Margesin 和 Schinner（1994）提出的冷适应微生物相对于热适应微生物会合成更多的多糖；罗雪萍等（2018）发现不同积雪量通过影响土壤温湿度进而改变土壤微生物群落功能多样性。⑤雪盖下小型动物的生理和形态适应机制，如冬季雪盖下的小型动物会发生体重减轻、体长缩短、毛密度增加、内脏重量减小等变化（Merrian et al.，1983）。⑥雪与植被的相互作用，如雪层厚度的加深会促进凋落物的分解，而厚度的降低或无雪则会减慢掉落物的分解。雪被覆盖变厚和融雪较慢会推迟植物的返青、延迟植物秋季的衰老速率并降低群落的生产力。因此，作为对全球气候变化最敏感的一个生态系统，雪生态系统的研究始终是一个值得高度关注的方向。

6.1.2 人工积雪控制试验研究进展

积雪是控制高寒生态系统区域气候和植物生长条件的重要因素之一。气候变化通过改变降雪状况，如积雪厚度、积雪覆盖面积、融雪时间，进而改变土壤水分、温度、地下冰层的冻融强度，从而影响植物根系、种子萌发率、地上植被返青以及生长季的植物长势。因此，积雪会通过多种途径直接或间接地影响生态系统，且这种影响能从冬季一直延续到夏季（Wipf and Rixen，2010）。近年来，人们对冬季气候变化的研究兴趣日益浓厚，探索极寒生态系统对积雪变化响应的试验越来越多，如 Li 等（2016）

研究发现积雪深度的增加显著提高了叶片 N 含量(＋4.5%)和微生物 N 含量(＋35.9%)，但降低了净硝化作用。

通过研究融雪变化对植物群落的影响，发现开花物候对融雪时间的变化具有不同程度的反应，其中响应最慢的是禾本科，表现为随积雪覆盖的增加，生产力和丰富度下降；响应最快的是矮灌木类植物，表现为物种个数上升而种类减少（Wipf and Rixen，2010）。一项长期的雪栅栏试验发现，砂藓属（*Racomitrium*）植物在积雪试验开始后盖度快速降低，12 年后其盖度则在距离围栏 10m 内显著减小（Scott，1981）。在美国高山苔原的研究中发现，积雪变化对叶片生产力无影响，但对物种丰富度有负面影响，同时导致了物种对 N、P 添加的特异性反应（Seastedt and Vaccaro，2001）。因此，开展积雪控制试验可加深对高寒草甸生态系统变化的理解。

青藏高原土壤的冻融也是一个关注度较高的问题。研究表明，青藏高原广泛存在的季节性冻土和多年冻土显著影响着水分平衡和能量交换，进而影响到天气状况乃至气候变化（杨雪梅等，2006）。其中，表层土壤温度体现出正弦日变化趋势，深层土壤含水量及温度则呈年变化趋势；在消融阶段，80cm 以上土层土壤回温快、水量增多，而冻结阶段的变化趋势则完全相反（陈渤黎，2014）。随着冻融循环的发生，土壤微生物量显著下降，群落整体代谢水平减缓，各类细菌的多样性也显著降低（张宝贵等，2012）。另外，在年际冻融强度最小时，南亚高压增强且偏西；而当年际冻融强度增大时，南亚高压变弱且偏东，并显著影响到中国夏季多条降雨带（王澄海等，2003）。

6.2　积雪变化对土壤理化性质的影响

6.2.1　积雪变化对土壤物理性质的影响

2017～2018 年，积雪梯度的不同改变了 0～10cm、10～20cm 土层的土壤温度（图 6.1）。2017 年 11～12 月，0～10cm 土壤温度随积雪量的增加先降低后上升；2018 年 2～5 月，0～10cm 土层的温度整体上呈现随积雪量的增加而降低；之后大气温度上升，表层土壤温度在各处理间差异逐渐减小。10～20cm 土层中，2018 年 1～6 月土壤温度随积雪量的增加而降低，相较于 0～10cm 土层，土壤温度降低时间有所延长；2018 年 7 月随积雪量的增加而先降低后上升；随后在 2018 年 8 月随积雪的增加而逐渐降低。

在 0～10cm 土层中，2019 年 1～3 月，整体上土壤温度随积雪量的增加而降低。在 2019 年 5 月，土壤温度随积雪量的增加先上升后降低；在随后的 2019 年 6～8 月中，温度无明显变化规律。在 10～20cm 土层中，2018 年 11 月土壤温度随积雪量的增加先上升后降低；2019 年 1～5 月，土壤温度整体上随积雪量的增加而降低，之后土壤温度无明显变化规律（图 6.2）。

积雪梯度的变化对土壤含水量也造成了影响。在 0～10cm 土层，2018 年 3～5 月以及 7 月，土壤含水量整体随积雪量的增加而上升；在 10～20cm 土层，同样的趋势出现在 2018 年 3～6 月（图 6.3）。

2018～2019 年，土壤水分变化特征与上一年相似。0～10cm 土层中，2019 年 2～7 月，土壤含水量整体随积雪量的增加而上升；10～20cm 土层中，同样的变化趋势缩减到 2019 年 3～6 月（图 6.4）。

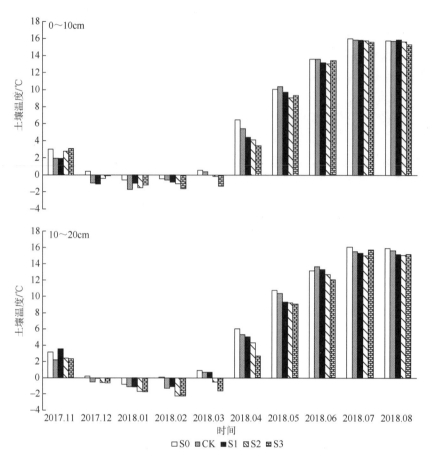

图 6.1　土壤温度的动态变化（2017.11～2018.08）

注：CK 表示自然降雪；S1、S2、S3 分别表示 1 倍、2 倍、3 倍自然降雪，S0 表示完全去除降雪处理，余同。

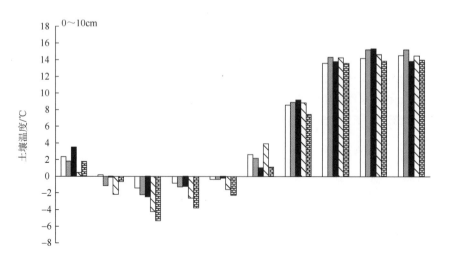

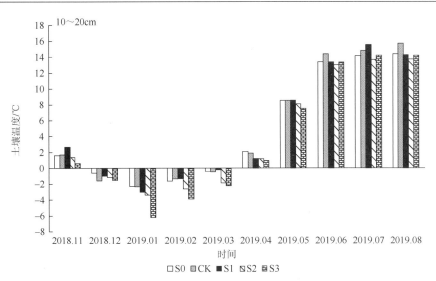

图 6.2　土壤温度的动态变化（2018.11～2019.08）

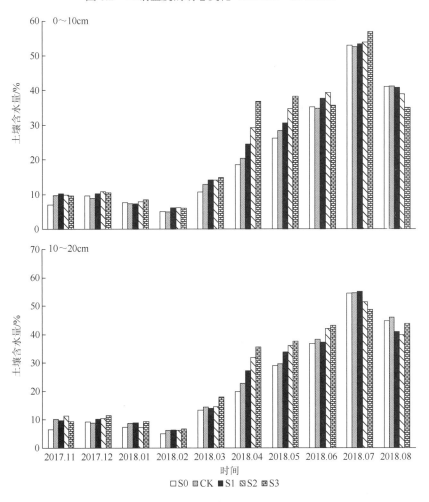

图 6.3　土壤含水量的动态变化（2017.11～2018.08）

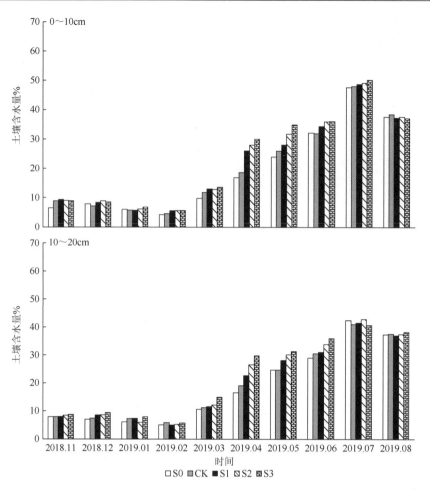

图 6.4　土壤含水量的动态变化（2018.11～2019.08）

由图 6.5 可知，3 个增雪处理（S1、S2、S3）下 0～10cm 土层的紧实度显著高于 S0，10～20cm 土层的紧实度显著高于 CK（$P<0.05$），表明积雪量的增加提高了土壤紧实度。

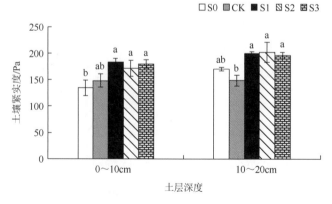

图 6.5　不同积雪量对土壤紧实度的影响

6.2.2　积雪变化对土壤化学性质的影响

2018 年，0～10cm 与 10～20cm 土层的 pH 均在 S3 处理下最高，S0 处理下最低，且 S3 显著大于 S0（$P<0.05$）。2019 年，0～10cm 土层的 pH 随积雪量的增加而上升，且 S3 显著大于 S0（$P<0.05$）；10～20cm 土层 pH 在各处理间无显著差异（图 6.6）。

积雪处理对土壤 TN 含量具有极显著影响（$P<0.01$），对土壤 TC 含量及 C/N 具有显著影响（$P<0.05$）；土层深度对土壤 TC 和 TN 含量具有极显著影响（$P<0.001$），但处理与土层深度的交互作用对各指标均无显著影响（表 6.1）。

2018 年，土壤 TC 含量在 0～10cm 土层下各处理间差异不显著，在 10～20cm 土层中 S1 显著高于其他处理（$P<0.05$）（图 6.7a）。土壤 TN 含量在 0～10cm 和 10～20cm 土层中均为 S1 处理下最高，且 0～10cm 土层中 S1 显著高于 CK 和 S3，10～20cm 土层中 S1 显著高于其他 4 个处理（$P<0.05$）（图 6.7b）。土壤 TP 含量在 0～10cm 和 10～20cm 土层中也为 S1 处理下最高，但差异不显著（图 6.7c）。2019 年，土壤 TC 含量在 0～10cm 土层表现为随积雪梯度的增加而上升，且 S1、S2、S3 显著大于 CK；在 10～20cm 土层中，土壤 TC 含量表现为随积雪梯度的增加先上升后下降，并在 S2 处理下达到最大，且显著高于 S0 和 CK（图 6.7d）。土壤 TN 含量在 0～10cm 下表现为 S3 最高，CK 最低，且 S3 显著高于 CK 和 S0，S1 和 S2 显著高于 CK；在 10～20cm 土层中，土壤 TN 含量变化趋势与 TC 一致，为随积雪梯度的增加先上升后下降，并在 S2 处理下达到最大，且显著高于 S0 和 CK（图 6.7e）。土壤 TP 含量在 0～10cm 土层表现为随积雪梯度的增加而上升，其中 CK 显著低于 S3；在 10～20cm 土层中，仍为 CK 最小且显著低于 S2（$P<0.05$）（图 6.7f）。

2018 年，土壤 C/N 在 0～10cm 和 10～20cm 2 个土层下均为 S1 最低，且在 0～10cm 下 S1 显著低于 S0；在 10～20cm 下 S1 显著低于其他各处理（$P<0.05$）（图 6.8a）。土壤 C/P 在 0～10cm 土层中表现为 S0 最大且显著高于 S3；在 10～20cm 土层中表现为随积雪梯度的增加先上升后下降（图 6.8b）。土壤 N/P 在 0～10cm 土层中，S3 最小且显著低于 S0 和 S2；在 10～20cm 土层中具有随积雪梯度的增加先上升后下降的趋势，其中 S3 最小且显著低于 S1（图 6.8c）。2019 年，各处理下土壤 C/N 在 0～10cm 和 10～20cm 两个土层中均无明显变化趋势（图 6.8d）。土壤 C/P 和 N/P 在 0～10cm 和 10～20cm 两个土层中均表现为 CK 最高，即去除积雪和增加积雪均降低了土壤的 C/P 和 N/P（图 6.8f）。

积雪处理对土壤铵态氮（NH_4^+-N）和速效氮（AN）含量具有显著影响（$P<0.05$），土层深度对铵态氮和速效氮含量也具有显著影响（$P<0.05$），但处理与土层深度的交互作用对各指标均无显著影响（表 6.2）。2018 年，2 个土层中的铵态氮（NH_4^+-N）和速效氮（AN）含量均在 S1 处理下最大，速效磷（AP）含量在 S3 处理下最大，硝态氮（NO_3^--N）含量在 0～10cm 和 10～20cm 土层中分别为 CK 和 S2 处理下最大。2019 年，在 0～10cm 土层中，铵态氮（NH_4^+-N）含量在 CK 处理下最大，速效氮（AN）含量在 S0 处理下最大，硝态氮（NO_3^--N）含量在 S3 处理下最大，速效磷（AP）含量在 S1 处理下最大；在 10～20cm 土层中，铵态氮（NH_4^+-N）、硝态氮（NO_3^--N）、速效氮（AN）、速效磷（AP）含量均在 S1 处理下最大（表 6.3）。

表 6.1　土壤 C、N、P 及其化学计量特征的双因素方差分析

因子	df	TC 含量/(g/kg)	TN 含量/(g/kg)	TP 含量/(g/kg)	C/N	C/P	N/P
处理	4	3.055*	5.246**	0.836	3.408*	0.962	0.971
土层深度	1	87.412***	83.548***	2.105	0.85	0.466	0.242
处理×土层深度	4	0.199	0.321	0.348	0.733	0.483	0.508

注：***表示 $P<0.001$；**表示 $P<0.01$；*表示 $P<0.05$；df 表示自由度，df $=n-k$，n 是样本的数量，k 是限制条件或变量的数量，余同。

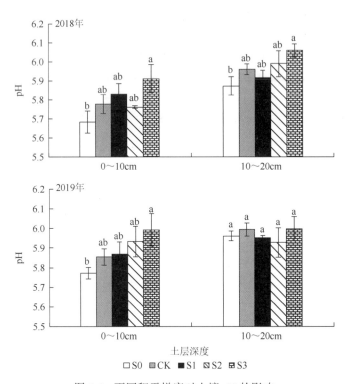

图 6.6　不同积雪梯度对土壤 pH 的影响

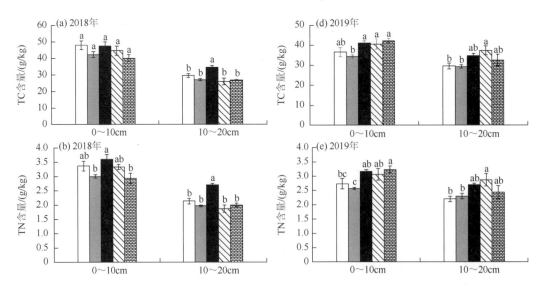

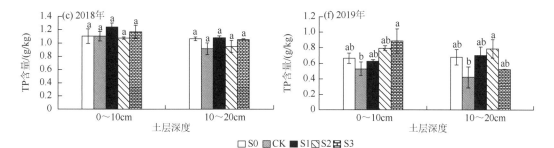

图 6.7 不同积雪梯度对土壤 TC、TN、TP 含量的影响

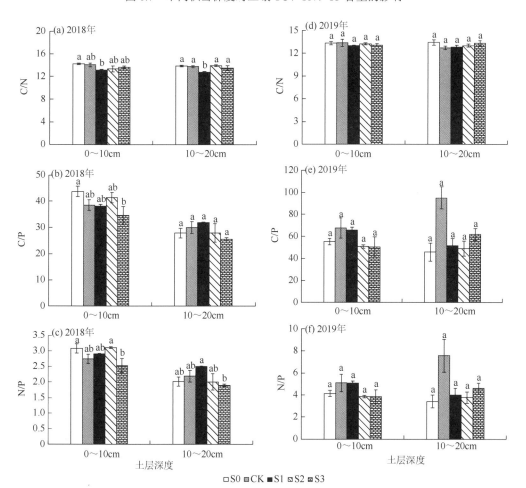

图 6.8 不同积雪梯度对土壤 C/N、C/P、N/P 的影响

表 6.2 土壤速效养分的双因素方差分析

因子	df	NH$_4^+$-N 含量/(mg/kg)	NO$_3^-$-N 含量/(mg/kg)	AN 含量/(mg/kg)	AP 含量/(mg/kg)
处理	4	3.27*	1.165	3.214*	2.538
土层深度	1	6.582*	3.025	6.765*	0.73
处理×土层深度	4	0.303	1.271	0.3	0.734

表 6.3   不同积雪梯度对土壤养分的影响

年份	土层	处理	NH_4^+-N 含量/(mg/kg)	NO_3^--N 含量/(mg/kg)	AN 含量/(mg/kg)	AP 含量/(mg/kg)
2018	0～10cm	S0	16.43±1.22a	5.33±0.21a	21.76±1.07a	30.47±1.74b
		CK	15.91±2.57a	6.36±1.42a	22.26±3.78a	22.08±0.64c
		S1	18.04±0.64a	5.02±0.08a	23.06±0.71a	33.05±0.98ab
		S2	16.24±0.59a	5.51±0.41a	21.75±0.79a	29.96±0.96b
		S3	15.53±0.98a	4.86±0.13a	20.39±0.86a	34.84±1.46a
	10～20cm	S0	14.99±1.07a	4.07±0.07bc	19.06±1.01a	27.11±0.99a
		CK	14.08±0.67a	5.03±0.50ab	19.11±1.19a	28.48±4.09a
		S1	15.44±0.64a	5.39±0.62a	20.84±1.25a	28.78±2.21a
		S2	11.23±5.58a	6.06±0.31a	17.29±5.81a	29.48±0.52a
		S3	11.69±0.69a	3.28±0.08c	14.98±0.78a	32.18±0.99a
2019	0～10cm	S0	15.40±0.66ab	3.62±0.47a	19.02±1.14a	23.17±2.38ab
		CK	15.61±0.50a	3.27±0.36a	18.88±0.85a	23.49±2.31ab
		S1	13.16±0.25bc	4.96±0.12a	18.13±0.33ab	30.01±4.09a
		S2	11.60±1.35c	3.39±0.06a	14.99±1.37b	28.22±0.99ab
		S3	11.19±0.34c	5.11±1.49a	16.30±1.58ab	19.98±1.05b
	10～20cm	S0	14.33±0.25a	3.34±0.41b	17.67±0.39ab	24.22±6.47a
		CK	12.58±0.97ab	3.10±0.19b	15.69±1.09ab	27.75±0.52a
		S1	14.40±0.82a	4.80±0.57a	19.20±1.35a	32.81±4.57a
		S2	10.76±0.44b	3.47±0.10b	14.23±0.37b	31.67±1.79a
		S3	10.65±1.60b	3.19±0.33b	13.85±1.86b	24.27±1.81a

6.3   积雪变化对优势植物繁殖策略的影响

6.3.1   钝苞雪莲（*Saussurea nigrescens*）

钝苞雪莲是青藏高原菊科风毛菊属常见种之一，多年生草本，高 15～45cm；茎直立，密被长绒毛；叶片呈线状长圆形，长 8～15cm；顶端渐尖，边缘有倒生细齿；头状花序 1～6 个在茎顶呈伞状排列，密被稀疏长绒毛，梗直立；总苞片 4～5 层，干后呈黑褐色，顶端稍钝；主要分布在甘肃、青海、青藏高原等西部高海拔地区（郑度等，2002；朱玉祥和丁一汇，2007）。有研究指出，钝苞雪莲的百粒种子重和个体大小与海拔之间具有负相关关系，繁殖分配与海拔间具有正相关关系；且雄性器官投入与单株种子数随个体大小的增加而增加，性分配随个体大小的增加而减少（郑度等，2002；宋燕等，2011）。

1. 不同器官的生物量

由图 6.9 可知，2018 年钝苞雪莲的个体大小（地上部分）、营养器官生物量、繁殖器官生物量均在 CK 处理下最高，S0 处理下最低（除营养器官外），且 CK 处理下营养器官生物量显著高于 S0 处理（$P<0.05$），即增加积雪和去除积雪均降低了各器官生物量。2019 年，个体大小（地上部分）、营养器官生物量在 S1（中度积雪）处理下最大且

显著高于其他处理（$P<0.05$），繁殖器官生物量则在 CK 处理下最高并随积雪量的增加递减，但处理间无差异性。

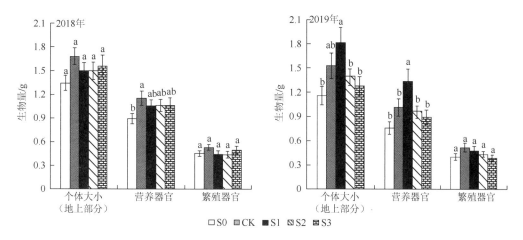

图 6.9　不同积雪梯度下钝苞雪莲个体大小（地上部分）、营养器官和繁殖器官生物量差异

2. 繁殖分配特征

由图 6.10 可知，2018 年和 2019 年两年繁殖分配随积雪梯度的增加先降低后上升，其中 S1 处理最低且在 2019 年显著低于其他处理（$P<0.05$）。

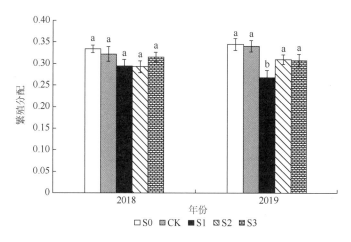

图 6.10　不同积雪梯度下钝苞雪莲繁殖分配的差异

不同积雪梯度下钝苞雪莲个体大小（地上部分生物量）与繁殖器官生物量及繁殖分配间的相关性分析表明（图 6.11）：2018 年、2019 年不同处理间个体大小与繁殖器官生物量均呈现出极显著的正相关关系（$P<0.01$），即随着个体生物量的逐渐增加，植物的繁殖器官生物量显著增加；而不同处理下的繁殖分配与个体大小间的相关性未达显著水平。在营养器官生物量与繁殖器官生物量的关系中，除 2018 年 CK 外，其他年份各处理均体现出显著或极显著的正相关关系，表明营养器官与繁殖器官具有同向的变化趋势（图 6.12）。

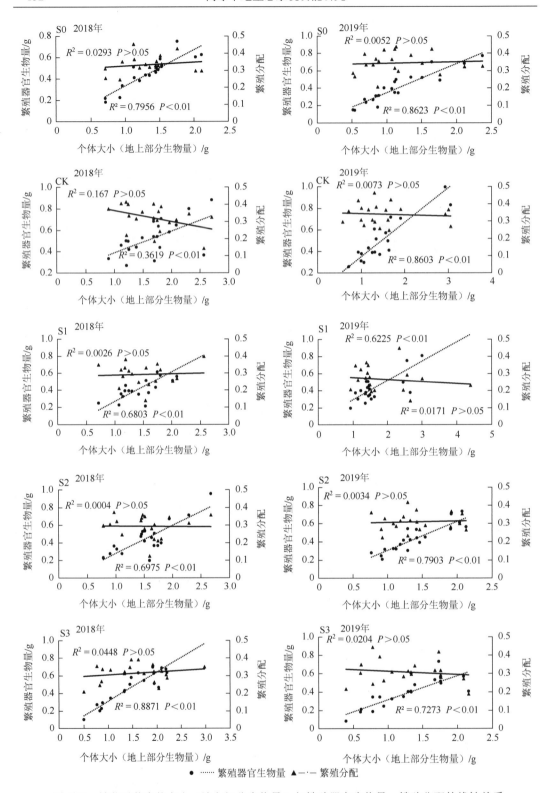

图 6.11 钝苞雪莲个体大小（地上部分生物量）与繁殖器官生物量、繁殖分配的线性关系

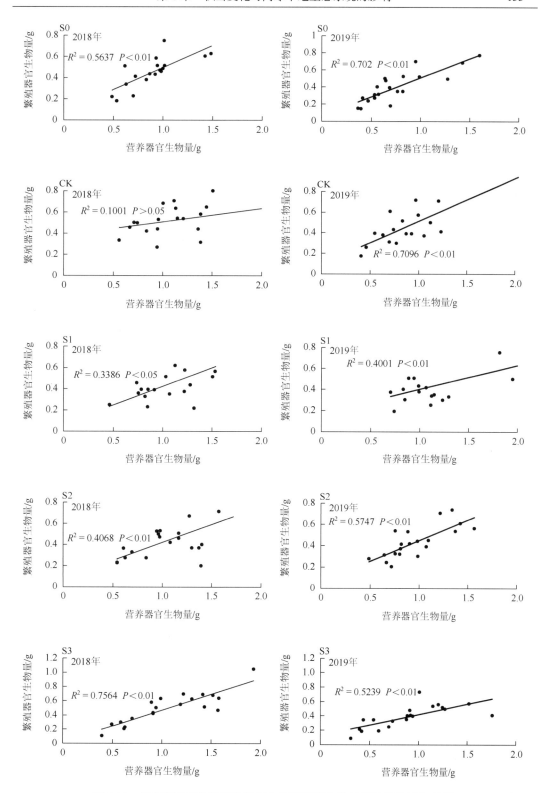

图 6.12　钝苞雪莲营养器官生物量与繁殖器官生物量间的线性回归关系

3. 不同器官的功能属性特征

茎部属性在 2018 年表现为：茎干重在 CK 处理下最高且显著高于 S0（$P < 0.05$）；茎粗在各处理下差异较小；茎长、株高随积雪量的增加先上升后下降，CK 最高且显著高于 S0、S3（$P < 0.05$）；茎分配中 S0 显著低于 CK、S1、S2（$P < 0.05$）。茎部属性 2019 年表现为：茎干重在 S1 下最高且显著高于其他各处理（$P < 0.05$）；茎粗也在 S1 下最高且显著高于 S0 和 S3；茎长、株高变化趋势一致，均在 S1 处理下最大并显著高于其他各处理；茎分配也为 S1 下最大且显著高于 S0 和 S2（表 6.4）。

叶片属性 2018 年表现为：叶干重和叶分配在各处理下无显著差异；比叶面积中 S2 最大且显著高于 S0；单株叶片数中 CK 最大且显著高于 S2。叶属性 2019 年表现为：S1 处理下叶干重最大且显著高于 S0 和 S3；比叶面积和单株叶片数均在 S1 处理下最大且各处理间存在显著差异（表 6.5）。

果实属性 2018 年表现为：果实直径和单株果实重在组间无显著差异；果实长度中 CK 最大且显著高于 S1、S3；单株果实量中 CK 最大且显著高于 S0；单颗果实重中 S0 最大且显著高于其他处理。2019 年表现为：S3 处理下的果实直径显著高于其他各处理；S1 处理下的单颗果实重显著高于 S3；其他指标在各处理间无显著差异（表 6.6）。

表 6.4　不同积雪梯度下钝苞雪莲茎部属性

年份	茎属性	S0	CK	S1	S2	S3
2018	茎干重/g	0.31±0.02b	0.44±0.03a	0.40±0.03ab	0.40±0.03ab	0.37±0.03ab
	茎粗/mm	2.78±0.07a	2.95±0.06a	2.93±0.07a	2.82±0.06a	2.82±0.07a
	茎长/cm	20.06±0.91c	25.91±0.95a	24.08±0.92ab	23.76±0.64ab	23.19±0.96b
	株高/cm	22.58±0.90c	28.87±0.95a	26.44±0.94ab	26.30±0.69ab	25.35±0.96b
	茎分配/%	0.23±0.01b	0.26±0.01a	0.26±0.01a	0.27±0.01a	0.24±0.01ab
2019	茎干重/g	0.28±0.03c	0.41±0.04b	0.54±0.06a	0.34±0.02bc	0.36±0.03bc
	茎粗/mm	2.56±0.09b	2.78±0.13ab	3.13±0.24a	2.76±0.10ab	2.60±0.11b
	茎长/cm	20.09±0.82c	22.08±0.88bc	29.19±1.08a	20.23±0.86c	23.65±0.96b
	株高/cm	22.55±0.83c	24.80±0.89bc	31.58±1.11a	22.88±0.85c	26.03±0.95b
	茎分配/%	0.25±0.01b	0.27±0.01ab	0.30±0.01a	0.25±0.01b	0.28±0.01ab

表 6.5　不同积雪梯度下钝苞雪莲叶片属性

年份	叶片属性	S0	CK	S1	S2	S3
2018	叶干重/g	0.58±0.04a	0.71±0.07a	0.66±0.05a	0.66±0.06a	0.69±0.07a
	比叶面积/(cm²/g)	381.24±18.67b	414.94±15.48ab	426.62±16.44ab	435.85±14.56a	393.94±11.53ab
	单株叶片数/片	8.06±0.48ab	8.20±0.36a	7.94±0.36ab	6.95±0.25b	7.65±0.48ab
	叶分配/%	0.44±0.01a	0.41±0.02a	0.44±0.02a	0.44±0.02a	0.44±0.01a
2019	叶干重/g	0.47±0.05b	0.61±0.07ab	0.80±0.10a	0.62±0.05ab	0.53±0.06b
	比叶面积/(cm²/g)	330.45±10.44c	390.68±14.59bc	434.56±13.24a	429.87±11.78ab	409.61±18.79b
	单株叶片数/片	7.45±0.51ab	6.85±0.49ab	8.25±0.56a	7.30±0.38ab	6.10±0.42b
	叶分配/%	0.41±0.01a	0.39±0.02a	0.43±0.02a	0.44±0.02a	0.41±0.01a

表 6.6　不同积雪梯度下钝苞雪莲果实属性

年份	果实属性	S0	CK	S1	S2	S3
	果实直径/mm	8.68±0.26a	8.35±0.15a	8.18±0.23a	8.22±0.18a	8.13±0.27a
	果实长度/cm	2.52±0.12ab	2.96±0.13a	2.36±0.21b	2.54±0.25ab	2.17±0.14b
2018	单株果实量/个	2.83±0.23b	3.80±0.28a	3.28±0.19ab	3.20±0.28ab	3.45±0.27ab
	单株果实重/g	0.45±0.03a	0.53±0.04a	0.44±0.04a	0.44±0.04a	0.50±0.05a
	单颗果实重/g	0.17±0.01a	0.14±0.00b	0.13±0.01b	0.14±0.01b	0.14±0.01b
	果实直径/mm	8.23±0.18a	8.40±0.22a	8.55±0.16a	8.38±0.17a	7.62±0.24b
	果实长度/cm	2.47±0.22a	2.73±0.18a	2.39±0.18a	2.65±0.20a	2.38±0.14a
2019	单株果实量/个	2.65±0.26a	3.35±0.23a	3.05±0.31a	3.00±0.22a	2.90±0.20a
	单株果实重/g	0.40±0.04a	0.52±0.05a	0.48±0.5a	0.43±0.03a	0.39±0.04a
	单颗果实重/g	0.16±0.01ab	0.15±0.01ab	0.16±0.01a	0.15±0.01ab	0.13±0.01b

4. 不同器官的 C、N、P 化学计量特征

由表 6.7 可知，不同积雪梯度下的钝苞雪莲各器官养分含量存在显著差异。2018 年，茎部 C 含量 S3 显著高于 S0（$P<0.05$）；N 含量 S1 显著低于 S0、S2 和 S3；P 含量随积雪梯度的增加显著升高。叶部 C、N 含量在各处理间无显著差异；P 含量随积雪梯度的增加先上升后下降，其中 S2 最大且显著高于其他处理。果实 C 含量 CK、S3 显著高于 S0、S2；N 含量 CK、S2、S3 显著高于 S0、S1；P 含量 S1 最高，S2 最低，且组间存在显著差异。

2019 年，茎部 C 含量无显著差异；N 含量 CK 最大且显著高于其他处理；P 含量 CK 显著低于 S0、S1 和 S2。叶部 C 含量无差异；N 含量 S1 和 S3 显著高于 S0、CK 和 S2；P 含量 S0 显著低于 CK 和 S1。果实 C 含量在 CK 下显著高于其他处理；N 含量 S1 显著高于 S0、CK 和 S3；P 含量 S1 显著高于 CK、S2 和 S3。

表 6.7　不同积雪梯度下钝苞雪莲各器官养分含量　　　（单位：g/kg）

年份	器官	营养元素	S0	CK	S1	S2	S3
		C	432.37±7.48b	440.65±0.67ab	443.08±0.50ab	439.40±0.25ab	444.50±0.97a
	茎	N	6.76±0.16a	6.12±0.11bc	6.04±0.04c	6.47±0.17ab	6.71±0.11a
		P	1.70±0.01e	1.75±0.01d	2.69±0.01c	3.68±0.01b	4.22±0.02a
		C	449.70±1.20a	451.58±0.71a	441.63±11.29a	445.21±0.60a	455.29±0.35a
2018	叶	N	11.39±0.03a	11.35±0.07a	11.89±0.33a	11.74±0.12a	11.76±0.09a
		P	1.61±0.01d	2.04±0.01c	2.22±0.02b	4.46±0.05a	1.66±0.01d
		C	450.63±0.90b	458.14±1.02a	455.32±0.45ab	450.53±4.40b	457.78±1.00a
	果实	N	11.15±0.18c	12.41±0.06a	11.85±0.11b	12.41±0.11a	12.52±0.06a
		P	2.02±0.01b	2.05±0.01b	3.59±0.02a	0.88±0.01c	2.01±0.02b
		C	417.55±0.14a	418.55±8.92a	427.70±1.73a	425.45±1.82a	427.05±0.55a
2019	茎	N	6.10±0.23b	7.20±0.23a	6.30±0.12b	6.35±0.03b	6.50±0.23b
		P	1.33±0.04a	1.22±0.00b	1.40±0.01a	1.35±0.04a	1.32±0.05ab

续表

年份	器官	营养元素	S0	CK	S1	S2	S3
2019	叶	C	433.15±3.03a	438.85±0.14a	438.85±1.01a	438.40±0.69a	430.75±4.76a
		N	11.00±0.12b	10.75±0.03b	11.30±0.00a	10.75±0.14b	11.35±0.09a
		P	1.17±0.06b	1.36±0.02a	1.29±0.03a	1.25±0.02ab	1.26±0.01ab
	果实	C	446.60±0.98b	518.35±3.44a	443.70±0.23b	446.05±0.26b	441.90±0.81b
		N	12.15±0.26bc	11.15±0.20d	13.30±0.29a	12.80±0.35ab	11.95±0.09c
		P	1.57±0.02ab	1.53±0.03bc	1.64±0.03a	1.48±0.03cd	1.43±0.01d

由表 6.8 可知，对于 2018 年茎部 C/N，CK 和 S1 显著高于 S0、S2、S3；C/P 和 N/P 随积雪梯度的增加逐渐降低，表现为 S3<S2<S1<CK<S0，且存在显著差异（$P<0.05$）。对于叶部 C/N，CK 和 S0 显著高于 S1、S2、S3，C/P 和 N/P 随积雪梯度的增加先下降后上升，表现为 S0>S3>CK>S1>S2，且存在显著差异。果实 C/N 在 S0 处理下显著高于其他处理，C/P 和 N/P 在 S2 处理下显著高于其他处理。2019 年，茎部 C/N 在 CK 下显著低于其他处理；C/P 和 N/P 均在 CK 下最大，且存在显著差异。叶部 C/N 在 CK 和 S2 下显著高于其他处理；C/P 和 N/P 均在 S0 下最大。果实 C/N 和 C/P 均在 CK 处理下最大；N/P 在 S2 处理下最大。

表 6.8 不同积雪梯度下钝苞雪莲各器官生态化学计量特征

年份	器官	计量特征	S0	CK	S1	S2	S3
2018	茎	C/N	64.01±0.41c	72.0±1.3a	73.37±0.47a	68.02±1.73b	66.24±0.99bc
		C/P	253.87±4.38a	251.95±0.82a	164.46±0.31b	119.55±0.49c	105.44±0.80d
		N/P	3.97±0.09a	3.50±0.07b	2.24±0.02c	1.76±0.04d	1.59±0.04d
	叶	C/N	39.49±0.2a	39.79±0.19a	37.16±0.20d	37.92±0.36c	38.73±0.26b
		C/P	279.45±0.73a	221.45±0.40b	198.84±4.54c	99.94±0.92d	273.83±0.31a
		N/P	7.08±0.02a	5.57±0.04b	5.35±0.13c	2.64±0.02d	7.07±0.06a
	果实	C/N	40.44±0.56a	36.92±0.26c	38.41±0.37b	36.30±0.05c	36.57±0.22c
		C/P	223.10±0.66b	223.56±0.87b	126.79±0.70c	513.99±8.91a	227.85±1.86b
		N/P	5.52±0.09c	6.06±0.03b	3.30±0.04d	14.16±0.23a	6.23±0.02b
2019	茎	C/N	68.45±2.58a	58.17±0.63b	67.94±1.52a	67.01±0.59a	66.01±2.43a
		C/P	315.56±9.16ab	344.45±6.90a	305.26±2.60b	315.34±11.32ab	325.36±10.88ab
		N/P	4.62±0.29b	5.93±0.18a	4.50±0.08b	4.70±0.13b	4.95±0.29b
	叶	C/N	39.38±0.14b	40.82±0.10a	38.84±0.09b	40.79±0.48a	37.95±0.13c
		C/P	371.22±15.30a	323.06±3.88b	340.36±6.85b	349.78±6.30ab	341.01±1.44b
		N/P	9.42±0.37a	7.91±0.11c	8.76±0.20b	8.57±0.07b	8.99±0.01ab
	果实	C/N	36.79±0.87b	46.53±1.15a	33.39±0.71c	34.90±0.97bc	36.98±0.34b
		C/P	283.79±5.09c	339.93±7.22a	270.57±4.99c	301.56±6.73b	307.97±1.81b
		N/P	7.71±0.04c	7.31±0.24d	8.10±0.06b	8.64±0.06a	8.33±0.08ab

6.3.2 乳白香青（*Anaphalis lactea*）

乳白香青为菊科香青属的多年生雌雄异株草本植物，又名大矛香艾和大白矛香，高 40cm；茎直立，被白色或灰白色棉毛；叶呈莲座状、披针状或匙状长圆形，长 6～13cm，宽

0.5~2cm，全部叶被白色或灰白色密棉毛；头状花序多数在茎和枝端密集成复伞房状，梗长 2~4mm；总苞钟状，总苞片 4~5 层；雌雄异株，花果期为 7~9 月；分布在青藏高原区海拔 2000~4000m 的亚高山山坡、草地及灌丛中，分布面积广，是重要的药用植物（苟文龙等，2017；李博文等，2019）。研究表明，乳白香青具有极强的形态可塑性，其表形、资源分配格局和生物量累积均能依据立地生境条件进行适应性调节，能依据其群落特征，在生长、生殖和抗性等功能间进行物质分配，有极强克服生境异质性的能力（刘航江等，2018）。

1. 不同器官的生物量

由图 6.13 可知，2018 年乳白香青的个体大小（地上部分）、营养器官生物量、繁殖器官生物量随着积雪量的增多先上升后下降，在 S1 处理下最大且存在显著差异（$P<0.05$）。2019 年，个体大小、营养器官生物量也在 S1 处理下最大，并显著高于 S0、CK 和 S3。

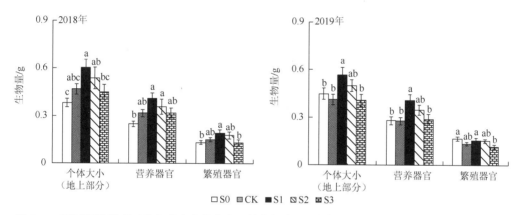

图 6.13　不同积雪梯度下乳白香青个体大小（地上部分）、营养器官生物量和繁殖器官生物量差异

2. 繁殖分配特征

由图 6.14 可知，2018 年中 S0 和 S2 处理下的繁殖分配显著高于 S3，2019 年中 S0 显著高于其他处理。

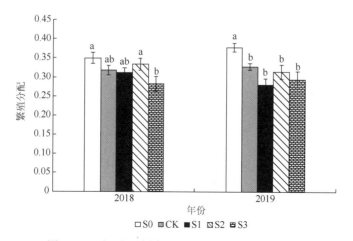

图 6.14　不同积雪梯度下乳白香青繁殖分配的差异

　　不同积雪梯度下乳白香青个体大小（地上部分生物量）与繁殖器官生物量及繁殖分配间的相关性分析表明（图6.15）：2018年和2019年不同处理下个体大小与繁殖器官生物量均呈现出极显著的正相关关系（$P<0.01$），即随着个体生物量的逐渐增加，植物的繁殖器官生物量显著增加；而不同处理下的繁殖分配与个体大小间的相关性未达显著水平。在营养器官生物量与繁殖器官生物量的关系中，除2019年S2外，其他年份各处理中均体现出显著或极显著的正相关关系（图6.16）。

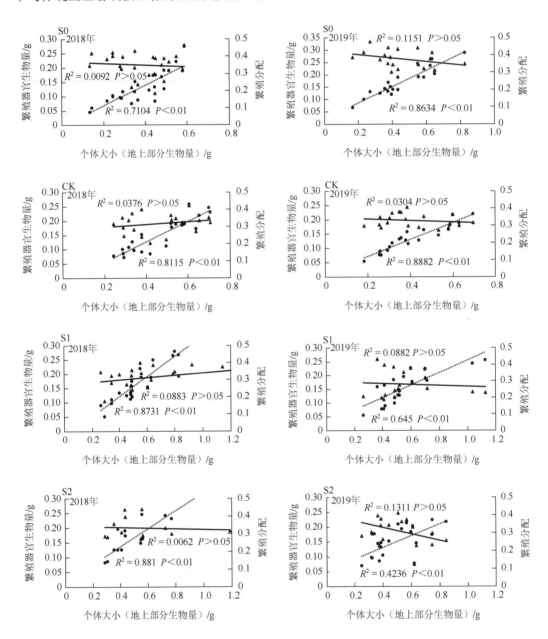

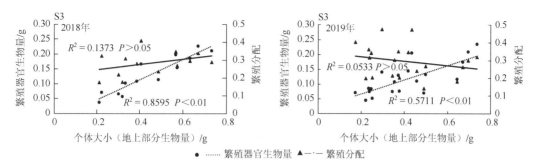

图 6.15　乳白香青个体大小（地上部分生物量）与繁殖器官生物量、繁殖分配的线性关系

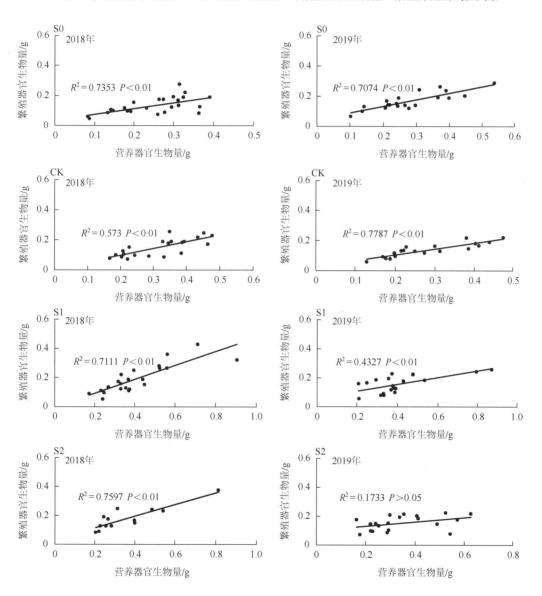

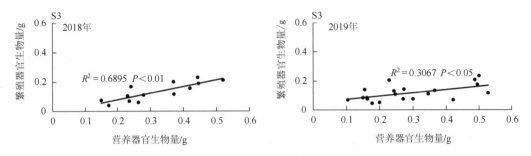

图 6.16　乳白香青营养器官生物量与繁殖器官生物量间的线性回归关系

3. 不同器官的功能属性特征

由表 6.9 可知，2018 年茎干重、茎粗随积雪梯度的增加先上升后下降，并在 S1 处理下最大且存在显著差异；茎长、株高也在 S1 处理下最大。2019 年，茎干重、茎长、株高随积雪梯度的增加先上升后下降，在 S1 处理下最大且存在显著差异。

由表 6.10 可知，2018 年叶干重在 S1 和 S2 处理下显著高于 S0；单株叶片数在 CK 处理下显著高于 S3；叶分配在不同处理间无显著差异。

由表 6.11 可知，2018 年果实长度在 S1 和 S2 处理下显著高于 S3；单株果实量和单株果实重均随积雪梯度的增加先上升后下降，在 S1 处理下最大且存在显著差异。2019 年，单株果实量在 S1 处理下显著高于 CK 和 S3；单株果实重在 S0 和 S1 处理下显著高于 S3。

表 6.9　不同积雪梯度下乳白香青茎部属性

年份	茎属性	S0	CK	S1	S2	S3
	茎干重/g	0.15±0.01c	0.21±0.02abc	0.27±0.02a	0.22±0.03ab	0.20±0.02bc
	茎粗/mm	1.19±0.04c	1.31±0.06c	1.99±0.07a	1.82±0.10ab	1.72±0.08b
2018	茎长/cm	23.06±0.80c	26.48±0.70ab	29.06±1.09a	24.93±1.27bc	26.51±1.23ab
	株高/cm	24.76±0.85b	27.99±0.75ab	30.96±1.14a	26.81±1.35b	27.84±1.32ab
	茎分配/%	0.40±0.01b	0.45±0.01a	0.45±0.01a	0.41±0.01b	0.45±0.01a
	茎干重/g	0.16±0.01b	0.17±0.01b	0.27±0.02a	0.21±0.02b	0.18±0.02b
	茎粗/mm	1.68±0.04a	1.93±0.29a	1.88±0.09a	1.79±0.05a	1.62±0.06a
2019	茎长/cm	23.40±0.86b	25.33±0.65b	31.85±0.53a	25.48±1.01b	23.43±0.97b
	株高/cm	24.95±0.86b	26.65±0.67b	33.28±0.58a	26.80±1.01b	24.74±1.00b
	茎分配/%	0.37±0.01a	0.41±0.01a	0.47±0.01a	0.40±0.03a	0.45±0.02a

表 6.10　不同积雪梯度下乳白香青叶片属性

年份	叶片属性	S0	CK	S1	S2	S3
	叶干重/g	0.10±0.01b	0.11±0.01ab	0.14±0.02a	0.14±0.02a	0.12±0.01ab
2018	单株叶片数/片	15.79±0.51ab	16.10±0.65a	14.96±0.79ab	15.15±0.79ab	13.62±0.79b
	叶分配/%	0.25±0.01a	0.23±0.01a	0.24±0.01a	0.26±0.02a	0.27±0.02a

续表

年份	叶属性	S0	CK	S1	S2	S3
2019	叶干重/g	0.12±0.01a	0.11±0.01a	0.14±0.02a	0.15±0.02a	0.11±0.01a
	单株叶片数/片	22.95±5.13a	16.15±0.78a	18.40±0.63a	16.85±0.85a	17.05±1.01a
	叶分配/%	0.26±0.01a	0.26±0.01a	0.25±0.02a	0.29±0.02a	0.25±0.02a

表 6.11　不同积雪梯度下乳白香青果实属性

年份	果实属性	S0	CK	S1	S2	S3
2018	果实长度/cm	1.68±0.12ab	1.51±0.11ab	1.90±0.13a	1.88±0.18a	1.33±0.14b
	单株果实量/个	12.54±1.03b	14.19±1.64b	22.77±3.64a	22.54±4.08ab	11.69±1.61b
	单株果实重/g	0.13±0.01b	0.15±0.01ab	0.19±0.02a	0.18±0.02ab	0.13±0.02b
	单颗果实重/g	0.01±0.00a	0.01±0.00a	0.01±0.00a	0.01±0.00a	0.01±0.00a
2019	果实长度/cm	1.55±0.09a	1.33±0.08a	1.43±0.10a	1.33±0.08a	1.32±0.09a
	单株果实量/个	12.40±0.76ab	11.15±1.31b	14.95±1.39a	14.30±0.95ab	11.10±1.02b
	单株果实重/g	0.17±0.01a	0.13±0.01ab	0.16±0.01a	0.15±0.01ab	0.12±0.01b
	单颗果实重/g	0.01±0.00a	0.01±0.00a	0.01±0.00a	0.01±0.00a	0.01±0.00a

4. 不同器官的 C、N、P 化学计量特征

由表 6.12 可知，2018 年茎部 C、N、P 含量分别在 S2、CK、S3 处理下最大且存在显著差异；叶部 C、N 含量均在 S1 下最大，P 含量在 S0 下最大；果实 C、N、P 含量分别在 CK、S1、S3 处理下最大。2019 年，茎部 C、N、P 含量分别在 S2、S1、CK 处理下最大；叶部 C、N、P 含量分别在 S3、S1、CK 处理下最大；果实 C、P 含量均在 S2 下最大，N 含量在 S0 下最大。

由表 6.13 可见，2018 年茎部和叶片的 C/N 在 S3 处理下最大，C/P 和 N/P 均在 S2 处理下最大；果实中的 C/N 在 S0 处理下最大，C/P 和 N/P 均在 S2 处理下最大。2019 年茎部 C/N、C/P、N/P 分别在 CK、S2、S3 处理下最大；叶片 C/N、C/P 均在 S3 处理下最大，N/P 在 S1 处理下最大；果实中的 C/N、C/P、N/P 分别在 S2、S3、S1 处理下最大。

表 6.12　不同积雪梯度下乳白香青各器官养分含量　　　（单位：g/kg）

年份	器官	营养元素	S0	CK	S1	S2	S3
2018	茎	C	444.83±0.98ab	445.20±0.73ab	442.07±0.74b	447.03±1.22a	433.97±1.81c
		N	4.50±0.01a	4.56±0.13a	4.14±0.06b	4.54±0.05a	4.01±0.07b
		P	2.62±0.01c	2.68±0.00b	2.02±0.00d	1.91±0.02e	2.79±0.00a
	叶	C	434.87±0.84bc	431.55±0.30c	440.12±3.31a	439.47±0.38ab	408.76±0.50d
		N	10.31±0.08b	10.44±0.04b	10.99±0.04a	10.75±0.10a	8.70±0.11c
		P	3.96±0.01a	3.04±0.01c	3.21±0.01b	1.89±0.01e	1.94±0.00d

续表

年份	器官	营养元素	S0	CK	S1	S2	S3
2018	果实	C	453.72±0.26a	453.93±0.53a	452.39±1.92a	451.65±0.53a	423.76±1.47b
		N	10.56±0.08c	11.08±0.12b	12.45±0.05a	11.44±0.14b	10.41±0.26c
		P	4.09±0.01d	4.32±0.01c	4.60±0.02b	2.92±0.02e	5.28±0.00a
2019	茎	C	435.20±2.42b	444.85±0.72b	441.65±2.92b	514.65±24.51a	436.35±5.40b
		N	3.50±0.06c	3.40±0.17c	5.70±0.75a	4.05±0.14bc	4.90±0.40ab
		P	0.97±0.01c	1.25±0.02a	1.20±0.01a	1.06±0.02b	1.02±0.04bc
	叶	C	431.30±1.21c	430.95±1.13c	432.20±0.06c	496.35±4.88b	522.00±5.20a
		N	9.15±0.09c	10.30±0.06b	10.90±0.06a	10.15±0.20b	10.50±0.17ab
		P	1.09±0.01bc	1.43±0.01a	1.08±0.03c	1.15±0.04bc	1.17±0.03b
	果实	C	453.80±0.23c	439.65±2.17d	454.60±1.21c	538.35±1.41a	481.95±0.84b
		N	13.2±0.06a	11.60±0.12c	12.85±0.26a	12.20±0.23b	11.00±0.12d
		P	1.82±0.04a	1.52±0.02c	1.66±0.03b	1.83±0.04a	1.56±0.01c

表 6.13　不同积雪梯度下乳白香青各器官生态化学计量特征

年份	器官	计量特征	S0	CK	S1	S2	S3
2018	茎	C/N	98.90±0.43b	97.89±2.63b	106.77±1.38a	98.41±1.10b	108.34±2.28a
		C/P	169.97±0.89c	165.86±0.26c	218.65±0.84b	234.62±2.72a	155.76±0.73d
		N/P	1.72±0.00c	1.70±0.05c	2.05±0.03b	2.38±0.00a	1.44±0.02d
	叶	C/N	42.17±0.31b	41.35±0.11bc	40.05±0.24d	40.90±0.37cd	47.01±0.59a
		C/P	109.88±0.24e	142.10±0.31c	136.99±1.05d	232.93±1.04a	210.94±0.31b
		N/P	2.61±0.01d	3.44±0.02c	3.42±0.01c	5.70±0.06a	4.49±0.06b
	果实	C/N	42.99±0.35a	40.96±0.44b	36.33±0.28c	39.48±0.51b	40.75±1.16b
		C/P	111.07±0.26b	105.13±0.32c	98.22±0.12d	154.80±0.77a	80.21±0.25e
		N/P	2.58±0.03bc	2.57±0.03c	2.70±0.03b	3.92±0.06a	1.97±0.05d
2019	茎	C/N	124.39±1.36a	131.50±6.51a	80.17±10.31b	127.83±10.63a	90.47±8.65b
		C/P	448.15±4.83ab	356.57±5.14c	368.37±1.04c	484.72±30.76a	427.96±14.21b
		N/P	3.60±0.04ab	2.72±0.12b	4.75±0.59a	3.80±0.08ab	4.83±0.57a
	叶	C/N	47.14±0.31b	41.84±0.13c	39.65±0.20d	48.92±0.49ab	49.76±1.32a
		C/P	394.03±1.30b	301.50±0.36c	400.58±13.43b	431.73±11.19a	445.29±5.99a
		N/P	8.36±0.03b	7.21±0.02c	10.11±0.38a	8.82±0.17b	8.97±0.36b
	果实	C/N	34.38±0.13c	37.91±0.56b	35.41±0.81c	44.16±0.95a	43.82±0.38a
		C/P	249.09±5.16d	288.53±4.31bc	273.86±4.51c	293.73±6.64ab	308.19±2.80a
		N/P	7.25±0.17bc	7.61±0.02ab	7.74±0.18a	6.65±0.02d	7.03±0.12cd

6.3.3 垂穗披碱草 (*Elymus nutans*)

垂穗披碱草为禾本科披碱草属,是一种重要的多年生疏丛型牧草;秆直立,基部稍呈膝曲状,高50~70cm;叶片扁平,上面有时疏生柔毛,下面粗糙或平滑,长6~8cm,宽3~5mm;穗状花序较紧密,通常曲折而先端下垂,长5~12cm;它主要分布于我国的西藏、青海、四川、甘肃、新疆及内蒙古等地区,是高寒草地和高寒草甸的重要组成物种,它不仅用于高产人工草地的建植和饲草生产,也是高寒牧区退化草地生态恢复等的重要草种之一,具有十分重要的经济和生态价值(陈仕勇等,2006)。

1. 不同器官的生物量

由图6.17可知,2018年垂穗披碱草的个体大小(地上部分)、营养器官生物量、繁殖器官生物量自S1到S3随积雪梯度的升高依次下降,且S0处理的繁殖器官生物量显著高于S3($P<0.05$)。2019年,垂穗披碱草的个体大小(地上部分)、营养器官生物量在S2处理下最大,繁殖器官生物量在S1处理下最大,但差异均不显著。

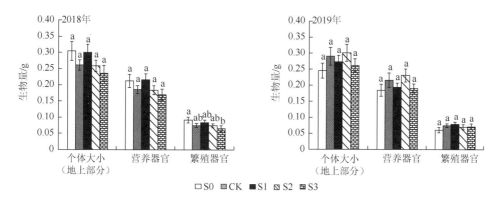

图6.17 不同积雪梯度下垂穗披碱草个体大小(地上部分)、营养器官生物量和繁殖器官生物量差异

2. 繁殖分配特征

由图6.18可知,繁殖分配仅在2019年S1显著高于S2($P<0.05$)。

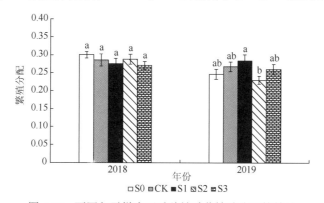

图6.18 不同积雪梯度下垂穗披碱草繁殖分配的差异

　　不同积雪梯度下垂穗披碱草个体大小（地上部分生物量）与繁殖器官生物量及繁殖分配间的相关性分析表明（图6.19）：2018年和2019年两年间不同处理下个体大小与繁殖器官生物量均呈现出极显著的正相关关系（$P<0.01$）；而繁殖分配与个体大小的关系仅在2019年的CK和S3处理下达显著的正相关关系（$P<0.05$）。由图6.20可知，在营养器官生物量与繁殖器官生物量的关系中，除2018年S2处理和2019年S0处理外，其他处理均体现出显著或极显著的正相关关系。

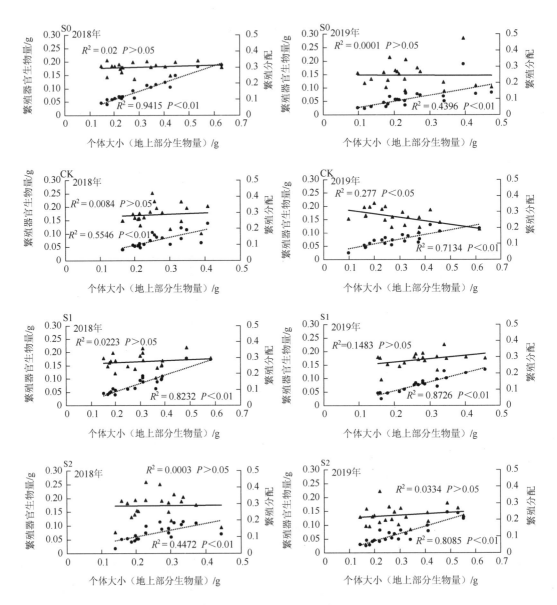

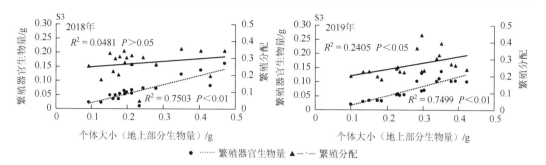

图 6.19　垂穗披碱草个体大小（地上部分生物量）与繁殖器官生物量、繁殖分配的线性关系

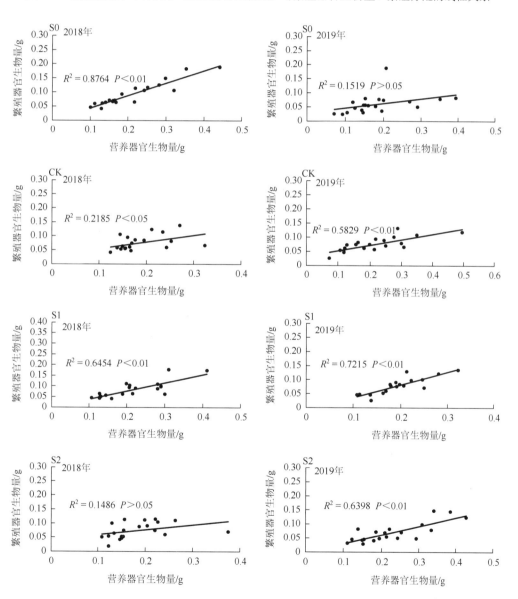

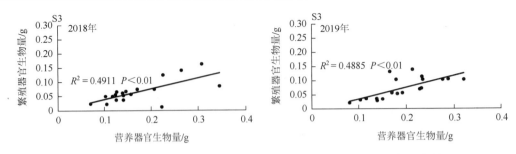

图 6.20　垂穗披碱草营养器官生物量与繁殖器官生物量间的线性回归关

3. 不同器官的功能属性特征

由表 6.14 可知，2018 年茎长、株高随积雪梯度的增加先上升后下降，并在 S1 处理下达到最大且存在显著差异；茎干重、茎分配也在 S1 处理下最大；茎粗在 S0 处理下最大。2019 年，茎干重、茎粗、茎分配在 S2 处理下最大；茎长、株高在 S1 处理下最大。

由表 6.15 可知，2018 年单株叶片数在 CK 下显著低于其他处理；2019 年单株叶片数和叶分配均在 S3 处理下最高且存在显著差异。由表 6.16 可知，2018 年单株果实重在 S0 处理下显著高于 S3，其他指标无显著差异。

表 6.14　不同积雪梯度下垂穗披碱草茎部属性

年份	茎属性	S0	CK	S1	S2	S3
	茎干重/g	0.19±0.02a	0.17±0.01a	0.20±0.02a	0.17±0.01a	0.15±0.02a
	茎粗/mm	0.99±0.04a	0.93±0.04a	0.97±0.05a	0.91±0.03a	0.87±0.05a
2018	茎长/cm	50.40±1.77ab	52.25±1.49ab	55.83±1.97a	50.25±2.22b	47.71±1.78ba
	株高/cm	57.60±2.14ab	58.78±1.46ab	63.00±2.21a	57.05±2.18ab	54.37±2.10b
	茎分配/%	0.63±0.01a	0.64±0.01a	0.65±0.01a	0.64±0.02a	0.64±0.01a
	茎干重/g	0.17±0.02a	0.19±0.02a	0.18±0.01a	0.21±0.02a	0.17±0.01a
	茎粗/mm	0.98±0.04a	1.02±0.05a	1.00±0.04a	1.07±0.03a	1.00±0.04a
2019	茎长/cm	49.60±1.83a	50.65±1.93a	54.31±2.16a	53.14±1.97a	49.43±2.06a
	株高/cm	56.13±2.00a	58.23±2.13a	61.28±2.43a	60.80±2.26a	57.38±2.10a
	茎分配/%	0.67±0.02ab	0.66±0.02ab	0.66±0.01ab	0.70±0.01a	0.65±0.01b

表 6.15　不同积雪梯度下垂穗披碱草叶片属性

年份	叶片属性	S0	CK	S1	S2	S3
	叶干重/g	0.02±0.00a	0.02±0.00a	0.02±0.00a	0.02±0.00a	0.02±0.00a
2018	单株叶片数/片	2.85±0.08a	2.25±0.10b	2.80±0.12a	2.75±0.14a	2.74±0.13a
	叶分配/%	0.07±0.01a	0.07±0.01a	0.07±0.00a	0.07±0.01a	0.08±0.01a
	叶干重/g	0.01±0.00a	0.02±0.00a	0.02±0.00a	0.02±0.00a	0.02±0.00a
2019	单株叶片数/片	2.60±0.17ab	2.50±0.11b	2.61±0.12ab	2.55±0.14ab	2.95±0.14a
	叶分配/%	0.05±0.01b	0.07±0.01ab	0.06±0.01ab	0.07±0.01ab	0.09±0.01a

表 6.16　不同积雪梯度下垂穗披碱草果实属性

年份	果实属性	S0	CK	S1	S2	S3
2018	果实长度/cm	7.20±0.43a	6.53±0.47a	7.18±0.42a	6.80±0.48a	6.66±0.46a
	单株果实重/g	0.09±0.01a	0.08±0.01ab	0.08±0.01ab	0.07±0.01ab	0.07±0.01b
2019	果实长度/cm	6.53±0.29a	7.58±0.37a	6.97±0.75a	7.66±0.41a	7.95±0.55a
	单株果实重/g	0.06±0.01a	0.07±0.01a	0.08±0.01a	0.07±0.01a	0.07±0.01a

4. 不同器官的 C、N、P 化学计量特征

2018 年，茎部 C、N、P 含量分别在 S1、CK、S3 处理下最大；叶部 C 含量在 S2 处理下最大，N、P 含量均在 S3 处理下最大；果实 C、N、P 含量分别在 S2、S3、CK 处理下最大，且不同处理下存在显著差异。2019 年，茎部 C、N、P 含量分别在 S1、S2、CK 处理下最大；叶部 C、N 含量均在 S1 处理下最大，P 含量在 CK 处理下最大；果实 C、P 含量均在 S0 处理下最大，N 在 S2 处理下最大，且不同处理下均存在显著差异（表 6.17）。

由表 6.18 可知，2018 年茎部 C/N 在 S0 下最大，C/P 和 N/P 均在 S2 下最大；叶片 C/N 也在 S0 下最大，C/P 和 N/P 均在 CK 下最大；果实中 C/N、C/P、N/P 均在 S2 下最大。2019 年茎部 C/N、C/P、N/P 分别在 CK、S1、S2 处理下最大；叶片 C/N、C/P 均在 S2 处理下最大，N/P 在 S1 处理下最大；果实中 C/N、C/P 均在 S3 处理下最大，N/P 在 S1 处理下最大。

表 6.17　不同积雪梯度下垂穗披碱草各器官养分含量　　　　（单位：g/kg）

年份	器官	营养元素	S0	CK	S1	S2	S3
2018	茎	C	440.75±19.42a	450.22±10.45a	469.82±12.92a	448.72±7.05a	437.78±15.70a
		N	3.99±0.12d	6.82±0.06a	5.47±0.16b	5.31±0.13b	4.49±0.06c
		P	3.70±0.01d	4.01±0.02c	4.18±0.02b	3.02±0.03e	4.73±0.02a
	叶	C	438.72±16.04a	448.54±12.56a	431.68±3.98a	455.66±13.01a	438.08±7.49a
		N	7.25±0.10c	8.55±0.37b	8.46±0.08b	8.77±0.15b	9.66±0.16a
		P	5.81±0.05b	2.06±0.00e	5.49±0.02c	2.60±0.04d	6.18±0.02a
	果实	C	447.05±4.19a	444.83±22.63a	443.94±7.36a	463.21±11.45a	427.49±11.90a
		N	21.43±0.81b	22.53±1.14ab	22.52±0.67ab	22.05±0.33ab	24.17±0.64a
		P	7.26±0.03c	8.91±0.02a	6.70±0.02d	6.01±0.03e	7.84±0.03b
2019	茎	C	549.50±0.87b	558.70±1.62a	562.35±1.59a	550.80±0.23b	427.00±1.21c
		N	5.10±0.29c	4.60±0.12c	4.75±0.03c	8.20±0.17a	7.00±0.06b
		P	0.95±0.01ab	0.97±0.06a	0.72±0.02c	0.85±0.04b	0.90±0.02ab
	叶	C	538.5±8.08ab	522.05±9.27b	549.50±0.06a	525.35±3.55b	443.25±5.86c
		N	10.55±0.26b	10.10±0.06b	11.80±0.06a	9.95±0.32b	10.10±0.17b
		P	0.96±0.06bc	1.12±0.03a	1.04±0.06ab	0.89±0.01c	1.10±0.03a

续表

年份	器官	营养元素	S0	CK	S1	S2	S3
2019	果实	C	552.75±1.99a	551.15±1.41a	542.35±13.54ab	526.55±2.45b	427.30±7.39c
		N	18.90±0.06c	20.20±0.40b	22.10±0.17a	22.20±0.12a	13.45±0.09d
		P	2.18±0.02a	2.10±0.06ab	1.95±0.02c	2.01±0.03bc	1.51±0.01d

表 6.18 不同积雪梯度下垂穗披碱草各器官生态化学计量特征

年份	器官	化学计量特征	S0	CK	S1	S2	S3
2018	茎	C/N	110.50±2.84a	66.04±2.16d	86.11±4.15c	84.59±3.10c	97.55±3.33b
		C/P	119.18±4.85b	112.34±2.02b	112.54±3.66b	148.55±3.45a	92.64±3.64c
		N/P	1.08±0.03c	1.70±0.03a	1.31±0.03b	1.76±0.02a	0.95±0.02d
	叶	C/N	60.52±1.96a	52.53±1.15b	51.05±0.27b	52.04±2.36b	45.39±1.17c
		C/P	75.54±3.33c	218.01±6.09a	78.59±0.50c	175.32±5.48b	70.94±1.32c
		N/P	1.25±0.02d	4.16±0.18a	1.54±0.01c	3.37±0.07b	1.56±0.02c
	果实	C/N	20.92±0.82a	19.94±2.00a	19.76±0.72a	21.00±0.22a	17.71±0.66a
		C/P	61.62±0.78b	49.93±2.61c	66.28±1.10b	77.07±1.59a	54.54±1.50c
		N/P	2.95±0.12c	2.53±0.12d	3.36±0.09b	3.67±0.04a	3.08±0.07bc
2019	茎	C/N	108.42±6.00b	121.63±3.41a	118.40±1.05ab	67.23±1.45c	61.01±0.68c
		C/P	580.36±6.62b	578.66±37.53b	776.91±18.49a	649.95±26.69b	473.73±13.54c
		N/P	5.38±0.24d	4.78±0.44d	6.56±0.19c	9.68±0.45a	7.76±0.14b
	叶	C/N	51.14±2.03a	51.70±1.21a	46.57±0.23b	52.88±1.33a	43.93±1.33b
		C/P	565.62±36.90a	465.67±4.95bc	532.79±32.21ab	592.03±10.30a	402.54±9.67c
		N/P	11.06±0.58a	9.02±0.30b	11.45±0.75a	11.22±0.48a	9.18±0.34b
	果实	C/N	29.25±0.02b	27.30±0.48c	24.55±0.81d	23.72±0.23e	31.78±0.75a
		C/P	254.07±2.79c	262.64±6.98bc	277.41±5.83ab	262.71±4.94bc	283.66±4.76a
		N/P	8.69±0.09c	9.62±0.11b	11.31±0.16a	11.07±0.14a	8.93±0.12c

6.3.4 落草（*Koeleria macrantha*）

落草为多年生草本植物，密丛形，秆直立，具 2~3 节，高 25~60cm，在花序下密生绒毛；叶鞘灰白色或淡黄色，无毛或被短柔毛，叶片灰绿色，线形，常内卷或扁平，长 1.5~7cm，宽 1~2mm，圆锥花序穗状，下部间断，长 5~12cm，宽 7~18mm，有光泽，草绿色或黄褐色，主轴及分枝均被柔毛；颖倒卵状长圆形至长圆状披针形，花果期 5~9 月。它是典型草原地带和森林草原地带草原和草原化草甸群落的恒有种，具有耐寒、抗寒、耐土壤贫瘠等优良特性（乌日罕等，2014）。

1. 不同器官的生物量

2018 年落草的个体大小（地上部分）、营养器官生物量、繁殖器官生物量随积雪量的增多而减少，且存在显著差异（$P<0.05$）。2019 年个体大小（地上部分）、营养器官生物量表现为 CK 处理下最大，S0 处理下最小，S1、S2、S3 依次降低，且存在显著差异（$P<0.05$）；繁殖器官在 S1 处理下最大，但处理间无显著差异（图 6.21）。

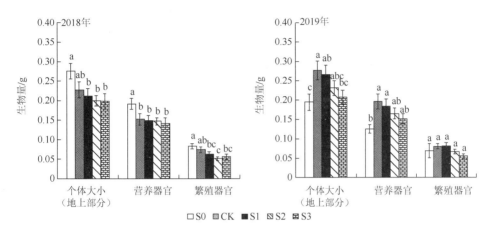

图 6.21　不同积雪梯度下落草个体大小（地上部分）、营养器官生物量和繁殖器官生物量差异

2. 繁殖分配特征

由图 6.22 可知，2018 年繁殖分配中 S1、S2、S3 显著低于 CK（$P<0.05$），而 2019 年无差异。

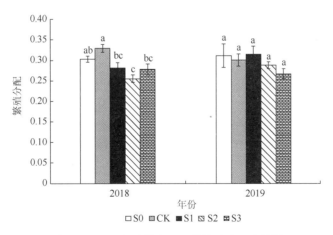

图 6.22　不同积雪梯度下落草繁殖分配的差异

不同积雪梯度下落草个体大小（地上部分生物量）与繁殖器官生物量及繁殖分配间的相关性分析表明（图 6.23）：2018 年和 2019 年不同处理下个体大小与繁殖器官生物量均呈现出显著或极显著的正相关关系；而繁殖分配与个体大小的关系仅在 2018 年的 S1、S2 和

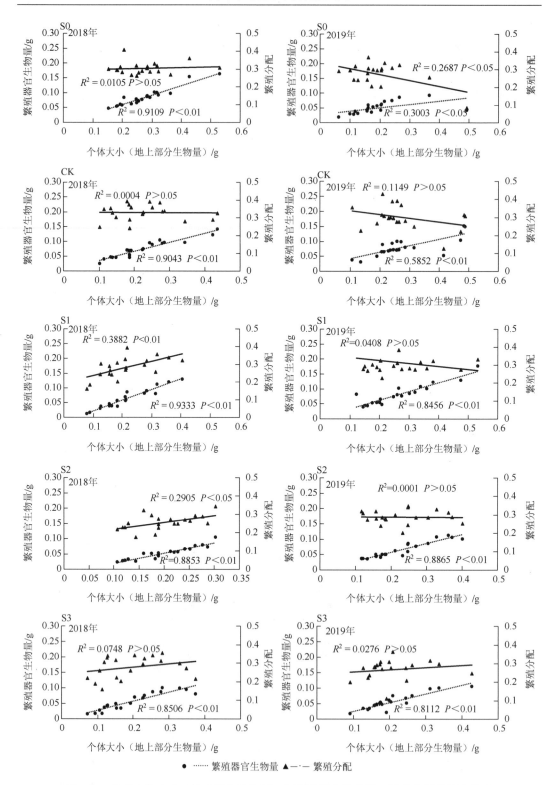

图 6.23　莶草个体大小（地上部分生物量）与繁殖器官生物量、繁殖分配的线性关系

2019 年的 S0 处理下为显著的正相关关系（$P<0.05$）。由图 6.24 可知，在营养器官生物量与繁殖器官生物量的关系中，2018 年和 2019 年各处理均体现出显著或极显著的正相关关系。

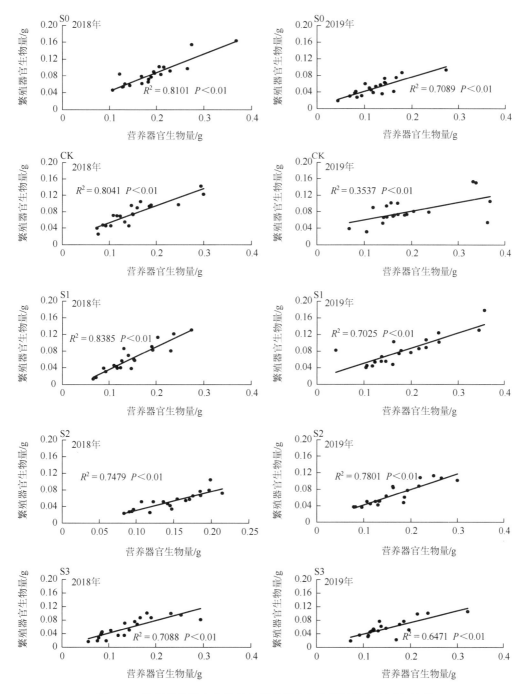

图 6.24　落草营养器官生物量与繁殖器官生物量间的线性回归关系

3. 不同器官的功能属性特征

由表 6.19 可知，2018 年茎干重、茎粗、茎长均在 S0 处理下最大；茎分配在 S2 处理下最大，且各处理间具有显著差异。2019 年，茎干重、茎长、株高均在 S1 处理下最大；茎粗在 CK 处理下最大，且各处理间具有显著差异。

由表 6.20 可知，2018 年单株叶片数和叶分配均在 S1 处理下最大，且具有显著差异；其余属性均无显著差异。2019 年，叶干重和单株叶片数均在 CK 处理下最大，且具有显著差异；其余属性无显著差异。

由表 6.21 可知，2018 年单株果实重在 S0 处理下最大。2019 年果实长度在 CK 处理下最大，且具有显著差异；其余属性无显著差异。

表 6.19　不同积雪梯度下落草茎部属性

年份	茎属性	S0	CK	S1	S2	S3
2018	茎干重/g	0.18±0.01a	0.14±0.01b	0.13±0.01b	0.14±0.01b	0.13±0.01b
	茎粗/mm	1.09±0.05a	0.97±0.05ab	1.00±0.05ab	0.98±0.04ab	0.93±0.06b
	茎长/cm	42.64±1.15a	39.54±1.44ab	38.45±1.63ab	40.78±1.26ab	38.10±1.53b
	株高/cm	49.40±1.28a	45.92±1.57a	45.60±1.74a	47.62±1.09a	45.68±1.75a
	茎分配/%	0.65±0.01b	0.62±0.01b	0.64±0.02b	0.68±0.01a	0.63±0.01b
2019	茎干重/g	0.11±0.01b	0.15±0.02a	0.16±0.02a	0.14±0.01ab	0.13±0.01ab
	茎粗/mm	0.97±0.03bc	1.15±0.05a	1.09±0.05ab	0.98±0.04bc	0.89±0.04c
	茎长/cm	33.13±1.77b	35.53±2.56b	43.43±2.06a	38.84±1.65ab	39.25±2.06ab
	株高/cm	40.73±1.84c	44.93±2.63bc	52.65±2.23a	47.15±1.85abc	47.55±2.31ab
	茎分配/%	0.60±0.02a	0.59±0.02a	0.60±0.03a	0.61±0.01a	0.63±0.01a

表 6.20　不同积雪梯度下落草叶片属性

年份	叶片属性	S0	CK	S1	S2	S3
2018	叶干重/g	0.01±0.00a	0.01±0.00a	0.02±0.00a	0.01±0.00a	0.02±0.00a
	单株叶片数/片	1.65±0.17bc	1.50±0.19c	2.45±0.29a	1.75±0.18bc	2.25±0.19ab
	叶分配/%	0.05±0.01c	0.05±0.01c	0.08±0.01ab	0.06±0.01bc	0.09±0.01a
2019	叶干重/g	0.02±0.00a	0.03±0.01a	0.02±0.00a	0.02±0.00a	0.02±0.00a
	单株叶片数/片	2.40±0.13a	2.45±0.11a	2.40±0.15a	2.30±0.11a	2.40±0.11a
	叶分配/%	0.11±0.02a	0.11±0.02a	0.08±0.01a	0.10±0.01a	0.11±0.01a

表 6.21　不同积雪梯度下落草果实属性

年份	果实属性	S0	CK	S1	S2	S3
2018	果实长度/cm	6.76±0.64a	6.38±0.35a	7.15±0.46a	6.84±0.52a	7.58±0.33a
	单株果实重/g	0.08±0.01a	0.07±0.01ab	0.06±0.00bc	0.05±0.01c	0.06±0.01bc
2019	果实长度/cm	7.60±0.30c	9.40±0.26a	9.23±0.30ab	8.32±0.30bc	8.30±0.43bc
	单株果实重/g	0.07±0.01a	0.08±0.01a	0.08±0.01a	0.07±0.01a	0.06±0.01a

4. 不同器官的 C、N、P 化学计量特征

2018 年，茎部 N、P 含量分别在 S0 和 S1 处理下最大；叶片中 N、P 含量均在 S3 处理下最大；果实中 N、P 含量分别在 S2 和 S0 处理下最大，且均具有显著差异；各器官 C 含量在不同处理间无显著差异。2019 年，茎部 C、P 含量均在 S1 处理下最大，N 含量在 CK 处理下最大；叶片中 C 含量在 S2 处理下最大，N、P 含量在 CK 处理下最大；果实中 C、N、P 含量在 CK 处理下最大，且均具有显著差异（表 6.22）。

由表 6.23 可知，2018 年茎部 C/N 在 S1 处理下最大，C/P 和 N/P 均在 S3 处理下最大；叶片中 C/N 在 S0 处理下最大，C/P 和 N/P 均在 CK 处理下最大；果实中 C/N 在 S3 处理下最大，C/P 和 N/P 均在 S2 处理下最大，且均具有显著差异。2019 年，茎部 C/N、N/P 分别在 S3 和 CK 处理下最大；叶片中 C/N、C/P 均在 S2 处理下最大；果实中 C/N、C/P、N/P 分别在 S0、S3、S2 处理下最大，且均具有显著差异，茎部 C/P 和叶部 N/P 在各处理下无差异。

表 6.22 不同积雪梯度下落草各器官养分含量　　　　　（单位：g/kg）

年份	器官	营养元素	S0	CK	S1	S2	S3
2018	茎	C	445.59±7.14a	446.95±16.78a	461.96±12.47a	436.82±5.06a	446.59±10.67a
		N	4.49±0.10a	3.94±0.11b	3.65±0.11b	3.84±0.09b	4.41±0.06a
		P	4.96±0.04c	4.51±0.03d	6.09±0.01a	5.52±0.06b	3.87±0.01e
	叶	C	427.63±19.77a	430.96±3.51a	442.92±13.38a	455.81±12.58a	456.57±12.36a
		N	6.09±0.08c	7.71±0.27b	7.79±0.21b	7.57±0.28b	9.16±0.30a
		P	4.34±0.02c	2.58±0.02d	4.35±0.02c	6.76±0.01b	7.17±0.04a
	果实	C	451.83±9.39a	473.83±18.33a	451.99±5.72a	453.08±13.66a	460.76±6.31a
		N	19.34±0.54b	20.33±0.56ab	20.67±0.53ab	21.88±0.49a	18.70±0.89b
		P	10.54±0.02a	10.29±0.00c	10.41±0.01b	7.08±0.01e	8.06±0.04d
2019	茎	C	471.55±5.17b	511.40±4.04a	514.70±5.77a	498.70±9.53ab	502.35±20.58ab
		N	2.75±0.14b	4.90±0.29a	4.80±0.12a	3.00±0.17b	2.90±0.06b
		P	0.67±0.03b	0.82±0.04a	0.83±0.03a	0.69±0.01b	0.75±0.02ab
	叶	C	422.05±0.20d	515.95±4.76c	523.00±0.69bc	549.35±5.40a	532.40±1.50b
		N	6.10±0.06bc	6.60±0.17a	6.00±0.06c	5.45±0.03d	6.35±0.03ab
		P	0.77±0.02b	0.96±0.07a	0.81±0.05b	0.68±0.01b	0.77±0.00b
	果实	C	457.25±0.26d	577.45±0.95a	527.00±0.58c	543.70±3.46b	529.80±8.78c
		N	11.40±0.00c	19.20±0.46a	14.00±0.58b	14.00±0.06b	13.45±0.32b
		P	1.53±0.03b	1.99±0.01a	1.57±0.01b	1.40±0.01c	1.36±0.01c

表 6.23 不同积雪梯度下落草各器官生态化学计量特征

年份	器官	化学计量特征	S0	CK	S1	S2	S3
2018	茎	C/N	99.26±0.69b	113.82±6.95ab	127.11±6.99a	113.92±2.95ab	101.22±1.03b
		C/P	89.87±1.98c	99.17±4.12b	75.88±2.08d	79.12±1.59d	115.34±3.18a
		N/P	0.91±0.03b	0.87±0.03b	0.60±0.02d	0.70±0.02c	1.14±0.02a

续表

年份	器官	化学计量特征	S0	CK	S1	S2	S3
2018	叶	C/N	70.16±2.44a	56.04±2.33bc	56.92±1.97bc	60.43±3.19b	49.91±1.89c
		C/P	98.42±4.18b	167.07±1.05a	101.81±3.19b	67.45±1.91c	63.68±1.78c
		N/P	1.40±0.01c	2.99±0.12a	1.79±0.04b	1.12±0.04d	1.28±0.05cd
	果实	C/N	23.42±1.03ab	23.33±0.93ab	21.88±0.30ab	20.75±1.02b	24.78±1.53a
		C/P	42.86±0.89c	46.04±1.78c	43.42±0.59c	64.03±1.84a	57.20±0.94b
		N/P	1.83±0.05c	1.97±0.05c	1.99±0.05c	3.09±0.07a	2.32±0.10b
2019	茎	C/N	172.62±10.98a	105.20±7.06b	107.41±3.79b	166.98±6.50a	173.64±10.56a
		C/P	708.49±41.04a	630.05±34.15a	627.95±23.63a	722.80±18.15a	668.56±14.01a
		N/P	4.11±0.09b	6.04±0.48a	5.87±0.34a	4.35±0.27b	3.87±0.17b
	叶	C/N	69.20±0.69d	78.32±2.78c	87.19±0.95b	100.81±1.52a	83.85±0.62b
		C/P	551.54±12.81c	540.61±36.32c	650.02±39.00b	807.37±9.70a	693.19±0.95b
		N/P	7.97±0.22a	6.95±0.71a	7.46±0.51a	8.01±0.11a	8.27±0.07a
	果实	C/N	40.11±0.02a	30.11±0.68b	37.77±1.52a	38.83±0.09a	39.47±1.59a
		C/P	299.28±6.76c	290.11±1.27c	335.68±0.87b	387.24±4.74a	388.98±7.58a
		N/P	7.46±0.16c	9.64±0.20a	8.91±0.33b	9.97±0.10a	9.87±0.22a

6.3.5　异叶米口袋（*Tibetia himalaica*）

异叶米口袋又称为喜马拉雅米口袋，为多年生草本，主根直下，上部增粗，分茎明显；叶长 2～7cm，叶柄被稀疏长柔毛；托叶大，卵形，密被贴伏长柔毛；小叶为圆形至椭圆形、宽倒卵形至卵形，顶端微缺至深缺，被贴伏长柔毛；伞形花序，总花梗与叶等长或较叶长，具稀疏长柔毛；子房被长柔毛，花柱折曲成直角；荚果圆筒形或稍扁，被稀疏柔毛或近无毛；种子肾形，光滑；花期 5～6 月，果期 7～8 月；生于海拔 2000～2800m 的山谷或山坡阴处，分布于甘肃、青海、四川、西藏等地（陈立等，2001）。

1. 不同器官的生物量

由图 6.25 可知，2018 年异叶米口袋的个体大小、营养器官生物量、繁殖器官生物量在 S0 处理下最大，S1、S2、S3 均高于 CK，并存在显著差异。2019 年，个体大小、营养器官生物量在 S3 下显著高于其他处理（$P<0.05$），而繁殖器官生物量在不同处理间无显著差异。

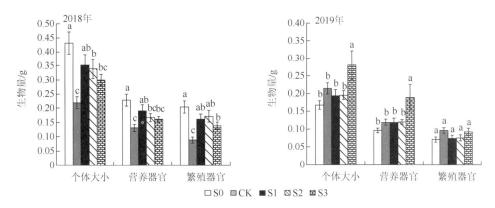

图 6.25　不同积雪梯度间异叶米口袋个体大小（地上部分）、营养器官生物量和繁殖器官生物量差异

2. 繁殖分配特征

由图 6.26 可知，2018 年繁殖分配中 S2 显著高于 CK（$P<0.05$），2019 年中 CK 显著高于 S3（$P<0.05$）。

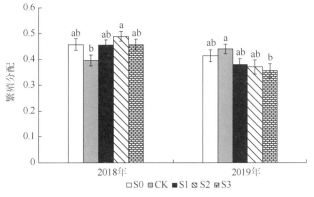

图 6.26　不同积雪梯度间异叶米口袋繁殖分配的差异

不同积雪梯度下异叶米口袋个体大小（地上部分生物量）与繁殖器官生物量及繁殖分配间的相关性分析表明（图 6.27）：2018 年和 2019 年不同处理下个体大小与繁殖器官生物量均呈现出显著或极显著的正相关关系；而繁殖分配与个体大小的关系仅在 S2 处理下达显著的正相关关系（$P<0.05$）。由图 6.28 可知，在营养器官生物量与繁殖器官生物量的关系中，除 S3 与 2019 年的 S2 外，其余处理均体现出显著或极显著的正相关关系。

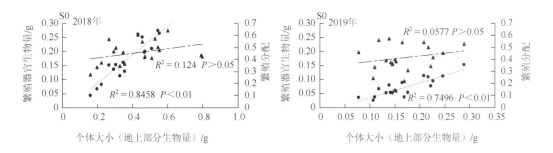

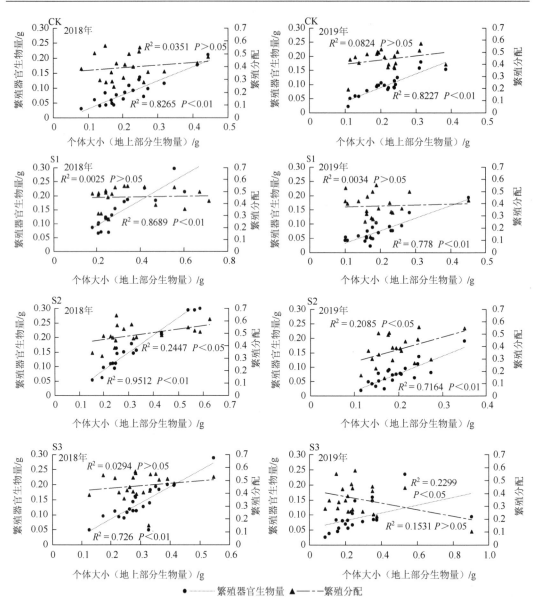

图 6.27　异叶米口袋个体大小（地上部分生物量）与繁殖器官生物量、繁殖分配的线性关系

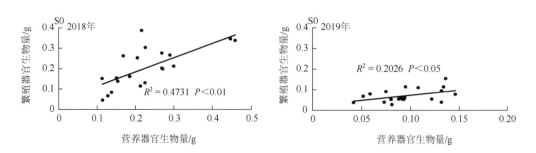

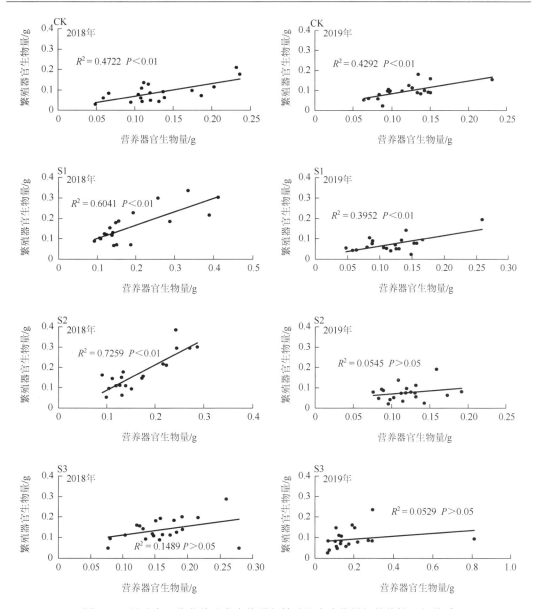

图 6.28　异叶米口袋营养器官生物量与繁殖器官生物量间的线性回归关系

3. 不同器官的功能属性特征

由表 6.24 可知，2018 年茎干重在 S0 处理下最大；茎长在 S1 处理下最大。2019 年，茎干重在 S3 处理下最大；茎粗在 CK 下最大；茎长、茎分配在 S1 下最大，且均具有显著差异（$P<0.05$）。

由表 6.25 可知，2018 年叶干重和叶分配分别在 S0 和 CK 处理下最大；2019 年叶干重在 S3 处理下最大，且具有显著差异（$P<0.05$）。

由表 6.26 可知，2018 年单株果实量和单株果实重均在 S0 下最大，且具有显著差异（$P<0.05$），其他属性在不同处理间无显著差异。

表 6.24　不同积雪梯度下异叶米口袋茎部属性

年份	茎属性	S0	CK	S1	S2	S3
2018	茎干重/g	0.11±0.01a	0.06±0.01c	0.09±0.01ab	0.09±0.01ab	0.08±0.01bc
	茎粗/mm	1.22±0.03a	1.35±0.05a	1.42±0.05a	1.43±0.04a	1.19±0.04a
	茎长/cm	13.37±0.41a	10.84±0.47b	13.42±0.87a	12.91±0.61a	12.04±0.53ab
	茎分配/%	0.26±0.01a	0.27±0.01a	0.27±0.01a	0.26±0.01a	0.26±0.01a
2019	茎干重/g	0.05±0.00b	0.06±0.00ab	0.06±0.01ab	0.06±0.00ab	0.10±0.04a
	茎粗/mm	1.13±0.04b	1.28±0.05a	1.10±0.05b	1.09±0.04b	1.07±0.04b
	茎长/cm	9.62±0.49b	10.81±0.40b	13.29±0.86a	10.66±0.46b	10.76±0.39b
	茎分配/%	0.29±0.01ab	0.28±0.01b	0.33±0.02a	0.30±0.01a	0.31±0.03ab

表 6.25　不同积雪梯度下异叶米口袋叶片属性

年份	叶片属性	S0	CK	S1	S2	S3
2018	叶干重/g	0.12±0.01a	0.07±0.01b	0.10±0.01ab	0.08±0.01b	0.08±0.01b
	叶分配/%	0.29±0.02ab	0.33±0.02a	0.28±0.02b	0.25±0.02b	0.28±0.02ab
2019	叶干重/g	0.05±0.00b	0.06±0.00b	0.05±0.01b	0.06±0.00b	0.08±0.01a
	叶分配/%	0.30±0.02a	0.28±0.02a	0.28±0.02a	0.32±0.02a	0.33±0.03a

表 6.26　不同积雪梯度下异叶米口袋果实属性

年份	果实属性	S0	CK	S1	S2	S3
2018	单株果实量/个	4.10±0.46a	2.10±0.24c	3.21±0.22ab	3.74±0.41ab	2.91±0.33bc
	单株果实重/g	0.20±0.02a	0.09±0.01c	0.16±0.02ab	0.17±0.02ab	0.14±0.01b
	单颗果实重/g	0.05±0.00a	0.05±0.00a	0.05±0.00a	0.05±0.01a	0.05±0.00a
2019	单株果实量/个	2.20±0.27a	2.20±0.27a	2.60±0.28a	1.90±0.16a	2.05±0.21a
	单株果实重/g	0.07±0.01a	0.10±0.01a	0.07±0.01a	0.08±0.01a	0.09±0.01a
	单颗果实重/g	0.04±0.00b	0.05±0.00a	0.03±0.00b	0.04±0.00ab	0.05±0.00a

4. 不同器官的 C、N、P 化学计量特征

由表 6.27 可知，2018 年茎部 N、P 含量在 S2 处理下最大；叶部 N、P 含量分别在 S3 和 CK 处理下最大；果实中 N、P 含量分别在 S3 和 S2 处理下最大，且均具有显著差异。2019 年，茎部 C 含量在 CK 下最大，N、P 含量在 S1 处理下最大；叶片中 C、P 含量在 S0 处理下最大，N 含量在 S1 处理下最大；果实中 N、P 含量分别在 S2 和 S1 处理下最大，且均具有显著差异。

由表 6.28 可知，2018 年茎部 C/P、N/P 在 S1 处理下最大；叶片中 C/N、C/P、N/P 分别在 S0、S1、S3 处理下最大；果实中 C/N、C/P、N/P 均在 CK 下最大。2019 年，茎部 C/N、C/P 在 S0 处理下最大；叶片中 C/N 在 CK 下最大，C/P、N/P 在 S2 处理下最大；果实中 C/N、C/P 在 S0 处理下最大，N/P 在 S2 处理下最大。

表 6.27　不同积雪梯度下异叶米口袋各器官养分含量　　　（单位：g/kg）

年份	器官	营养元素	S0	CK	S1	S2	S3
2018	茎	C	430.88±12.57a	450.73±20.04a	452.72±5.75a	459.31±15.68a	427.54±14.42a
		N	24.57±0.39b	22.68±0.52b	24.41±0.70b	26.84±1.08a	23.85±0.19b
		P	2.58±0.03b	2.21±0.01c	1.51±0.01d	2.73±0.01a	2.52±0.04b
	叶	C	456.34±9.19a	440.86±21.78a	416.29±17.23a	428.33±13.96a	430.77±2.52a
		N	15.39±0.51c	16.86±0.49bc	15.63±0.47c	18.02±0.13b	28.20±1.10a
		P	2.66±0.01c	4.31±0.02a	1.84±0.04e	2.09±0.09d	2.83±0.03b
	果实	C	401.11±7.22a	414.56±18.75a	411.34±17.35a	413.61±14.35a	419.13±15.92a
		N	22.91±0.49b	21.87±0.40b	22.80±0.45b	22.37±0.87b	31.03±0.40a
		P	2.55±0.03c	1.51±0.01e	2.82±0.00b	2.98±0.08a	2.34±0.00d
2019	茎	C	418.50±1.10bc	427.45±1.24a	414.40±2.39c	422.40±0.46b	420.50±0.12b
		N	3.30±0.46c	3.70±0.23bc	5.50±0.58a	4.85±0.14ab	5.40±0.23a
		P	0.97±0.04c	1.07±0.04bc	1.40±0.01a	1.11±0.07b	1.17±0.01b
	叶	C	407.60±0.12a	403.60±0.17b	398.10±1.10c	403.85±0.95b	402.45±1.47b
		N	7.80±0.29ab	6.95±0.95b	10.15±0.84a	9.20±0.29ab	10.10±0.87a
		P	1.25±0.04a	1.22±0.01ab	1.15±0.02b	1.03±0.01c	1.16±0.01b
	果实	C	441.35±1.93a	448.45±0.55a	439.45±5.11a	444.80±2.66a	438.85±4.07a
		N	9.80±0.23c	16.30±0.81b	22.80±0.12a	23.05±1.99a	21.95±2.34a
		P	1.66±0.01c	1.70±0.03c	2.18±0.04a	1.73±0.01c	2.03±0.01b

表 6.28　不同积雪梯度下异叶米口袋各器官生态化学计量特征

年份	器官	计量特征	S0	CK	S1	S2	S3
2018	茎	C/N	17.56±0.74a	19.94±1.34a	18.58±0.64a	17.21±1.24a	17.93±0.68a
		C/P	166.96±3.68c	203.66±9.97b	300.63±6.27a	168.11±5.67c	169.77±5.48c
		N/P	9.52±0.20b	10.24±0.19b	16.21±0.51a	9.82±0.40b	9.48±0.22b
	叶	C/N	29.72±1.34a	26.25±1.92ab	26.75±1.87ab	23.77±0.77b	15.33±0.67c
		C/P	171.77±4.18b	102.23±5.07c	226.36±13.38a	205.58±11.87a	152.17±1.80b
		N/P	5.79±0.18c	3.91±0.10d	8.48±0.12b	8.64±0.31b	9.97±0.44a
	果实	C/N	17.52±0.38a	18.99±1.15a	18.04±1.12a	18.50±0.17a	13.52±0.67b
		C/P	157.04±2.64c	273.74±11.17a	145.54±6.10c	138.69±4.29c	178.91±6.78b
		N/P	8.97±0.27c	14.45±0.27a	8.09±0.16d	7.50±0.21d	13.25±0.18b
2019	茎	C/N	132.20±19.40a	116.48±7.65ab	76.99±7.89c	87.24±2.50bc	78.16±2.37c
		C/P	431.09±16.13a	401.69±13.43ab	295.90±2.42c	383.54±26.53ab	358.07±3.69b
		N/P	3.39±0.48a	3.48±0.26a	3.92±0.38a	4.42±0.41a	4.59±0.15a
	叶	C/N	52.40±1.96ab	60.38±8.49a	39.78±3.42b	43.99±1.49b	40.42±3.36b
		C/P	327.88±10.64b	331.90±2.71b	345.90±6.63b	393.63±6.18a	346.54±2.25b
		N/P	6.29±0.44b	5.72±0.81b	8.84±0.83a	8.96±0.16a	8.68±0.66a

年份	器官	计量特征	S0	CK	S1	S2	S3
2019	果实	C/N	45.08±0.87a	27.65±1.41b	19.28±0.32c	19.61±1.83c	20.42±2.02c
		C/P	266.67±3.03a	263.31±3.87ab	202.14±2.56d	257.28±2.00b	216.37±2.11c
		N/P	5.92±0.17c	9.57±0.50b	10.49±0.27b	13.33±1.16a	10.82±1.15b

6.4　积雪变化对植物群落特征的影响

6.4.1　积雪变化对植物群落生物量的影响

由图 6.29 可知，2018 年植物群落生物量表现为 S1 最高，S2 最低，在不同积雪梯度间差异不显著；2019 年除 CK 植物群落生物量下降外，其他处理植物群落生物量均相较于 2018 年有所上升，且 S1 显著高于 CK（$P<0.05$）。

由图 6.30 可知，2018 年不同积雪梯度对各植物功能群生物量的影响差异不显著，且变化趋势不相同。其中，禾本科植物生物量整体上随积雪梯度的增加呈上升的趋势；而豆科植物随积雪梯度的增加呈逐渐下降的趋势；莎草科植物则随积雪量的增加先增后减，并在 S2 处理下达到最高（37g/m²）；杂类草生物量无明显变化趋势，在 S0 处理下最高（198g/m²），在 S2 处理下最低（144g/m²）。

2019 年，各植物功能群生物量在不同积雪梯度间体现出显著差异。其中，禾本科生物量随积雪梯度的增加表现出先上升后降低的趋势，在 CK 处理下最大（28g/m²），且显著高于 S2、S3 和 S0（$P<0.05$），同时 S1 显著高于 S0（$P<0.05$）；豆科植物则在各处理间无显著差异，在 S1 处理下最低（11g/m²），S0 处理下最高（19.6g/m²）；莎草科植物表现为随积雪梯度的增加先升高后降低，S2 和 S1 显著大 CK（$P<0.05$）；杂类草生物量表现为 S1>S0>S3>S2>CK，除 S3 外其他处理下差异均达到显著水平（$P<0.05$）。

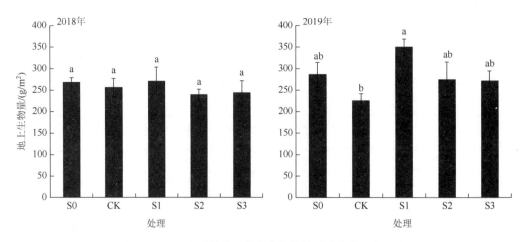

图 6.29　不同积雪梯度对高寒草甸植物群落生物量的影响

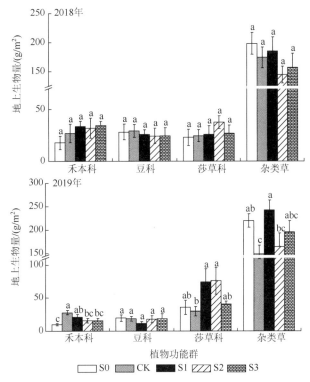

图 6.30　不同积雪梯度对高寒草甸主要功能群生物量的影响

6.4.2　积雪变化对植物群落盖度和高度的影响

由表 6.29 可知，2018 年禾本科植物高度整体上随积雪量的增加显著降低（$P<0.05$），并在 S0 处理下达到最大；2019 年则表现为随积雪量的增加呈先降低后增加再降低的趋势，且各处理间存在显著差异（$P<0.05$），在 S1 处理下达到最大。莎草科植物在 2018 年无明显变化，在 2019 年体现为随积雪量的增加呈先上升后降低的趋势，其中 S1、S2 显著高于 S3（$P<0.05$），在 S1 处达到最大。杂类草在 2018 年表现为随积雪量的增加呈先增后减的趋势，且各处理间存在显著差异（$P<0.05$），在 CK 处理下达到最大；在 2019 年则体现为随积雪量的增加呈先减后增再减的趋势，各处理间存在显著差异（$P<0.05$），并在 S1 处理下达到最大。

由图 6.31 可知，2018～2019 年，高寒草甸植物群落盖度对积雪量的响应无显著差异。由图 6.32 可知，2018 年各功能群盖度在不同积雪梯度下无差异；在 2019 年表现为禾本科中 CK 最高，豆科中 S1 最低，杂类草中 S1 最高，且差异达到显著水平（$P<0.05$）。

表 6.29　不同积雪梯度对高寒草甸主要功能群高度的影响　　　　（单位：cm）

年份	功能群	S0	CK	S1	S2	S3
2018	禾本科	48.02±1.94a	47.00±1.16a	40.16±1.90b	33.61±0.88c	34.89±1.13c
	莎草科	17.37±1.97a	16.80±2.18a	14.55±1.25a	16.19±1.94a	12.61±1.22a

续表

年份	功能群	S0	CK	S1	S2	S3
2018	豆科	12.62±0.87b	8.65±0.53c	9.12±0.59c	15.17±0.86a	8.45±0.60c
	杂类草	15.43±0.53bc	18.81±1.09a	16.2±0.49b	14.19±0.68cd	12.31±0.46d
2019	禾本科	44.94±1.14bc	40.5±1.02d	50.0±1.71a	48.18±1.39ab	42.68±1.37cd
	莎草科	15.56±2.22ab	16.24±2.25ab	19.22±1.66a	17.83±1.96a	10.84±0.74b
	豆科	5.95±0.30a	6.1±0.33a	6.95±0.36a	7.25±0.64a	6.35±0.39a
	杂类草	15.2±0.61bc	14.7±0.64c	18.88±0.80a	16.94±0.68b	10.54±0.49d

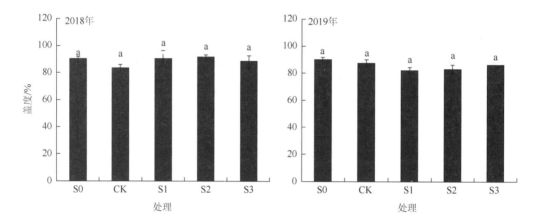

图 6.31 不同积雪梯度对高寒草甸植物群落盖度的影响

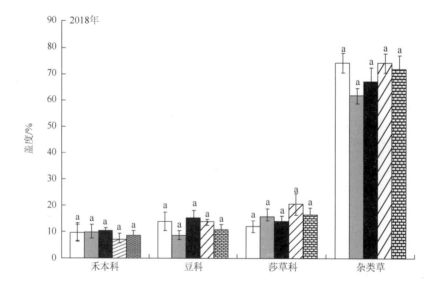

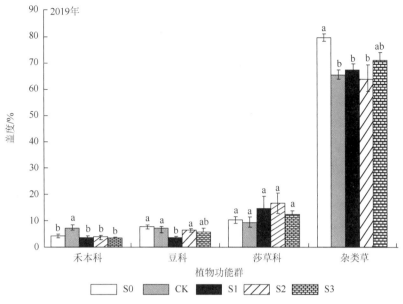

图 6.32　不同积雪梯度对高寒草甸主要功能群盖度的影响

6.4.3　积雪变化对植物群落物种丰富度的影响

由表 6.30 可知，2018 年，禾本科、莎草科、杂类草的物种丰富度在各积雪梯度间差异不显著；豆科植物的丰富度在 CK 处理下显著高于 S2 和 S3（$P<0.05$）。2019 年，禾本科植物的丰富度在 S3 处理下最低；莎草科在 S2 处理下最低，且具有显著差异（$P<0.05$）；豆科和杂类草在各处理间无差异。另外，群落丰富度在 2018 年和 2019 年两年间的各处理下均无差异。

表 6.30　不同积雪梯度对高寒草甸主要功能群丰富度的影响

年份	处理	群落	禾本科	莎草科	豆科	杂类草
	S0	28.60±1.60a	2.80±0.20a	3.20±0.20a	2.20±0.20ab	20.40±1.29a
	CK	27.00±0.95a	3.20±0.37a	3.20±0.37a	2.80±0.20a	17.80±0.97a
2018	S1	26.00±1.52a	3.40±0.51a	3.00±0.45a	2.00±0.00ab	17.60±0.75a
	S2	28.60±2.21a	3.80±0.20a	3.80±0.20a	1.80±0.49b	19.20±1.63a
	S3	30.20±0.66a	3.60±0.25a	3.60±0.25a	1.80±0.20b	21.20±0.86a
	S0	27.80±0.58a	3.60±0.40a	3.60±0.25ab	2.00±0.00a	18.60±0.68a
	CK	28.20±1.59a	3.20±0.20ab	3.80±0.20a	2.00±0.00a	19.20±1.59a
2019	S1	26.00±1.30a	3.40±0.25a	4.00±0.00a	2.00±0.00a	16.60±1.21a
	S2	25.40±1.66a	3.80±0.49a	3.00±0.32b	2.00±0.00a	16.60±1.03a
	S3	25.40±1.54a	2.20±0.37b	3.80±0.20a	2.00±0.00a	17.40±1.29a

6.4.4　积雪变化对植物群落物种重要值的影响

由表 6.31 可知，2018 年中不同功能群下，禾本科重要值表现为 S0＞CK＞S1＞S2＞

S3，雪量的增加减小了禾本科重要值；莎草科重要值为 CK 最低，S3 最高，即去除积雪（S0）和增加积雪（S1、S2、S3）均可以提高莎草科重要值；豆科和杂类草重要值则在低度积雪量（S1）下达到最高。

2019 年，禾本科重要值在 S3 处理下达到最低；莎草科重要值随积雪量的增加先增后减，但增雪处理均提高了其重要值；豆科和杂类草重要值则在重度积雪量（S3）下达到最高。另外，在不同积雪梯度下，均表现为杂类草重要值＞禾本科重要值＞莎草科重要值＞豆科重要值，因此，积雪量的变化没有改变高寒草甸植被优势功能群，只对同一功能群的植物重要值产生影响。

高寒草甸植物群落物种组成和重要值均在积雪增加或去除后发生了改变，试验样地的样方中共观测到 53 个物种。2018 年和 2019 年两年间 CK 样地分别记录了 35 个和 40 个物种，2018 重要值大于 5% 的植物有 6 种，占群落总优势度的 51.7%，在该群落中占绝对优势；2019 年 CK 样地植物物种重要值大于 5% 的植物有 2 种，占群落总优势度的 12.6%。2018 年和 2019 年 S0 样地分别记录了 41 个和 36 个物种，2018 年 S0 样地植物物种重要值大于 5% 的植物有 4 种，占群落总优势度的 35.4%；2019 年 S0 样地植物物种重要值大于 5% 的植物有 2 种，占群落总优势度的 16.6%。2018 年和 2019 年 S1 样地分别记录了 41 个和 36 个物种，2018 年 S1 样地植物物种重要值大于 5% 的植物有 7 种，占群落总优势度的 51.3%；2019 年 S1 样地植物物种重要值大于 5% 的植物有 3 种，占群落总优势度的 27%。2018 年和 2019 年 S2 样地分别记录了 38 个和 34 个物种，2018 年 S2 样地植物物种重要值大于 5% 的植物有 4 种，占群落总优势度的 31%；2019 年 S2 样地植物物种重要值大于 5% 的植物有 4 种，占群落总优势度的 31.6%。2018 年和 2019 年 S3 样地分别记录了 40 个和 38 个物种，2018 年 S3 样地植物物种重要值大于 5% 的植物有 4 种，占群落总优势度的 31.9%；2019 年 S3 样地植物物种重要值大于 5% 的植物有 2 种，占群落总优势度的 21.3%。另外，2018 年和 2019 年增加积雪样地共记录了 46 个和 41 个物种。整体来看，积雪量的增加提高了群落的总物种数和重要值；去除积雪降低了部分物种的重要值（表 6.32）。

表 6.31　不同积雪梯度对高寒草甸功能群重要值的影响

年份	功能群	S0	CK	S1	S2	S3
2018	禾本科	0.222	0.205	0.191	0.186	0.161
	莎草科	0.130	0.127	0.133	0.144	0.160
	豆科	0.083	0.066	0.091	0.078	0.075
	杂类草	0.794	0.88	0.896	0.73	0.814
2019	禾本科	0.182	0.189	0.181	0.187	0.163
	莎草科	0.121	0.124	0.151	0.171	0.135
	豆科	0.061	0.06	0.048	0.061	0.062
	杂类草	0.702	0.71	0.731	0.721	0.794

表 6.32　不同积雪梯度对高寒草甸植物群落的物种组成及其重要值的影响

物种名	2018 年处理					2019 年处理				
	S0	CK	S1	S2	S3	S0	CK	S1	S2	S3
草地早熟禾	0.030	0.030	0.032	0.034	0.038	0.027	0.033	0.032	0.034	0.043
四川剪股颖	0.044	0.038	0.039	0.029	0.039	0.032	0.045	0.037	0.042	0.037
垂穗披碱草	0.054	0.063	0.055	0.044	0.045	0.041	0.041	0.032	0.041	0.036
莕草	0.031	0.042	0.046	0.036	0.038	0.042	0.043	0.041	0.036	0.046
发草	0.028	0.031				0.040	0.027	0.039	0.034	
紫羊茅	0.034		0.018	0.043						
矮生嵩草	0.049	0.048	0.052	0.061	0.066	0.034	0.029	0.028	0.038	0.041
双柱头藨草	0.025	0.027	0.022	0.022	0.019	0.023	0.025	0.027	0.021	0.030
华扁穗草				0.024						
川西北臺草	0.020		0.026	0.023	0.021	0.022	0.026	0.028	0.017	0.025
线叶嵩草	0.036	0.051	0.033	0.039	0.030	0.042	0.044	0.068	0.095	0.040
蓝花棘豆	0.039	0.032	0.057	0.036	0.036	0.034	0.031	0.025	0.032	0.032
黄花棘豆	0.014			0.014						
异叶米口袋	0.030	0.034	0.035	0.028	0.038	0.027	0.029	0.023	0.028	0.030
矮火绒草	0.022	0.028	0.018		0.024	0.022	0.021	0.015	0.014	0.010
钝苞雪莲	0.171	0.186	0.146	0.125	0.146	0.115	0.076	0.111	0.107	0.163
高山紫菀	0.023	0.029	0.022	0.031	0.025	0.024	0.007			0.022
蒲公英	0.025	0.038	0.034	0.030	0.033	0.033	0.034	0.048	0.031	0.045
乳白香青	0.063	0.041	0.027	0.026	0.023	0.042	0.038	0.028	0.030	0.034
细叶亚菊	0.015	0.026	0.020	0.018	0.036	0.014	0.027	0.025	0.030	0.027
川西獐牙菜	0.017	0.016	0.016	0.017	0.017					
花锚	0.017	0.018	0.011		0.017	0.034	0.025	0.031	0.031	0.027
华丽龙胆	0.024	0.031	0.021	0.024	0.021	0.020	0.022	0.019	0.027	0.023
湿生扁蕾	0.025	0.026	0.013	0.025	0.027	0.027	0.022	0.028	0.030	0.025
线叶龙胆	0.020		0.014			0.024	0.015	0.023		
老鹳草	0.015	0.016	0.018	0.011		0.015	0.018	0.010	0.010	0.010
草玉梅	0.048	0.082	0.092	0.060	0.055	0.044	0.050	0.091	0.058	0.050
蓝翠雀花	0.030	0.036	0.040	0.034	0.038	0.032	0.034	0.029	0.031	0.032
毛莨		0.009	0.019	0.017	0.019	0.022	0.019	0.027	0.020	0.022
高山唐松草	0.012	0.006	0.013	0.019	0.021		0.012	0.015	0.027	0.022
条叶银莲花	0.066	0.062	0.050	0.064	0.052	0.026	0.044	0.026	0.056	0.043
二裂委陵菜						0.008				
钝裂银莲花		0.007	0.019	0.019	0.023		0.014	0.020		0.015

续表

物种名	2018 年处理					2019 年处理				
	S0	CK	S1	S2	S3	S0	CK	S1	S2	S3
蕨麻				0.009	0.015		0.009			0.010
雪白委陵菜	0.025	0.073	0.045	0.035	0.036	0.028	0.040	0.031	0.037	0.028
伞花繁缕	0.012	0.018	0.014	0.019	0.017	0.015	0.019	0.014	0.014	0.017
葛缕子	0.012		0.022		0.013					0.019
四川卷耳	0.019	0.024	0.027	0.024	0.019	0.019	0.021	0.024	0.019	0.017
婆婆纳		0.022	0.018	0.016	0.017			0.024	0.021	0.016
肉果草	0.018	0.027	0.014	0.018	0.013	0.017	0.016		0.012	0.015
四川马先蒿	0.012					0.017	0.015	0.010		0.012
小米草	0.020	0.026	0.015	0.017	0.019	0.019	0.021	0.017	0.024	0.021
乳浆大戟	0.008		0.034	0.023	0.021		0.021	0.020	0.022	0.027
蝇子草			0.019		0.010	0.018				
圆叶堇菜	0.016	0.012	0.017	0.019	0.017	0.016	0.012	0.021	0.020	0.017
黄帚橐吾			0.061	0.013			0.016		0.049	
秦艽	0.046				0.025	0.051		0.025		0.023
锯齿风毛菊		0.022					0.016			
鹅掌草	0.008									
平车前	0.006									
耳草			0.016							
鹅芹				0.017	0.013					
山莓草							0.014			

6.4.5　积雪变化对植物群落物种多样性的影响

由图 6.33 可知，2018 年，高寒草甸植物群落 Simpson 指数随积雪量的增加表现出先降低后增加再降低的趋势，S2 处理下 Simpson 指数最高，且 CK 与 S0、S1、S2、S3 处理间存在显著差异（$P<0.05$）；Shannon-Wiener 指数与 Pielou 指数变化趋势一致，均为随积雪梯度的增加先上升后下降再上升，但 Shannon-Wiener 指数在各处理间无显著差异，Pielou 指数则在 CK 处理下最大且显著高于 S0 处理（$P<0.05$）。

2019 年，Simpson 指数随积雪量的增加先增后减，在 CK 处理下最高，且 S0、CK、S2、S3 间存在显著差异（$P<0.05$）；而 Shannon-Wiener 指数与 Pielou 指数在各处理间无差异，其中 Pielou 指数表现为先降低后增加再降低的趋势，Shannon-Wiener 指数无明显变化趋势。

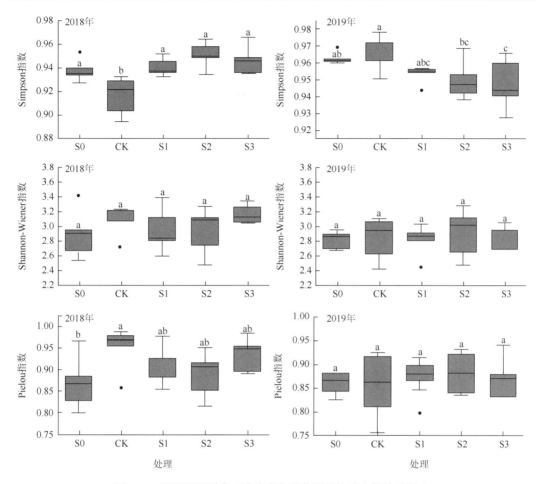

图 6.33　不同积雪梯度对高寒草甸植物群落物种多样性的影响

6.5　小　　结

本书研究通过探究积雪变化对青藏高原高寒草甸土壤理化性质、植物群落特征、常见植物繁殖等的影响，主要得出以下结论。

（1）积雪量较低时（S1），群落总生物量最大且促进了杂类草的生长。随着积雪量的增加（S2、S3），禾本科生物量显著降低。同时，增雪处理显著降低禾本科盖度，S1 和 S2 显著提高莎草科生物量。且积雪变化对植物群落组成、高度、盖度、多样性指数产生了一定影响，但变化趋势不相同且规律不明显。

（2）土壤理化性质受积雪梯度变化的影响较明显。当积雪量增加时，土壤含水量呈上升趋势而土壤温度则呈下降趋势。另外，增加积雪可显著提高土壤紧实度，而去除积雪可显著降低土壤 pH。同时，S1 处理下的土壤速效养分整体含量较高，对全效养分提高有一定的促进作用，而 S3 和 S2 则分别显著增加了表层和深层土壤的全效养分。

（3）钝苞雪莲、乳白香青在 S1 处理下不同器官生物量整体较大，而垂穗披碱草、落草和异叶米口袋则在 S0 处理下长势较好，表明每种植物的最佳生长条件不相同。且 5 个物种的个体生物量增大时，对繁殖器官的资源分配也越多，需相应地增加营养器官生物量以维持对繁殖支持结构的投入。

综上所述，积雪变化通过影响土壤温度和水分，在一定程度上促进了植物群落的生长和根系的发育，但积雪过多则会增强土壤冻融效应对根系的负面影响，阻碍植物地上部分的生长发育。积雪并未改变研究区内生态系统养分限制格局，不同处理下的植物、根系和土壤均受氮元素的限制。在今后的研究中，还应结合不同优势物种地下根系特征与地上各器官功能性状间的相互关系，进一步在物种水平上探讨积雪变化对高寒草甸地上-地下部分的影响。

<h1 style="text-align:center">参 考 文 献</h1>

陈渤黎，2014. 青藏高原土壤冻融过程陆面能水特征及区域气候效应研究[D]. 北京：中国科学院大学.

陈立，王军宪，栗燕，等，2001. 米口袋属植物研究概况[J]. 陕西中医，22（3）：184-185.

陈仕勇，陈智华，周青平，等，2016. 青藏高原垂穗披碱草种质资源形态多样性分析[J].中国草地学报，38（1）：27-33.

苟文龙，路慧，孙飞达，等，2017. 若尔盖高寒退化草地乳白香青水浸液对4种禾草的化感作用[J]. 草学，（6）：37-42.

李博文，刘旻霞，张娅娅，等，2019. 甘南高寒草甸不同海拔梯度乳白香青与长毛风毛菊的点格局分析[J]. 西北植物学报，39（8）：1472-1479.

刘航江，宗人旭，刘金平，等，2018. 草地群落类型对乳白香青种群特征和雌雄株形态及抗性的影响[J]. 草业学报，27（10）：113-124.

罗雪萍，阿的鲁骥，字洪标，等. 2018. 高寒草甸土壤微生物功能多样性对积雪变化的响应[J]. 冰川冻土，40（5）：1016-1027.

宋燕，张菁，李智才，等，2011. 青藏高原冬季积雪年代际变化及对中国夏季降水的影响[J]. 高原气象，30（4）：843-851

王澄海，董文杰，韦志刚，2003. 青藏高原季节冻融过程与东亚大气环流关系的研究[J]. 地球物理学报，46（3）：309-316.

乌日罕，杨景辉，王艳荣，等，2014. 冶草、草地早熟禾与草坪杂草竞争能力的比较研究[J]. 草原与草业，26（1）：39-44.

杨梅学，姚檀栋，Nozomu H，等，2006. 青藏高原表层土壤的日冻融循环[J]. 科学通报，51（16）：1974-1976.

张宝贵，张威，刘光琇，等，2012. 冻融循环对青藏高原腹地不同生态系统土壤细菌群落结构的影响[J]. 冰川冻土，34（6）：1499-1507.

赵哈林，周瑞莲，赵悦，2004. 雪生态学研究进展[J]. 地球科学进展，19（2）：296-304.

郑度，林振耀，张雪芹，2002. 青藏高原与全球环境变化研究进展[J]. 地学前缘，9（1）：95-102.

朱玉祥，丁一汇，2007. 青藏高原积雪对气候影响的研究进展和问题[J]. 气象科技，35（1）：1-8.

Bales R C，Davis R E，Williams M W，1993. Tracer release in melting snow: diurnal and seasonal patterns[J]. Hydrological Processes，7（4）：389-401.

Gray D M，1970. Handbook on the principles of hydrology[M]. Ottawa: Canadian National Committee for the International Hydrological Decade Publication.

Hedstrom N R，Pomeroy J W，1998. Measurements and modelling of snow interception in the boreal forest[J]. Hydrological Processes，12（10-11）：1611-1625.

Hughes M G，Robinson D A，1996. Historical snow cover variability in the great plains region of the USA: 1910 through to 1993[J]. International Journal of Climatology，16（9）：1005-1018.

Karl T R，Groisman P Y，Knight R W，et al.，1993. Recent variations of snow cover and snowfall in North America and their relation to precipitation and temperature variations[J]. Journal of Climate，6（7）：1327-1344.

Li W B，Wu J B，Bai E，et al.，2016. Response of terrestrial nitrogen dynamics to snow cover change: a meta-analysis of experimental manipulation[J]. Soil Biology and Biochemistry，100：51-58.

Margesin R，Schinner F，1994. Properties of cold-adapted microorganisms and their potential role in biotechnology[J]. Journal of Biotechnology，33：1-14.

Merriam G，Wegner J，Caldwell D，1983. Invertebrate activity under snow in deciduous woods[J]. Ecography，6（1）：89-94.

Scott B C，1981. Sulfate washout ratios in winter storms[J]. Journal of Applied Meteorology，20（6）：619-625.

Seastedt T R，Vaccaro L，2001. Plant species richness，productivity，and nitrogen and phosphorus limitations across a snowpack gradient in alpine tundra，Colorado，U.S.A.[J]. Arctic Antarctic and Alpine Research，33（1）：100-106.

Sturm M，Holmgren J，Liston G E，1995. A seasonal snow cover classification system for local to global applications[J]. Journal of Climate，8（5）：1261-1283.

Wipf S，Rixen C，2010. A review of snow manipulation experiments in arctic and alpine tundra ecosystems[J]. Polar Research，29（1）：95-109.

Yeh T C，Wetherald R T，Manabe S，1983. A model study of the short-term climatic and hydrologic effects of sudden snow-cover removal[J]. Monthly Weather Review，111（5）：1013-1024.

第 7 章　温度升高对高寒草地生态系统的影响

7.1　引　　言

7.1.1　温度升高的生态学意义

温度作为影响陆地生态系统生化过程的重要环境因素之一（吕超群和孙书存，2004），对生态系统的功能、结构和稳定性均会产生不同程度的影响。研究表明，温度上升会提高营养物质的矿化速率（Jonasson et al.，2004；Fröberg et al.，2013），从而提高有效养分的供给率（Xia et al.，2014）。在陆地碳循环过程中，气候变暖对生态系统碳吸收和释放的影响将最终决定生态系统的碳汇强度（Zi et al.，2018）。气候变暖还会加快活性氮的沉降速度（Yan et al.，2015），土壤氮富集则会破坏氮、磷平衡，导致磷元素匮乏，形成磷限制（Marklein and Houlton，2012），而氮、磷单一或联合限制已被广泛认为是生态系统生产力下降的主要因素（Liu et al.，2012a）。同时，大气温度的升高还会导致水分蒸发量加大，造成土壤含水量下降，降低土壤持水能力，破坏土壤结构（许炼烽和朱伍坤，1996）。因此，气候变暖是当前导致陆地生态系统结构和功能发生改变的主要环境问题之一（Schaeffer et al.，2013）。研究表明，高纬度和高海拔地区生态系统对气候变暖的响应更加敏感且迅速（Aerts et al.，2012；Hirao et al.，2017；Lu et al.，2019）。

7.1.2　高寒草地植物群落对温度升高的响应

气候变暖是高寒草地退化的重要原因之一，气候变暖通过改变植物群落的生产力，使植物物候期提前，进而影响生态系统功能。因此，探究高寒草甸在气候变暖条件下的响应机制对于保护该地区生态系统的稳定具有重要意义（Zhang et al.，2015）。目前相关研究主要集中于植物群落相关领域（Dorji et al.，2013；Liao et al.，2020），温度升高直接影响陆地生态系统地上和地下部分的生态过程（Kandeler et al.，1998）。在草地生态系统中，增温使植物生长期提前，促进植物的生长发育（Sullivan and Welker，2005）。高寒嵩草草甸虽然对全球气候变化响应敏感，但其生态系统中的原优势种恢复较快，本身具有较大的稳定性（张法伟等，2010；徐满厚等，2013a），当气温逐年升高时，高寒草甸生产潜力呈逐渐增加趋势（周刊社等，2010）。如 1988～2005 年的 18 年间，三江源草地产草量总体呈增加趋势，显现出从沼泽草地、高寒草甸、高寒草原到温性草原依次增高的特征，特别以高寒草原或西部地区草地的提高幅度较大（樊江文等，2010）。徐满厚等（2013b）对青藏高原高寒草甸研究表明，适当的增温与降水均可极显著促进高寒草甸植被生长。与之相反，Zou 等（2002）研究表明，50 年的长时间增温和气候的干旱化是青藏高原荒漠化的主要原因。王谋等（2005）随后的研究进一步表明，暖干化气候模式下，高寒草甸植被群落发生逆向演替，高寒草原群落向南扩张，扩张速率约为 14.2km/10a，表现为高寒嵩草草甸群落向紫花针茅草原群落的退化，群落生物量锐减。李英年等（2004）通过 5 年模拟增温试验对矮生嵩草草甸群落结构及生物量的研究表明，在增温初期，生物量增加，似乎短期增温对草甸有利，然而，5 年后生物量不增反降，从表面上看，增温延长了植物的生长期，有利于产量的积累，实际受热效应的影响导致植物成熟过程缩短、物候期提前、生物量减少，长期增温导致草甸退化，同时，增温导致禾草类植物增加、杂草减少，导致了植物群落的演替。李娜等（2011）对青藏高原腹地典型高寒草甸和沼泽草甸短期增温研究表明，增温后，生物量增加，群落高度、盖度、重要值等发生了变化，不同植被群落响应不同；杂草盖度增加，禾草和莎草盖度降低，地下生物量有向深层转移的趋势，但不明显；而沼泽草甸变化情况与之相反。赵建中等（2012）对矮生嵩草草甸进行增温试验，结果表明，增温后，不同物种植物分蘖数、叶片数和高度均发生了变化，随着地表温度的持续增高，禾本科功能群表现出较好的生长优势，莎草科和杂类草功能群植物生长受到抑制。

7.1.3　高寒草地土壤对温度升高的响应

土壤是草地生态系统的重要组成部分，对草地生态系统的物质循环和能量流动起到媒介的作用。土壤养分、微生物和酶是土壤的三大主要成分，三者之间互相作用，是形成土壤环境的关键。李娜等（2010）对青藏高原养分状况的研究表明，增温降低了高寒沼泽草甸表土层有机碳、全氮和全磷的含量；对于 5～20cm 土层，温度升高增加了有机碳和全氮的含量，全磷的变化趋势与表土层一致；而高寒草甸土壤养分的变化则与之相反。王蓓等（2011）通过短期增温试验发现，在生长季节，青藏高原高寒草甸微生物群落以细菌为主，当平均温度上升 1.17℃时，微生物 PLFA 总量增加 34.56%，其中细菌相对含量增加 8.8%，真菌相对含量降低 17.48%。

温度是影响土壤酶活性的一个非常重要的因子（Shackle et al.，2000；Hollister and Webber，2000）。刘琳等（2011）通过模拟增温试验研究高寒草甸土壤酶活性的变化，结果表明，增温导致高寒草甸土壤纤维素酶和磷酸酶活性分别提高了 12.4%和 29.1%，而脲酶活性降低了 18.0%，过氧化物酶和多酚氧化酶活性无明显变化，增温有利于促进高寒草甸土壤碳磷循环。而李娜等（2010）通过对长江源区高寒草甸模拟增温试验表明，模拟增温提高了土壤过氧化氢酶、脲酶和蛋白酶的活性，降低了碱性磷酸酶活性，增温促进了土壤氮素循环而降低了土壤磷代谢。

亓伟伟等（2012）和杨新宇等（2017）在海北高寒草甸生态系统定位站的研究结果表明，增温会提升土壤氮的矿化速率，提升可利用氮含量，降低 0～10cm 土层土壤微生物生物量碳。Ganjurjav 等（2016）在那曲高寒草甸的研究中发现，增温会使土壤有机碳、全氮含量显著上升，而土壤速效氮含量变化不显著。Zi 等（2018）在川西北高寒草甸的研究中发现，增温使 0～10cm 土层土壤有机质含量显著下降，土壤速效氮、速效磷和速效钾含量显著上升；增温处理下 10～20cm 土层土壤有机质、全氮和速效钾含量显著上升。因此，增温处理会使部分土壤养分含量发生显著变化，但变化趋势受草地类型、气候条件等因素影响并不一致，土壤养分含量的变化将会直接作用于土壤微生物（Fierer et al.，2007；Oh et al.，2012），影响高寒草地植物生长。

7.1.4　高寒草地土壤微生物对温度升高的响应

温度升高对土壤微生物群落影响的研究相对较少。Zhang 等（2016）研究表明，增温没有使土壤细菌、真菌群落物种丰富度发生显著变化，但会显著改变土壤微生物群落组成。Zi 等（2018）通过相对长期（5 年）且持续的模拟增温试验表明，增温并没有使细菌群落的多样性发生显著改变，这与其他模拟增温试验研究结果相似，增温会使部分菌门相对丰度显著变化，使微生物群落组成更适宜相对较高的温度环境，提升其生态功能的发挥效率。

土壤微生物群落组成是影响高寒草地生态过程的关键因素，其中 AMF 由于能够与大多数陆生植物根系共生而尤为重要（Jiang er al.，2018）。植物根系通过与 AMF 共生并形成菌根结构，提升植物养分吸收能力、抗病能力和个体生物量（Govindarajulu et al.，2005；Leigh et al.，2009）。因此，AMF 能够影响植物群落结构和净初级生产力（Bergelson and Crawley，1988）。AMF 群落的组成、多样性和定殖性易受到气候、土壤微环境等非生物因素的影响（Rasmussen et al.，2018）。气候变暖导致环境因素的改变，驱动着 AMF 群落向更适宜群落发展的方向演替（Hoeksema and Forde，2008；Blanquart et al.，2013）。Kim 等（2014）在干旱草原的研究表明，增温会显著增加土壤孢子密度和 AMF 群落的 OTU 丰度，但对 AMF 菌丝密度和群落组成影响不显著。Sun 等（2013）研究表明，在增温条件下，产孢子能力较弱的 AMF 类群相对丰度会下降。Mei 等（2019）在温带草原的研究中发现，AMF 群落能够通过提升土壤有效磷浓度，提升植物磷吸收效率，降低植物氮磷比，缓解气候变暖对植物群落的影响。但在生态系统敏感且脆弱的青藏高原地区，AMF 相关研究还相对匮乏，特别是气候变暖对 AMF 群落的影响及其响应机制方面。同时，前人研究中采样时间通常为生长季（夏季），忽视了非生长季（冬季）的微生物群落和土壤理化特征的变化，但非生长季对于土壤养分的积累和碳、氮循环等生态过程同样具有重要意义（Groffman et al.，2012），非生长季气候条件的改变也会间接影响生长季生态系统的生态过程（Makoto et al.，2014；Li et al.，2016），加之高寒草甸非生长季温度受气候变暖的影响更为强烈（武丹丹等，2016），且 AMF 定殖的频率和强度具有随季节变化而改变的特点（Dumbrell et al.，2011），因此，探究增温对不同季节高寒草甸 AMF 群落的影响，能够为预测气候变暖背景下高寒草甸生态系统演替方向提供更为全面的理论支撑。

7.2　温度升高对土壤理化性质的影响

7.2.1　温度升高对土壤温度和湿度的影响

对 2015 年 1 月至 2017 年 9 月的土壤温度和湿度进行分析，发现 OTC 增温对土壤的增温效果具有季节性。在生长季（5～9 月），OTC 土壤平均温度为 12.41℃，对照土壤温度为 11.71℃，平均升高 0.70℃；在非生长季（10～次年 4 月），OTC 增温处理下土壤平均温度为 1.63℃，对照土壤平均温度为 0.35℃，增温幅度平均为 1.28℃；OTC 增温处理下土壤温度平均增加了 1.01℃（图 7.1）。

　　OTC 增温处理下，生长季土壤平均湿度为 37.69%，相比 CK 下降了 8.61%；非生长季土壤平均湿度为 20.56%，相比 CK 下降了 12.10%；OTC 增温处理下土壤湿度平均降低了 11.18%（图 7.1）。

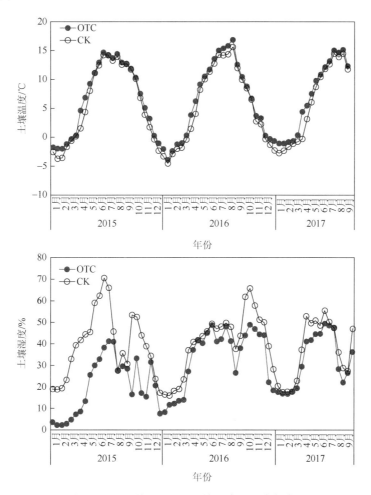

图 7.1　OTC 增温处理下土壤温度和湿度的变化

7.2.2　温度升高对土壤养分的影响

　　在生长季和非生长季，增温显著降低了表层（0～10cm）土壤 pH。然而在生长季至非生长季的转换过程中，增温显著提高了 10～20cm 土壤 pH，且显著高于对照组。

　　不同处理和不同季节土壤养分含量的最小显著性差异（Least significant difference，LSD）检验表明，生长季 OTC 增温下 0～10cm 土层土壤 C/N 显著高于 CK，土壤 TN 含量、N/P 显著低于 CK；10～20cm 土层土壤 NO_3^--N、NH_4^+-N 含量显著高于 CK（$P<0.05$）。在非生长季，OTC 增温处理下 0～10cm 土层土壤 NH_4^+-N 含量显著低于 CK；10～20cm

土层土壤 TC、TN 和 TP 含量显著高于 CK，土壤 C/N 显著低于 CK（$P<0.05$）。在生长季到非生长季的过程中，在 OTC 增温处理下，0～10cm 土层土壤 C/N、C/P、N/P 显著上升，NH_4^+-N 含量显著下降；10～20cm 土层土壤 TC 含量、TN 含量、C/P、N/P 显著上升，NO_3^--N、NH_4^+-N 含量显著下降。在生长季到非生长季的过程中，在 CK 处理下，0～10cm 土层土壤 C/N、C/P、N/P 显著上升，TN、TP、NO_3^--N 显著下降；10～20cm 土层土壤 C/P、N/P 显著上升，TP 含量显著下降（表 7.1）。

表 7.1　增温对高寒草甸不同季节土壤养分的影响

季节	指标	0～10cm 土层		10～20cm 土层	
		OTC	CK	OTC	CK
生长季	pH	5.84±0.03Ab	5.94±0.02Aa	5.81±0.01Ba	5.84±0.03 Aa
	TC 含量/(g/kg)	60.92±3.63Aa	72.97±2.41Aa	50.98±1.92Ba	54.02±2.66Aa
	TN 含量/(g/kg)	4.17±0.27Ab	5.33±0.22Aa	3.65±0.14Ba	3.72±0.23Aa
	TP 含量/(g/kg)	0.36±0.03Aa	0.38±0.01Aa	0.33±0.03Aa	0.32±0.02Aa
	NO_3^--N 含量/(mg/kg)	21.29±5.97 Aa	26.10±3.04Aa	16.51±1.84Aa	13.88±1.11Ab
	NH_4^+-N 含量/(mg/kg)	19.26±2.99Aa	15.73±3.53Aa	16.15±1.68Aa	8.08±1.21Ab
	AP 含量/(mg/kg)	76.44±4.67Aa	75.87±2.58Aa	75.10±4.28Aa	77.01±1.05Aa
	C/N	14.64±0.17Ba	13.71±0.18Bb	13.98±0.19Aa	14.61±0.36Aa
	C/P	170.33±9.66Ba	193.31±7.54Ba	160.37±11.76Ba	169.40±8.42Ba
	N/P	11.62±0.61Bb	14.12±0.61Ba	11.46±0.77Ba	11.67±0.81Ba
非生长季	pH	5.87±0.01Bb	6.28±0.01Aa	6.02±0.02Aa	5.88±0.01Ab
	TC 含量/(g/kg)	67.93±3.19Aa	68.07±1.19Aa	83.48±2.10Aa	55.58±2.81Ab
	TN 含量/(g/kg)	4.90±0.28Aa	4.62±0.14Ba	5.98±0.26Aa	3.72±0.18Ab
	TP 含量/(g/kg)	0.32±0.01Aa	0.28±0.02Ba	0.34±0.02Aa	0.23±0.02Bb
	NO_3^--N 含量/(mg/kg)	19.89±1.73Aa	8.57±1.29Ba	10.42±1.41Ba	12.90±2.19Aa
	NH_4^+-N 含量/(mg/kg)	9.19±1.20Bb	15.99±1.08Aa	8.34±1.15Ba	11.30±2.35Aa
	AP 含量/(mg/kg)	80.58±5.74Aa	79.99±6.04Aa	76.69±0.81Aa	73.83±4.86Aa
	C/N	13.91±0.24Aa	14.02±0.32Aa	14.79±0.38Ab	14.96±0.28Aa
	C/P	214.79±8.55Aa	245.30±10.32Aa	250.96±20.50Aa	253.78±14.66Aa
	N/P	15.46±0.66Aa	17.52±0.73Aa	16.87±1.05Aa	17.03±1.17Aa

注：不同大写字母代表不同季节差异显著；不同小写字母代表不同处理差异显著（$P<0.05$）；下同。

7.3　温度升高对植物群落特征的影响

7.3.1　温度升高对植物群落物种组成的影响

增温处理使植物群落中占优势的植物种数减少，OTC 增温处理中优势植物种数（重要值>5%）排序为：垂穗披碱草（19.17%）>草玉梅（12.68%）>草地早熟禾（8.08%）>伞花繁缕（7.35%）>蒲公英（6.43%）>乳白香青（5.85%），占 OTC 增温处理植物群落总优势度的 59.58%；CK 处理中优势植物种数排序为：垂穗披碱草（16.32%）＞草玉梅（12.27%）＞矮生嵩草（7.21%）＞四川剪股颖（7.13%）＞乳白香青（6.09%）＞老鹳草（5.07%）＞雪白委陵菜（5.07%），占 CK 处理植物群落总优势度的 59.19%（图 7.2）。

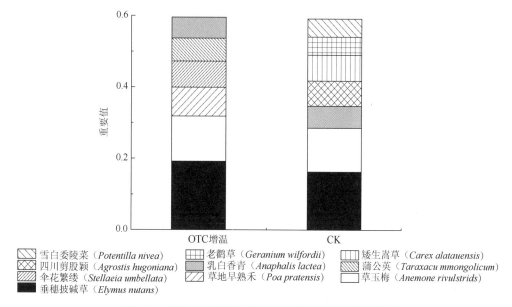

图 7.2　增温对高寒草甸植物群落优势种重要值的影响

7.3.2　温度升高对植物群落多样性的影响

基于高寒草甸植物群落中各物种的高度、盖度和频度，计算求得 OTC 增温和 CK 处理下植物群落多样性指数（表 7.2）。结果表明，增温使高寒草甸植物群落多样性指数下降，其中植物群落丰富度显著下降（$P<0.05$）。

表 7.2　增温对高寒草甸植物群落多样性的影响

处理	Simpson 指数	Shannon-Wiener 指数	Pielou 指数	丰富度
OTC 增温	0.89±0.02a	2.28±0.14a	0.86±0.03a	14.17±1.08b
CK	0.91±0.01a	2.58±0.16a	0.90±0.05a	17.83±0.48a

7.3.3　温度升高对植物群落生物量的影响

高寒草甸生态系统中 OTC 增温对植物群落生物量影响不显著，OTC 增温处理下生物量为 375.51±26.71g/m², CK 下生物量为 379.90±22.46g/m², $P>0.05$。但增温改变了不同功能群生物量，其中禾本科生物量升高，莎草科、杂类草生物量下降，豆科和凋落物生物量显著下降（$P<0.05$，图 7.3）。

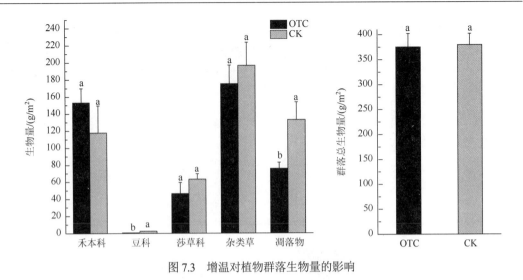

图 7.3　增温对植物群落生物量的影响

7.4　温度升高对丛植菌根真菌（AMF）特征的影响

AMF 是广泛分布且古老的植物共生真菌种，其历史可以追溯至 4.6 亿年前的奥陶纪（Lehmann et al.，2011），约 80%的现有陆生植物能与其形成菌根结构的共生关系（Wang and Qiu，2006）。由于 AMF 能够和大多数植物形成共生关系，因此，几乎所有陆地生态系统中都有 AMF，AMF 具有提高植物生产力和对养分胁迫抗性的重要生态意义（Feddermann et al.，2010）。AMF 通过与植物专性共生，为植物提供磷、氮元素（Turrini et al.，2018）。AMF 还可以提升植物的磷吸收能力、水分吸收能力以及土壤结构的稳定性（Rillig，2004）。在土壤贫瘠地区，仅不到 20%的植物能够不依赖菌根结构而独立生长（Van et al.，2006）。同时，AMF 还能通过缩小植物种间资源生态位的重叠来减缓植物群落中的种间竞争，最终影响植物群落多样性和生产力（Wagg et al.，2011）。

青藏高原地区是世界上最大、最高的单一地貌单元，区域内高寒植物物种丰富（刘洁等，2019），为 AMF 提供了丰富的宿主资源。且由于地貌特殊，小区域范围内环境变化剧烈（周玉科，2019），为 AMF 提供了更为宽泛的生态位，有利于 AMF 群落分化，提升其多样性。但高海拔地区寒冷缺氧的气候环境也使 AMF 对宿主的选择性较温带地区更强，使孢子体休眠周期更长（Liu et al.，2012b），从而导致青藏高原地区 AMF 群落与温带地区相比有较大差异。早期相关研究中，Chaurasia 等（2005）通过对喜马拉雅山脉不同海拔AMF 群落的调查，发现不同植物种根际土壤中均能发现 10 种以上 AMF。Gai 等（2012）在色季拉山分离出约 60 个 AMF 品种，高清明等（2006）在藏东南地区不同生境下植物根际土壤中鉴定出 32 种 AMF。随着高通量测序技术的普及，青藏高原地区发现的 AMF 种类也不断增加，Liu 等（2012a）在青藏高原海拔 4500m 以上区域的单一植物根系中发现21 种 AMF 的 OTU 类型，且含有部分未知种。Jiang 等（2018）在青藏高原中部地区放牧草场中鉴定出 21 个 AMF 物种。由于青藏高原地区普遍资源受限制，植物根系中 AMF 的侵染率更强。Gai 等（2011）通过调查色季拉山 146 种植物 AMF 侵染率发现，72.2%的植物和 AMF 形成了菌根结构，且普遍认为不能被侵染的莎草科植物，在海拔 4400m 以上地区也有 65%左右被 AMF 侵染。因此，青藏高原地区即便气候条件相对温带地区恶劣，但 AMF 群落依然具有较高的多样性，针对其多样性的研究具有重要意义。

7.4.1　温度升高对土壤 AMF 群落组成的影响

生长季土壤 AMF 群落中主要优势菌属为 *Acaulospora* 属、*Diversispora* 属、*Ambispora* 属、*Claroideoglomus* 属和 *Gigaspora* 属（图 7.4）。在 OTC 增温下，0～10cm 土层优势菌属（平均相对丰度≥10%）为 *Diversispora* 属（26.08%）、*Claroideoglomus* 属（25.94%）和 *Acaulospora* 属（18.95%）；10～20cm 土层优势菌属为 *Acaulospora* 属（31.69%）、*Gigaspora* 属（17.72%）、*Ambispora* 属（11.80%）、*Diversispora* 属（11.71%）和 *Claroideoglomus* 属（11.50%）。在 CK 处理下，0～10cm 土层优势菌属（平均相对丰度≥10%）为 *Ambispora* 属（23.17%）、*Acaulospora* 属（17.42%）和 *Diversispora* 属（16.70%）；10～20cm 土层优势菌属为 *Acaulospora* 属（26.84%）、*Ambispora* 属（21.77%）和 *Gigaspora* 属（10.87%）。0～10cm 土层，增温显著提升了 *Claroideoglomus* 属相对丰度，降低了 *Ambispora* 属相对丰度（$P<0.05$）；增温对 10～20cm 土层优势菌属相对丰度无显著影响（图 7.4）。

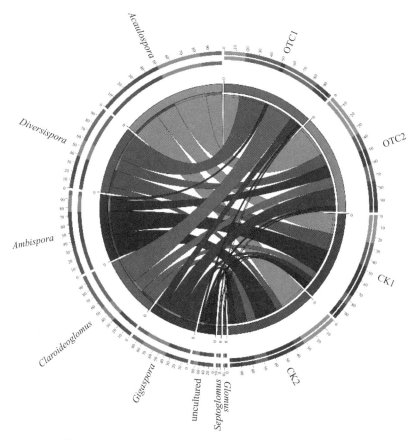

图 7.4　生长季增温对土壤 AMF 优势菌属相对丰度的影响

注：OTC1 表示 OTC 下 0～10cm 土层；OTC2 表示 OTC 下 10～20cm 土层；CK1 表示 CK 下 0～10cm 土层；CK2 表示 CK 下 10～20cm 土层。下同。uncultured 表示未能鉴定出的菌根真菌。

在非生长季，高寒草甸土壤 AMF 群落主要优势菌属为 *Claroideoglomus* 属、*Ambispora* 属、*Acaulospora* 属和 *Rhizophagus* 属（图 7.5）。在 OTC 增温处理下，0～10cm 土层优势菌属（平均相对丰度≥10%）为 *Claroideoglomus* 属（23.84%）、*Ambispora* 属（17.98%）和 *Acaulospora* 属（14.62%）；10～20cm 土层优势菌属为 *Claroideoglomus* 属（18.08%）、*Ambispora* 属（16.72%）和 *Acaulospora* 属（15.48%）。在 CK 处理下，0～10cm 土层优势菌属（平均相对丰度≥10%）为 *Claroideoglomus* 属（15.42%）和 *Ambispora* 属（12.83%）；10～20cm 土层优势菌属为 *Ambispora* 属（14.75%）。在非生长季，增温没有使土壤 AMF 优势菌属相对丰度发生显著变化。

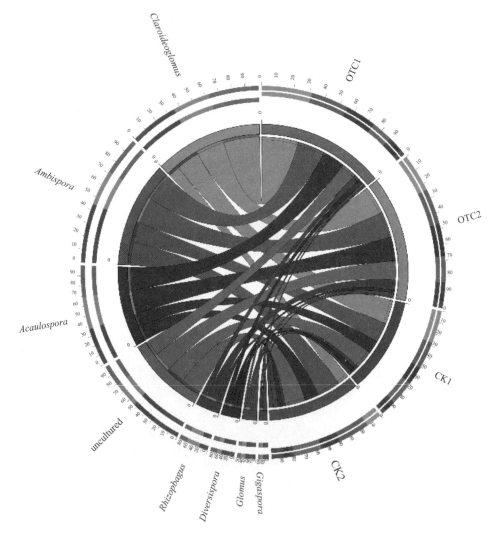

图 7.5　非生长季增温对土壤 AMF 群落优势菌属相对丰度的影响

线性判别分析（LEfse 分析）显示，在生长季和非生长季土壤 AMF 群落中，共有 8 个 AMF 类群可以作为生物标记（包含 1 目，1 科，6 属，隐含狄利克雷分布（LDA）＞2.0，

$P<0.05$)（图 7.6）。在生长季 OTC 增温处理下,0～10cm 土层有 2 个生物标记(*Diversispora* 属和 *Septoglomus* 属）；10～20cm 土层有 3 个生物标记（Gigasporaceae 科、*Gigaspora* 属和 *Scutellospora* 属)。在非生长季 OTC 处理下,10～20cm 土层有 1 个生物标记(*Rhizophagus* 属）；非生长季 CK 处理下,10～20cm 土层有 2 个生物标记（Glomerales 目和 *Glomus* 属）。

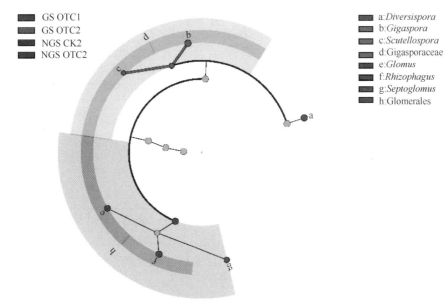

图 7.6　增温对高寒草甸土壤 AMF 群落物种组成的影响

注：GS 表示生长季；NGS 表示非生长季,余同。

7.4.2　温度升高对土壤 AMF 群落多样性的影响

不同处理、不同季节土壤 AMF 群落 α 多样性 LSD 检验表明（表 7.3）,在生长季,增温使不同土层土壤 AMF 群落 Shannon-Wiener 指数、Chao1 指数和物种数下降,且 0～10cm 土层土壤 AMF 群落物种数显著下降（$P<0.05$）；在非生长季,增温对土壤 AMF 群落 α 多样性影响不显著（表 7.3）。

在 OTC 增温处理下,非生长季 0～10cm 土层土壤 AMF 群落 Shannon-Wiener 指数、Chao1 指数、Simpson 指数和物种数均显著高于生长季（$P<0.05$）；非生长季 10～20cm 土层土壤 AMF 群落 Shannon-Wiener 指数显著高于生长季（$P<0.05$）（表 7.3）。在 CK 处理下,非生长季 0～10cm 土层土壤 AMF 群落各项多样性指数较生长季均呈上升趋势,且 Shannon-Wiener 指数显著高于生长季（$P<0.05$）；10～20cm 土层土壤 AMF 群落 α 多样性变化不显著（$P<0.05$）（表 7.3）。

对生长季和非生长季土壤群落 β 多样性进行描述和差异性检验（图 7.7）,结果表明,在生长季,OTC 增温和 CK 处理下土壤 AMF 群落 β 多样性差异显著（$P<0.05$）；在各处理下,不同土层间土壤 AMF 群落 β 多样性差异不显著（$P<0.05$）（图 7.7a）。在非生长季,OTC 增温和 CK 处理下土壤 AMF 群落 β 多样性差异显著（$P<0.01$）；各处理下不同土层土壤 AMF 群落 β 多样性差异不显著（$P<0.05$）（图 7.7b）。

表 7.3　增温对高寒草甸土壤 AMF 群落 α 多样性的影响

季节	指标	0～10cm 土层		10～20cm 土层	
		OTC 增温	CK	OTC 增温	CK
生长季	Shannon-Wiener 指数	4.63±0.16Ba	4.88±0.31Ba	5.13±0.19Ba	5.26±0.29Aa
	Chao1 指数	377.58±23.24Ba	429.09±11.35Aa	474.62±29.99Aa	479.32±21.38Aa
	Simpson 指数	0.90±0.02Ba	0.89±0.03Aa	0.93±0.01Aa	0.92±0.03Aa
	物种数	266.83±9.12Bb	303.17±8.78Aa	309.17±11.23Aa	326.17±11.90Aa
非生长季	Shannon-Wiener 指数	5.53±0.21Aa	5.76±0.10Aa	5.58±0.13Aa	5.51±0.10Aa
	Chao1 指数	478.00±24.04Aa	467.51±20.02Aa	479.24±19.26Aa	460.04±18.17Aa
	Simpson 指数	0.95±0.01Aa	0.95±0.01Aa	0.95±0.01Aa	0.94±0.01Aa
	物种数	329.00±17.20Aa	328.00±8.55Aa	331.67±10.10Aa	330.00±4.12Aa

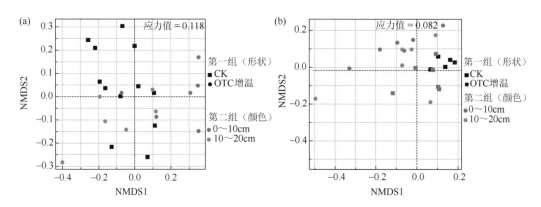

图 7.7　增温对高寒草甸不同季节土壤 AMF 群落 β 多样性的影响

注:(a)生长季土壤 AMF 群落;(b)非生长季土壤 AMF 群落。

7.4.3　温度升高对根系 AMF 群落组成的影响

在生长季,根系 AMF 群落中主要优势菌属为 *Claroideoglomus* 属和 *Rhizophagus* 属(图 7.8)。在 OTC 增温处理下,0～10cm 土层根系 AMF 群落中,优势菌属(平均相对丰度≥10%)为 *Claroideoglomus* 属(36.80%)、*Rhizophagus* 属(23.67%)和 *Acaulospor* 属(13.27%);10～20cm 土层根系 AMF 群落中优势菌属为 *Rhizophagus* 属(26.36%)和 *Claroideoglomus* 属(21.38%)。在 CK 处理下,0～10cm 土层根系 AMF 群落中优势菌属(平均相对丰度≥10%)为 *Claroideoglomus* 属(27.37%)和 *Rhizophagus* 属(15.50%);10～20cm 土层根系 AMF 群落中优势菌属为 *Claroideoglomus* 属(18.15%)和 *Rhizophagus* 属(16.09%)。增温未使根系 AMF 群落优势菌属相对丰度发生显著变化。

在非生长季,根系 AMF 群落中主要优势属为 *Acaulospora* 属、*Rhizophagus* 属和 *Gigaspora* 属(图 7.8)。在 OTC 增温处理下,0～10cm 土层根系 AMF 群落中优势菌属(平均相对丰度≥10%）为 *Acaulospora* 属（26.78%）和 *Rhizophagus* 属（23.64%）；10～20cm 土层根系 AMF 群落中优势菌属为 *Acaulospora* 属（51.13%）。在 CK 处理下，0～10cm 土层根系 AMF 群落中优势菌属（平均相对丰度≥10%）为 *Rhizophagus* 属（18.53%）和 *Acaulospora* 属（14.54%）；10～20cm 土层根系 AMF 群落中优势菌属为 *Gigaspora* 属（25.51%）、*Rhizophagus* 属（20.81%）和 *Acaulospora* 属（18.15%）。在 CK 处理下，根系 AMF 群落 *Gigaspora* 属随土层加深相对丰度显著上升；增温显著提升了 10～20cm 土层 *Acaulospora* 属相对丰度，降低了 *Gigaspora* 属相对丰度（P＜0.05）（图 7.9）。

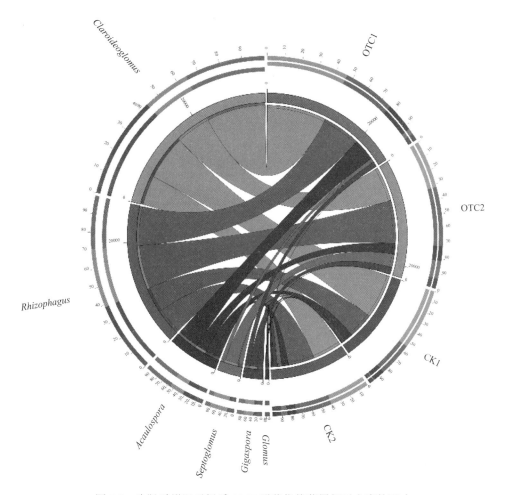

图 7.8　生长季增温对根系 AMF 群落优势菌属相对丰度的影响

LEfse 分析结果显示，在生长季和非生长季根系 AMF 群落中，共有 15 个 AMF 类群可以作为生物标记（包含 2 目，6 科，7 属，LDA＞2.0，P＜0.05）（图 7.10）。在生长季 OTC 处理下，0～10cm 土层根系 AMF 群落中有 2 个生物标记（Claroideoglomeraceae 科、*Claroideoglomus* 属）；10～20cm 土层根系 AMF 群落中有 1 个生物标记（Gigasporaceae 科）。在生长季 CK 处理下，0～10cm 土层根系 AMF 群落中有 2 个生

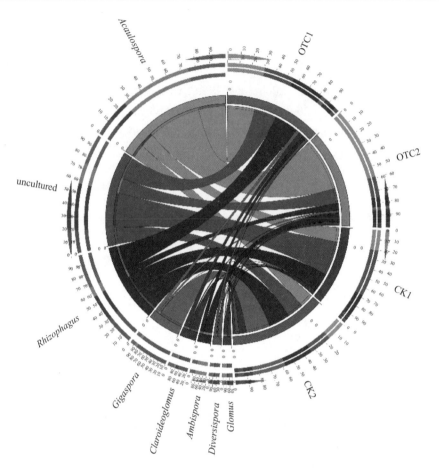

图 7.9　非生长季增温对根系 AMF 群落优势菌属相对丰度的影响

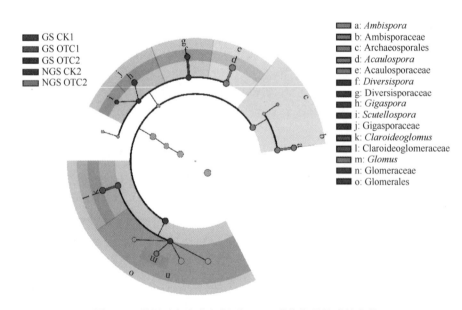

图 7.10　增温对高寒草甸根系 AMF 群落物种组成的变化

物标记（Glomerales 目、Glomeraceae 科）。在非生长季 OTC 增温处理下，10～20cm 土层根系 AMF 群落中有 6 个生物标记（*Ambispora* 属、Ambisporaceae 科、Archaeosporales 目、*Acaulospora* 属、Acaulosporaceae 科、*Glomus* 属）。在非生长季 CK 处理下，10～20cm 土层根系 AMF 群落中有 4 个生物标记（Diversisporaceae 科、*Diversispora* 属、*Gigaspora* 属和 *Scutellospora* 属）。

7.4.4 温度升高对根系 AMF 群落多样性的影响

不同处理、不同季节根系 AMF 群落 α 多样性 LSD 检验表明（表 7.4），在生长季，OTC 增温使 0～10cm 土层根系 AMF 群落 Shannon-Wiener 指数、Chao1 指数和物种数显著下降（$P<0.05$）；OTC 增温对 10～20cm 土层根系 AMF 群落 α 多样性影响不显著。在非生长季，OTC 增温对 0～10cm 土层根系 AMF 群落 α 多样性影响不显著；OTC 增温使 10～20cm 土层根系 AMF 群落物种数显著上升（$P<0.05$）（表 7.4）。

在生长季到非生长季的过程中，OTC 增温下的 0～10cm 土层根系 AMF 群落 Chao1 指数、Simpson 指数和物种数显著下降（$P<0.05$）；OTC 增温下的 10～20cm 土层根系 AMF 群落 Chao1 指数、Simpson 指数和物种数显著下降（$P<0.05$）（表 7.4）。在生长季到非生长季过程中，在 CK 处理下 0～10cm 土层根系 AMF 群落 Shannon-Wiener 指数、Chao1 指数和物种数显著下降（$P<0.05$）；10～20cm 土层根系 AMF 群落 Shannon-Wiener 指数、Chao1 指数和物种数显著下降（$P<0.05$）（表 7.4）。

对根系 AMF 群落 β 多样性进行 NMDS 分析[①]和 adonis 分析[②]，结果表明，在生长季，OTC 增温和 CK 处理下根系 AMF 群落 β 多样性差异显著（$P<0.05$）；且 OTC 增温处理下不同土层根系 AMF 群落 β 多样性差异显著，但 CK 处理中不同土层根系 AMF 群落 β 多样性差异不显著（图 7.11a）。在非生长季，OTC 增温和 CK 处理下根系 AMF 群落 β 多样性差异显著（$P<0.01$）；且各处理下不同土层根系 AMF 群落 β 多样性差异显著（$P<0.05$）（图 7.11b）。

表 7.4 增温对高寒草甸根系 AMF 群落 α 多样性的影响

季节	指标	0～10cm 土层		10～20cm 土层	
		OTC 增温	CK	OTC 增温	CK
生长季	Shannon-Wiener 指数	4.29±0.22Ab	5.07±0.23Aa	5.10±0.18Aa	5.02±0.20Aa
	Chao1 指数	409.60±44.35Ab	538.14±11.35Aa	502.03±49.85Aa	487.06±21.05Aa
	Simpson 指数	0.90±0.01Aa	0.93±0.01Aa	0.94±0.01Aa	0.93±0.01Aa
	物种数	291.83±24.98Ab	368.33±18.12Aa	346.67±25.14Aa	356.33±17.64Aa

---

① NMDS 分析：非度量多维尺度分析，是一种将多维空间的研究对象简化到低维空间进行定位、分析和归类，同时又保留对象间原始关系的数据分析方法。

② adonis 分析：又称置换多因素方差分析，或非参数多因素方差分析，它利用距离矩阵对总方差进行分解，分析不同分组因素对样品差异的解释度，并使用置换检验对划分的统计学意义进行显著性分析。

续表

季节	指标	0～10cm 土层		10～20cm 土层	
		OTC 增温	CK	OTC 增温	CK
非生长季	Shannon-Wiener 指数	3.66±0.23Aa	4.12±0.37Ba	4.68±0.13Aa	4.11±0.28Ba
	Chao1 指数	264.86±20.32Ba	272.58±28.15Ba	334.76±17.70Ba	280.89±17.36Ba
	Simpson 指数	0.82±0.03Ba	0.84±0.06Aa	0.91±0.01Ba	0.86±0.03Aa
	物种数	181.00±11.53Ba	195.17±13.85Ba	230.67±9.05Ba	191.33±9.99Bb

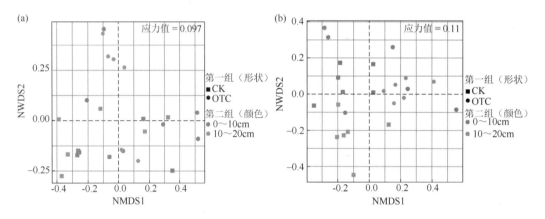

图 7.11　增温对高寒草甸不同季节根系 AMF 群落 β 多样性的影响

注：（a）生长季根系 AMF 群落；（b）非生长季根系 AMF 群落。

7.5　小　　结

本章通过模拟增温试验，对气候变暖背景下高寒草甸植物群落、不同季节土壤理化特征、土壤和根系 AMF 群落及其相互关系进行研究，主要得出以下结论：

（1）增温导致高寒草甸温度不敏感型（莎草科）和易受土壤含水量限制型（豆科）植物生物量、盖度下降，但植物群落各功能群间具有补偿机制，能够通过提升温度敏感且抗扰动能力较强的禾本科植物的生态位宽度，来填补物种丰富度减少导致的生态位空余，维持植物群落功能的稳定。

（2）增温导致生长季土壤含水量变化，使土壤 TN 含量下降，导致土壤 N/P 低于 14（11.62±0.61），加重了高寒草甸生态系统的氮限制；而非生长季由于温度升高，土壤微生物在季节交替过程中，能吸收和固持更多的碳、氮、磷等养分元素，导致土壤 TC、TN、TP 含量显著增加。

（3）增温使豆科植物与土壤 TN 含量间产生"恶性循环"，导致土壤 TN 和赤霉素（sphingosine mycotoxin，SM）含量下降，从而使豆科植物减少，而豆科植物的减少又降低了土壤 TN 的回归量。

（4）增温在生长季显著提升了土壤 AMF 群落中 *Claroideoglomus* 属相对丰度，降低

了 *Ambispora* 属相对丰度；增温在非生长季显著提升了根系 AMF 群落中 *Acaulospora* 属相对丰度，降低了 *Gigaspora* 属相对丰度。另外，值得注意的是，增温处理下 *Acaulospora* 属相对丰度呈上升趋势。

（5）AMF 通过在土壤中形成抗扰动能力较强的孢子来进行繁殖，增温对不同季节土壤 AMF 群落多样性影响不显著。但增温导致植物群落丰富度下降，使根系 AMF "栖息地"的复杂性降低，生长季根系 AMF 群落多样性下降。

参 考 文 献

樊江文，邵全琴，刘纪远，等，2010. 1988—2005 年三江源草地产草量变化动态分析[J]. 草地学报，18（1）：5-10.

高清明，张英，郭良栋，2006. 西藏东南部地区的丛枝菌根真菌[J].菌物学报，25（2）：234-243.

李娜，王根绪，高永恒，等，2010. 模拟增温对长江源区高寒草甸土壤养分状况和生物学特性的影响研究[J]. 土壤学报，47（6）：1214-1224.

李娜，王根绪，杨燕，等，2011. 短期增温对青藏高原高寒草甸植物群落结构和生物量的影响[J]. 生态学报，31（4）：895-905.

李青山，王冬梅，信忠保，等，2014. 漓江水陆交错带典型立地根系分布与土壤性质的关系[J]. 生态学报，34（8）：2003-2011.

李英年，赵亮，赵新全，等，2004. 5 年模拟增温后矮嵩草草甸群落结构及生产量的变化[J]. 草地学报，12（3）：236-239.

刘洁，孟宝平，葛静，等，2019. 基于 CASA 模型和 MODIS 数据的甘南草地 NPP 时空动态变化研究[J]. 草业学报，28（6）：19-32.

刘琳，朱霞，孙庚，等，2011. 模拟增温与施肥对高寒草甸土壤酶活性的影响[J]. 草业科学，28（8）：1405-1410.

吕超群，孙书存，2004. 陆地生态系统碳密度格局研究概述[J]. 植物生态学报，28（5）：692-703.

亓伟伟，牛海山，汪诗平，等，2012. 增温对青藏高原高寒草甸生态系统固碳通量影响的模拟研究[J]. 生态学报，32（6）：1713-1722.

宋清华，赵成章，史元春，等，2015. 祁连山北坡混播草地密度制约下燕麦和毛苕子比根长分布格局[J]. 生态学杂志，34（2）：497-503.

王蓓，孙庚，罗鹏，等，2011. 模拟升温和放牧对高寒草甸土壤微生物群落的影响[J]. 应用与环境生物学报，17（2）：151-158.

王谋，李勇，黄润秋，等，2005. 气候变暖对青藏高原腹地高寒植被的影响[J]. 生态学报，25（6）：1275-1281.

武丹丹，井新，林笠，等，2016. 青藏高原高寒草甸土壤无机氮对增温和降水改变的响应[J]. 北京大学学报（自然科学版），52（5）：959-966.

肖群英，尹春英，濮晓珍，等，2014. 川西亚高山季节性冻土期针叶林主要树种叶片和细根的生态生理特征[J]. 植物生态学报，38（4）：343-354.

徐满厚，薛娴，2013a. 青藏高原高寒草甸夏季植被特征及对模拟增温的短期响应[J]. 生态学报，33（7）：2071-2083.

徐满厚，薛娴，2013b. 青藏高原高寒草甸植被特征与温度、水分因子关系[J]. 生态学报，33（10）：3158-3168.

许炼烽，朱伍坤，1996. 热带次生林利用与土壤物理性质变化[J]. 生态学报，16（6）：652-659.

杨新宇，林笠，李颖，等，2017. 青藏高原高寒草甸土壤物理性质及碳组分对增温和降水改变的响应[J]. 北京大学学报（自然科学版），53（4）：765-774.

张法伟，李跃清，李英年，等，2010. 高寒草甸不同功能群植被盖度对模拟气候变化的短期响应[J]. 草业学报，19（6）：72-78.

张洪芝，吴鹏飞，杨大星，等，2011. 青藏东缘若尔盖高寒草甸中小型土壤动物群落特征及季节变化[J]. 生态学报，31（15）：4385-4397.

赵建中，彭敏，刘伟，等，2012. 矮嵩草草甸不同功能群主要植物种生长特征与地表温度的相关性分析[J]. 西北植物学报，32（3）：559-565.

周刊社，杜军，袁雷，等，2010. 西藏怒江流域高寒草甸气候生产潜力对气候变化的响应[J]. 草业学报，19（5）：17-24.

周玉科，2019. 青藏高原植被 NDVI 对气候因子响应的格兰杰效应分析[J]. 地理科学进展，38（5）：718-730.

Aerts R，Van Bodegom P M，Cornelissen J H C，2012. Litter stoichiometric traits of plant species of high-latitude ecosystems show high responsiveness to global change without causing strong variation in litter decomposition[J]. New Phytologist，196（1）：181-188.

Bergelson J，Crawley M J，1988. Mycorrhizal infection and plant species diversity[J]. Nature，334（6179）：202.

Blanquart F，Kaltz O，Nuismer S L，et al.，2013. A practical guide to measuring local adaptation[J]. Ecology Letters，16（9）：1195-1205.

Chaurasia B，Pandey A，Palni L M S，2005. Distribution，colonization and diversity of arbuscular mycorrhizal fungi associated with central Himalayan rhododendrons[J]. Forest Ecology and Management，207（3）：315-324.

Dorji T，Totland O，Moe S R，et al.，2013. Plant functional traits mediate reproductive phenology and success in response to experimental warming and snow addition in Tibet[J]. Global Change Biology，19（2）：459-472.

Dumbrell A J，Ashton P D，Aziz N，et al.，2011. Distinct seasonal assemblages of arbuscular mycorrhizal fungi revealed by massively parallel pyrosequencing[J]. New Phytologist，190（3）：794-804.

Feddermann N，Finlay R，Boller T，et al.，2010. Functional diversity in arbuscular mycorrhiza-the role of gene expression，phosphorous nutrition and symbiotic efficiency[J]. Fungal Ecology，3（1）：1-8.

Fierer N，Bradford M A，Jackson R B，2007. Toward an ecological classification of soil bacteria[J]. Ecology：88（6）：1354-1364.

Fröberg M，Grip H，Tipping E，et al.，2013. Long-term effects of experimental fertilization and soil warming on dissolved organic matter leaching from a spruce forest in Northern Sweden[J]. Geoderma，200-201：172-179.

Gai J P，Tian H，Yang F Y，et al.，2012. Arbuscular mycorrhizal fungal diversity along a Tibetan elevation gradient[J]. Pedobiologia，55（3）：145-151.

Ganjurjav H，Gao Q Z，Gornish E S，et al.，2016. Differential response of alpine steppe and alpine meadow to climate warming in the central Qinghai-Tibetan Plateau[J]. Agricultural and Forest Meteorology，223：233-240.

Govindarajulu M，Pfeffer P E，Jin H R，et al.，2005. Nitrogen transfer in the arbuscular mycorrhizal symbiosis[J]. Nature，435（7043）：819-823.

Groffman P M，Rustad L E，Templer P H，et al.，2012. Long-term integrated studies show complex and surprising effects of climate change in the Northern Hardwood Forest[J]. BioScience，62（12）：1056-1066.

Hendrick R L，Pregitzer K S，1993. Patterns of fine root mortality in two sugar maple forests[J]. Nature，361：59-61.

Hirao A S，Watanabe M，Tsuyuzaki S，et al.，2017. Genetic diversity within populations of an arctic-alpine species declines with decreasing latitude across the Northern Hemisphere[J]. Journal of Biogeography，44（12）：2740-2751.

Hoeksema J D，Forde S E，2008. A meta-analysis of factors affecting local adaptation between interacting species[J]. American Naturalist，171（3）：275-290.

Hollister R D，Webber P J，2000. Biotic validation of small open-top chambers in a tundra ecosystem[J]. Global Change Biology，6（7）：835-842.

Jiang S J，Pan J B，Shi G X，et al.，2018. Identification of root-colonizing AM fungal communities and their responses to short-term climate change and grazing on Tibetan Plateau[J]. Symbiosis，74（3）：159-166.

Jonasson S，Castro J，Michelsen A，2004. Litter，warming and plants affect respiration and allocation of soil microbial and plant C，N and P in arctic mesocosms[J]. Soil Biology and Biochemistry，36（7）：1129-1139.

Kandeler E，Tscherko D，Bardgett R D，et al.，1998. The response of soil microorganisms and roots to elevated CO_2 and temperature in a terrestrial model ecosystem[J]. Plant and Soil，202（2）：251-262.

Kim Y，Gao C，Zheng Y，et al.，2014. Different responses of arbuscular mycorrhizal fungal community to day-time and night-time warming in a semiarid steppe[J]. Chinese Science Bulletin，59（35）：5080-5089.

Lehmann J，Rillig M C，Thies J，et al.，2011. Biochar effects on soil biota-a review[J]. Soil Biology and Biochemistry，43（9）：1812-1836.

Leigh J，Hodge A，Fitter A H，2009. Arbuscular mycorrhizal fungi can transfer substantial amounts of nitrogen to their host plant from organic material[J]. New Phytologist，181（1）：199-207.

Li W B，Wu J B，Bai E，et al.，2016. Response of terrestrial nitrogen dynamics to snow cover change: a meta-analysis of experimental manipulation[J]. Soil Biology and Biochemistry，100：51-58.

Liao Z Y，Zhang L，Nobis M P，et al.，2020. Climate change jointly with migration ability affect future range shifts of dominant fir species in Southwest China[J]. Diversity and Distributions. 26（3）：352-367.

Liu L，Gundersen P，Zhang T，et al.，2012a. Effects of phosphorus addition on soil microbial biomass and community composition in three forest types in tropical China[J]. Soil Biology and Biochemistry，44（1）：31-38.

Liu Y J，Shi G X，Mao L，et al.，2012b. Direct and indirect influences of 8 yr of nitrogen and phosphorus fertilization on Glomeromycota in an alpine meadow ecosystem[J]. New Phytologist，194（2）：523-535.

Lu X M，Sigdel S R，Dawadi B，et al.，2019. Climate response of Salix oritrepha growth along a latitudinal gradient on the northeastern Tibetan Plateau[J]. Dendrobiology，81：14-21.

Makoto K，Kajimoto T，Koyama L，et al.，2014. Winter climate change in plant-soil systems: summary of recent findings and future perspectives[J]. Ecological Research，29（4）：593-606.

Marklein A R，Houlton B Z，2012. Nitrogen inputs accelerate phosphorus cycling rates across a wide variety of terrestrial ecosystems[J]. New Phytologist，193（3）：696-704.

Mei L L，Yang X，Zhang S Q，et al.，2019. Arbuscular mycorrhizal fungi alleviate phosphorus limitation by reducing plant N : P ratios under warming and nitrogen addition in a temperate meadow ecosystem[J]. Science of the Total Environment，686：1129-1139.

Oh Y M，Kim M，Lee C L，et al.，2012. Distinctive bacterial communities in the rhizoplane of four tropical tree species[J]. Microbial Ecology，64（4）：1018-1027.

Rasmussen P U，Hugerth L W，Blanchet F G，et al.，2018. Multiscale patterns and drivers of arbuscular mycorrhizal fungal communities in the roots and root-associated soil of a wild perennial herb[J]. New Phytologist，220（4）：1248-1261.

Rillig M C，2004. Arbuscular mycorrhizae and terrestrial ecosystem processes[J]. Ecology Letters，7（8）：740-754.

Santantonio D，Grace J C，1987. Estimating fine-root production and turnover from biomass and decomposition data: a compartment-flow model[J]. Canadian Journal of Forest Research，17（8）：900-908.

Schaeffer S M，Sharp E，Schimel J P，et al.，2013. Soil-plant N processes in a high arctic ecosystem，NW greenland are altered by long-term experimental warming and higher rainfall[J]. Global Change Biology，19（11）：3529-3539.

Shackle V J，Freeman C，Reynolds B，2000. Carbon supply and the regulation of enzyme activity in constructed wetlands[J]. Soil Biology and Biochemistry，32（13）：1935-1940.

Son Y，Hwang J H，2003. Fine root biomass，production and turnover in a fertilized larix leptolepis plantation in central Korea[J]. Ecological research，18（3）：339-346.

Strand A E，Pritchard S G，McCormack M L，et al.，2008. Irreconcilable differences: fine-root life spans and soil carbon persistence[J]. Science，319（5862）：456-458.

Sullivan P F，Welker J M，2005. Warming chambers stimulate early season growth of an arctic sedge: results of a minirhizotron field study[J]. Oecologia，142（4）：616-626.

Sun X F，Su Y Y，Zhang Y，et al.，2013. Diversity of arbuscular mycorrhizal fungal spore communities and its relations to plants under increased temperature and precipitation in a natural grassland[J]. Chinese Science Bulletin，58（33）：4109-4119.

Turrini A，Bedini A，Loor M B，et al.，2018. Local diversity of native arbuscular mycorrhizal symbionts differentially affects growth and nutrition of three crop plant species[J]. Biology and Fertility of Soils，54（2）：203-217.

Van Der Heijden M G A，Bakker R，Verwaal J，et al.，2006. Symbiotic bacteria as a determinant of plant community structure and plant productivity in dune grassland[J]. FEMS Microbiology Ecology，56（2）：178-187.

Vogt K A，Grier C C，Vogt D J，1986. Production，turnover，and nutrient dynamics of above-and belowground detritus of world forests[J]. Advances in ecological research，15：303-377.

Wagg C，Jansa J，Stadler M，et al.，2011. Mycorrhizal fungal identity and diversity relaxes plant-plant competition[J]. Ecology，92（6）：1303-1313.

Wang B，Qiu Y L，2006. Phylogenetic distribution and evolution of mycorrhizas in land plants[J]. Mycorrhiza，16（5）：299-363.

Xia C X，Yu D，Wang Z，et al.，2014. Stoichiometry patterns of leaf carbon，nitrogen and phosphorous in aquatic macrophytes in eastern China[J]. Ecological Engineering，70：406-413.

Yan Z B，Kim N，Han W X，et al.，2015. Effects of nitrogen and phosphorus supply on growth rate，leaf stoichiometry，and nutrient resorption of Arabidopsis thaliana[J]. Plant and Soil，388（1）：147-155.

Zhang B，Chen S Y，Zhang J F，et al.，2015. Depth-related responses of soil microbial communities to experimental warming in an alpine meadow on the Qinghai-Tibet Plateau[J]. European Journal of Soil Science，66（3）：496-504.

Zhang Y，Dong S K，Gao Q Z，et al.，2016. Climate change and human activities altered the diversity and composition of soil microbial community in alpine grasslands of the Qinghai-Tibetan Plateau[J]. Science of the Total Environment，562：353-363.

Zi H B，Hu L，Wang C T，et al.，2018. Responses of soil bacterial community and enzyme activity to experimental warming of an alpine meadow[J]. European Journal of Soil Science，69（3）：429-438.

Zou X Y，Li S，Zhang C L，et al.，2002. Desertification and control plan in the Tibet Autonomous Region of China[J]. Journal of Arid Environments，51（2）：183-198.

第 8 章 不同退化演替阶段高寒草地特征

8.1 引　言

高寒草地多分布在海拔 3000m 以上区域，长期受高寒气候环境条件影响，植被类型主要为寒冷湿中生的多年生草本植物群落，以矮生嵩草（*Kobresia humilis*）草甸、金露梅灌丛（*Potentilla fruticosa shrub*）草甸、小嵩草（*Kobresia pygmaea*）草甸以及西藏嵩草（*Kobresia tibetica*）沼泽草甸为主要建群种（李英年等，2004）。近年来，由于受到全球气候变化和人类活动的干扰，青藏高原草地退化严重，特别是三江源地区高寒草甸发生大面积退化，如青海"黑土滩"面积在 1988 年已达到 619.1 万 hm^2（李希来和黄葆宁，1995），在 1999 年达到 703.19 万 hm^2（马玉寿等，1999）。研究表明，长期过度放牧使草地的植被覆盖度和初级生产力降低，植被碳储量和土壤有机碳含量下降，生物多样性减少，土壤养分和含水量下降，土壤侵蚀和水土流失严重，对气候的敏感性增强（刘伟等，1999；汪诗平，2003；王长庭等，2008；曹广民和龙瑞军，2009；萨茹拉等，2013；安慧和徐坤，2013），直接威胁到人类的生存和发展，也威胁到长江、黄河中下游地区的生态平衡（马玉寿等，1999）。

高寒草地呈现出日益严重的退化趋势，更多生态学者开始关注不同退化演替阶段高寒草地植物和土壤的变化特征。周华坤等（2005）认为，青海省高寒草甸随着退化程度加大，杂草增加，养分流失，越来越贫瘠化。张健贵等（2019）认为，随着祁连山高寒草地退化程度加重，植被群落结构向单一趋势演替且土壤养分含量减少。杨军等（2020）的研究结果表明，拉萨高山嵩草高寒草甸随着退化程度加剧，土壤养分及草地生产力均呈现降低趋势。詹天宇等（2019）认为，青藏高原不同退化梯度高寒草甸生物量呈现出下降趋势，并且土壤特征与生物量产生显著的正反馈效应，相互影响。

通过对高寒草地生态系统的研究，可以充分认识不同退化演替阶段高寒草地植物群落结构的变化规律和关键性限制因子，为恢复受损高寒草地提供生态学基础资料。

8.2 不同退化演替阶段植物群落特征及生物量

8.2.1 植物群落特征

从高寒小嵩草草甸不同退化演替阶段植物群落多样性、生产力分析结果可知，处于不同演替阶段的 5 种群落类型由于受人为干扰和外界影响程度各异，其群落多样性和生物量有明显的差别（表 8.1）。群落地上部分生物量、植被根系生物量、物种数、

Shannon-Wiener 指数和 Pielou 指数随退化程度的加剧而逐渐降低，在轻度、中度退化演替阶段，多样性、生产力出现一些波动但相对于其他退化演替阶段多样性、生产力较高。

表 8.1　不同退化程度高寒草地植物群落特征

群落	物种数	地上部分生物量/(g/m²)	植被根系生物量/(g/m²)	Shannon-Wiener 指数	Pielou 指数
原生植被	28	223.66±8.36b	2076.83±187.72b	3.32	0.89
轻度退化	30	233.10±5.14a	2643.68±317.03a	3.41	0.93
中度退化	31	224.09±3.29b	1672.03±229.29b	3.42	0.92
重度退化	16	181.63±8.68c	678.85±69.80c	2.65	0.82
极度退化	13	67.36±15.61d	495.33±25.52c	2.46	0.84

8.2.2　植物群落生物量

高寒草甸植物群落受人为活动、超载过牧、鼠虫危害等因素的影响，导致原生植被向退化演替方向发展，群落结构特征发生重大变化，物种数急剧减少，初级生产力下降，植物功能群比例改变，特别是禾本科、莎草科植物比例明显降低（表 8.2），不可食的杂类草植物功能群生物量在重度退化阶段达到最高，这个演替阶段虽然群落的盖度较高，但大多数植物为外来入侵的杂类草，优良牧草所占比例较低。

表 8.2　不同退化演替阶段小嵩草草甸群落不同类群植物生物量的变化　（单位：g/m²）

群落	禾本科	豆科	莎草科	杂类草	群落生物量
原生植被	62.09±4.02a	24.53±3.73b	63.17±7.76c	73.87±5.91d	223.66±8.36b
轻度退化	31.20±2.47b	33.47±3.02a	82.37±2.70a	86.06±3.43c	233.10±5.14a
中度退化	27.33±3.85b	24.97±4.37b	74.16±4.82b	97.63±7.18b	224.09±3.29b
重度退化	19.66±5.15c			161.97±3.53a	181.63±8.68c
极度退化				67.36±15.61e	67.36±15.61d

8.3　不同退化演替阶段土壤性质特征

8.3.1　土壤理化性质

随着高寒草甸退化程度的加剧，土壤容重逐渐增加。土壤含水量与降水和地面蒸发密切相关。不同退化演替阶段由于植被覆盖度的差异，太阳对土壤的辐射不同，土壤水分蒸发也就不同，导致土壤湿度分异（表 8.3）。土壤有机碳含量高低，决定于土壤有机碳的输入、输出及土壤性质和过程。由于放牧强度的不同，家畜过度啃食与践踏不仅使得植物群落结构、功能发生了变化，而且使土壤的肥力显著下降。植被过程和土壤性质的变化也使土壤有机碳含量发生改变。不同退化演替阶段高寒小嵩草草甸土壤有机碳含量在 0～10cm 土层（除极度退化外）明显较高，且随着退化程度的加剧，0～40cm 土层的土壤有机碳含量明显降低。放牧干扰同时也影响土壤有机碳在土壤剖面上的分布，即土壤有机碳含量随土层加深而降低，特别是在 0～10cm 与 10～20cm、20～40cm 土层之间存在显著差异。人类活动干扰引起高寒小嵩草草甸植物群落草丛结构、组成发生改变，草地植物群落发生退化演替（逆向演替），随着植被的退化演替，土壤也逐步贫瘠化。

表 8.3　高寒小嵩草草甸群落的土壤特征

项目	原生植被	轻度退化	中度退化	重度退化	极度退化
容重/(g/m³)	0.997±0.026[a]	1.233±0.144[b]	1.356±0.039[ab]	1.435±0.026[a]	1.489±0.103[a]
湿度/%	32.95±2.39[c]	23.93±2.16[b]	20.06±0.92[c]	14.89±1.35[d]	11.53±0.90[e]
有机质含量/(mg/kg)	1.06±0.04[a]	1.26±0.04[a]	0.65±0.01[c]	0.58±0.02[d]	0.47±0.01[e]
全氮含量/(mg/kg)	0.43±0.02[b]	0.27±0.01[b]	0.22±0.07[c]	0.18±0.01[c]	0.12±0.01[d]
速效氮含量/(mg/kg)	23.24±1.83[a]	24.55±2.72[a]	22.59±1.17[a]	16.90±2.49[b]	9.66±1.83[c]
全磷含量/(mg/kg)	0.08±0.01[a]	0.06±0.00[b]	0.05±0.00[b]	0.06±0.00[b]	0.06±0.00[b]
速效磷含量/(mg/kg)	5.70±0.30[b]	6.06±0.11[a]	4.15±0.67[c]	4.67±0.71[c]	5.88±0.91[b]

注：不同退化梯度数据用相同字母表示数据间差异不显著（$P = 0.05$）。

8.3.2　土壤有机碳和微生物碳

土壤微生物量是大多数陆地生态系统的重要成分，它负责调节营养的循环，是植物有效养分中易分解的部分（Singh et al.，1989）。不同退化演替阶段高寒小嵩草草甸土壤微生物量碳含量有明显的差异（表 8.4），其变化趋势和剖面分布与土壤有机碳含量的变化基本一致。在同一土层深度，不同退化演替阶段微生物量碳含量也存在明显差异。随着退化程度的加剧，0～40cm 土层特别是 10～20cm、20～40cm 土层的微生物活性明显降低。

微生物熵的变化反映土壤中输入的有机质向微生物量碳转化的效率、土壤碳损失和土壤矿物对有机质的固定（张金坡和宋长春，2003）。不同土层的微生物熵因退化程度的不同而异，其分布也有一定的规律性。随着退化程度的加剧，土壤被过度使用，0～40cm 土层土壤微生物熵呈现下降趋势，但下降趋势相对于土壤有机碳含量和微生物量碳含量较平稳。

表 8.4　高寒小嵩草草甸群落土壤有机碳和微生物碳的分布特征

草地类型	土壤层次/cm	土壤微生物量碳含量/(g/kg)	土壤有机全碳/(g/kg)	土壤微生物熵
原生植被	0~10	0.57±0.04a	0.92±0.03b	0.62±0.03a
	10~20	0.29±0.06a	0.61±0.06a	0.47±0.07a
	20~40	0.04±0.00c	0.31±0.01b	0.13±0.01c
	0~40	0.30±0.04a	0.62±0.03b	0.49±0.03a
轻度退化	0~10	0.54±0.04a	1.04±0.05a	0.52±0.01b
	10~20	0.15±0.01b	0.61±0.02a	0.25±0.02b
	20~40	0.14±0.02a	0.54±0.02a	0.27±0.04b
	0~40	0.28±0.02a	0.73±0.02a	0.38±0.02b
中度退化	0~10	0.24±0.01b	0.51±0.01c	0.47±0.02c
	10~20	0.16±0.02b	0.34±0.01b	0.47±0.06a
	20~40	0.10±0.01b	0.27±0.02c	0.38±0.05a
	0~40	0.17±0.01b	0.37±0.01c	0.45±0.02a
重度退化	0~10	0.23±0.01b	0.44±0.01d	0.53±0.04b
	10~20	0.09±0.01c	0.34±0.02b	0.28±0.04b
	20~40	0.06±0.01c	0.23±0.01d	0.26±0.04b
	0~40	0.13±0.01c	0.34±0.01d	0.45±0.02b
极度退化	0~10	0.12±0.02c	0.28±0.01e	0.43±0.15d
	10~20	0.05±0.01d	0.32±0.01b	0.16±0.05c
	20~40	0.05±0.01	0.22±0.01d	0.23±0.06b
	0~40	0.07±0.02d	0.27±0.01e	0.26±0.02c

8.3.3　土壤酶活性

采用不同退化演替阶段[原生植被（NS）、轻度退化（LD）、中度退化（MD）和重度退化（HD）共 4 个水平]和空间土壤层次（0~10cm、10~20cm 共 2 个水平）进行双因素方差分析及 Duncan 检验[①]，发现不同退化演替阶段、不同土层深度及其交互作用对碱性磷酸酶活性均达到极显著影响（$P<0.01$）；不同演替阶段对蛋白酶、多酚氧化酶和碱性磷酸酶活性具有极显著影响（$P<0.01$）；不同土层深度对脲酶、蛋白酶、蔗糖酶和碱性磷酸酶活性均有极显著影响（$P<0.01$），而对多酚氧化酶活性无显著影响（$F=0.068$，$P=0.797$）。

从对不同土层酶活性变化研究可以看出，蛋白酶和多酚氧化酶活性均表现为 NS<LD<HD<MD，碱性磷酸酶活性表现为 MD<HD<LD<NS，脲酶和蔗糖酶活性在 4 个退化演替阶段无显著差异。在不同演替阶段，蛋白酶、碱性磷酸酶、脲酶和蔗糖酶活性均表现出随着土层深度增加而降低的趋势；多酚氧化酶活性则不同，随土层深度的增加无显著变化（$P>0.05$）（图 8.1）。

---

① Duncan 检验是多重比较法之一。

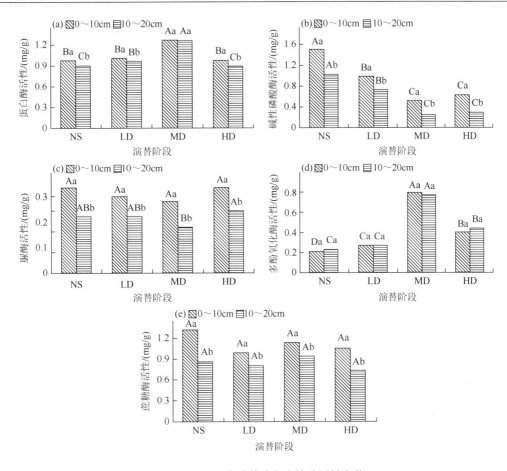

图 8.1　不同退化演替阶段土壤酶活性变化

8.4　不同退化演替阶段土壤微生物群落特征及种类组成

8.4.1　土壤微生物群落特征

在高寒草甸不同退化演替阶段，0～10cm 和 10～20cm 土层中微生物总量呈现以下变化规律，即 MD＞LD＞HD＞NS 和 MD＞HD＞LD＞NS。在 NS 中，细菌 PLFA 含量与总 PLFA 含量的比值（细菌 PLFA/总 PLFA，B/T）高于其他演替阶段，与 G^- 在该样地中所占比例下降有较大的关系，NS 阶段 G^- 含量在高寒草甸所有演替阶段最低；与 G^+ 的变化无直接相关性，NS 阶段 G^+ 含量在 0～10cm 土层中随着演替的进行没有发生变化。微生物菌群在不同的土层差异较大：在 0～10cm 土层，革兰氏阳性菌（G^+）随着草甸退化程度的增加其所占比例降低；革兰氏阴性菌则相反，即随着高寒草甸演替的进行，G^+/G^- 逐渐下降；在 NS 中，由饱和脂肪酸（saturated fatty acid）标记的土壤微生物比例高于退化样地，而不饱和脂肪酸所标记的土壤微生物在演替阶段，其百分含量均高于 NS 样地。在 10～20cm 土层中，NS 土壤中 G^+/G^-、饱和脂肪酸/不饱和脂肪酸值和 HD 植被无差异，且 G⁺和饱和脂肪酸两种类群土壤微生物百分比均高于 LD 和 MD 样地；LD 和 MD 样地在较深层土壤中，4 类微生物类群不存在差异（图 8.2）。

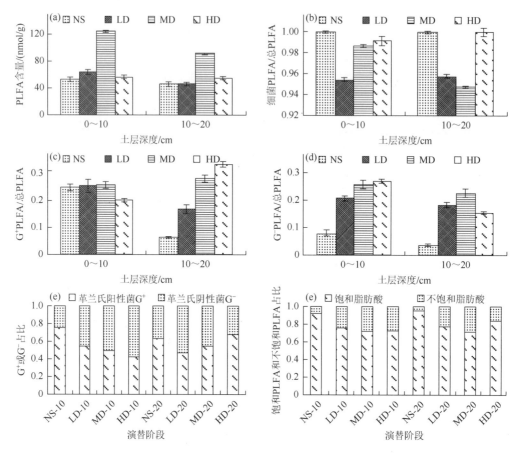

图 8.2　不同退化演替阶段各菌群的含量的变化

注：NS-10 表示原生植被 0～10cm 土层；LD-10 表示轻度退化 0～10cm 土层；MD-10 表示中度退化 0～10cm 土层；HD-10 表示重度退化 0～10cm 土层；NS-20 表示原生植被 10～20cm 土层；LD-20 表示轻度退化 10～20cm 土层；MD-20 表示中度退化 10～20cm 土层；HD-20 表示重度退化 10～20cm 土层，余同。

8.4.2　土壤微生物种类组成

试验测定土壤中含量大于 0.05nmol/g 的 PLFA 共 22 种（C14～C19）。其中，NS 土壤中共计 14 种，LD 中共 17 种，MD 中共 20 种，HD 中共 17 种，各 PLFA 在不同退化演替阶段不同土层（0～10cm 和 10～20cm）的变化如图 8.3 所示。在 0～10cm 土层中，不同退化演替阶段（NS、LD、MD 和 HD）土壤微生物的种类分别为 11 种、15 种、18 种和 14 种，微生物 a15:0、16:0、i16:0、16:1ω7t、a17:0、19:0 均出现在四个高寒草甸土壤中，其中 a15:0、16:0、16:1ω7t 和 i16:0 在 MD 阶段含量最高，a17:0 在 LD 阶段含量最大，而 NS 土壤中 19:0 的含量最高，6 种 PLFA 含量之和分别占不同退化演替阶段（NS、LD、

MD 和 HD）总 PLFA 含量的 83.2%、70.2%、64.0% 和 68.6%；在 10～20cm 土层中，不同
退化演替阶段土壤微生物的种类分别为 7 种、13 种、13 种和 9 种。其中，在 NS 土壤中，
含量比例大于 10% 的 PLFA 为 16:0 和 18:0，其为主要土壤微生物种类，二者占总 PLFA 含量
的 81.4%；在 LD 土壤中，15:0、16:0 和 16:1ω7t 是该演替阶段土壤的主要 PLFA，占总 PLFA
的 59.1%；在 MD 土壤中，16:0 和 16:1ω7t 含量分别占总 PLFA 含量的 29.1% 和 17.3%，共计
46.4%；在 HD 土壤中，15:0、br15:0、16:1ω9t 和 i18:0 含量之和占总 PLFA 含量的 75.4%，
为该演替阶段土壤中的主要 PLFA。在 10～20cm 土层中，LD 和 MD 样地中均存在而 NS 和
HD 土壤中却不存在的 PLFA 种类有 3 种，分别为 i14:0、a17:0 和 18:1ω9c。

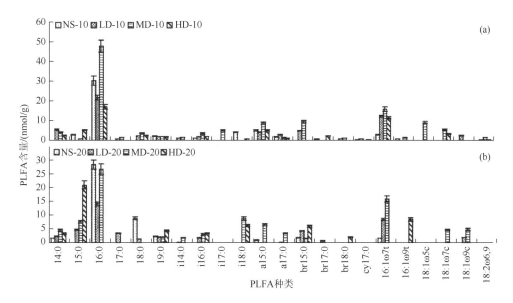

图 8.3　不同退化演替阶段 PLFA 含量的变化

8.5　小　　结

1. 植物群落特征和土壤性质

植物群落的演替是对其初始状态的异化过程，不但体现在种类组成的结构上，也体
现在土壤环境的改变上。土壤是草地生态系统的基础环境，土壤退化与草地退化关系十
分密切，都受到自然因素和生产活动的影响，土壤的稳定性即土壤资源持续供给能力是
支撑草地生产稳定和恢复的重要因素。不同退化演替阶段，高寒小嵩草草甸由于家畜过
度的啃食与践踏，不仅使得植物群落发生了逆向演替，而且土壤的肥力水平显著下降，
土壤向退化方向发展，此外气候的干暖化、严重的鼠害都促进了草地的退化，三江源区
植被退化导致土壤退化，反之土壤退化也必然引起植被退化，二者互为因果。

土壤作为植物环境的主要因子，其基本属性和特征必然影响群落演替方向、群落物
种组成及其生物量（地上、地下生物量）。草本植物不仅地上部分生产量大，为土壤微生
物提供大量凋落物，而且根系发达，密集于表层，根系的分泌物和衰亡的根是微生物丰

富的能源物质（Smith and Paul，1990）。某一演替阶段的群落特征和土壤特征，是群落和土壤协同作用的结果；同样，某一演替阶段土壤的肥力状况，不仅反映了在此之前群落与土壤协同作用的结果，同时也决定了后续演替过程的土壤肥力基础和初始状态。因此，植物群落演替过程，也是植物对土壤不断适应和改造的过程，土壤性质是植物演替的重要驱动力之一。认识植被自然恢复过程中的土壤养分变化规律，对人工调控与促进植被演替、加快生态恢复具有重要作用。

Dormaar 等（1990）的研究表明，放牧减少土壤有机质是草地退化的重要表现。在本书研究中，随着退化演替程度的加大，有机质含量明显减少。在轻度退化阶段，土壤有机质含量较高可能是由于适度干扰使群落资源丰富度和复杂程度增加，维持了草地群落的稳定，利于提高群落的生产力，致使植物的残落物和家畜的排泄物归还给土壤，因而土壤肥力得到提高。土壤微生物量碳是土壤有机质中活性较高的部分，是土壤养分的重要来源，高寒小嵩草草甸退化到极度退化阶段，土壤中有机质、速效氮等含量下降十分明显（表 8.2），高寒草甸的退化将使土壤有机质大量流失，氮素损失严重，随着退化演替过程的进行，高寒草甸土壤环境（即土壤质量和土壤稳定性）逐渐退化，土壤有机碳和土壤微生物量碳含量也随放牧强度增加而迅速降低，如果选择适当的放牧强度，则完全可以维持草地生态系统的碳平衡，促进系统内部碳的良性循环。在本书研究中，轻度退化演替阶段小嵩草草甸土壤有机质、速效氮、有机全碳含量最高。有研究表明，过度放牧使草原初级生产力降低 60%，40 年来过度放牧使草地表层土壤（10~20cm）碳贮量降低 12.4%（Li et al.，1997）。重度放牧 6~8a 对土壤有机碳的总贮量没有显著影响，但土壤微生物中的碳贮量（活性炭）分别降低了 51%和 24%。（Fu and Chen，2004）在荒漠草地连续 6a 进行的不同强度放牧试验也表明，重度放牧比中度和轻度放牧草地 0~20cm 土壤有机碳含量显著减少；霸王-小叶锦鸡儿荒漠草地封育后表层土壤有机碳含量较自由放牧显著增加。围栏 3 年后，表层土壤有机碳含量比例提高 11.2%，围栏轮牧使土壤有机碳含量明显增加，因此适度放牧是保护草地生物多样性，维护放牧生态系统功能与健康，发展草地生态系统生产力的有效途径。应深入研究草地放牧演替规律，掌握草地在放牧利用下的演替方向，针对不同的演替阶段采取相应的培育措施，防止退化演替，特别是根据土壤养分的变化状况，适时施肥改善土壤养分和物理性状，保证放牧生态系统物质输入与输出间的平衡，从而实现系统持续生产和利用。

2. 土壤微生物群落特征和土壤性质

不同演替阶段的样地在土壤微生物群落结构和土壤酶活性上有所差异，中度退化演替阶段和原生植被之间的差异尤为明显，轻度退化和重度退化阶段差异处于二者之间。中度退化演替阶段土壤微生物种类与生物量均显著高于原生植被、轻度退化和重度退化演替阶段，0~10cm 和 10~20cm 土层中土壤微生物群落结构合理、种群多样性丰富；中度退化演替阶段土壤蛋白酶和多酚氧化酶活性最高，说明随着演替的进行，土壤中的化学和生物学指标并不呈现出持续下降的趋势，而是在受到一定程度干扰时达到最大值，然后开始降低。蔡晓布等（2008）对不同退化程度高寒草原土壤微生物活性进行研究时也发现，土壤微生物活性和含量在受到一定干扰后才达到最大值，并非在未退化阶段。

中度退化演替阶段群落资源丰富度和复杂程度增加，维持了草地群落的稳定性，有利于群落生产力的提高，致使植物凋落物归还给土壤的量增加，土壤肥力提高（王长庭等，2008）。土壤微生物种类、组成和功能多样性受到作为碳源基质的植物凋落物和土壤有机质的质量和数量的影响，具体表现在：①限制植物生长的资源有效性影响着生物群落的组成；②因为凋落物能够被用于产生能量，因此土壤微生物群落资源的可获取性受到枯死叶和根（凋落物）的化学组分限制；③植物物种组成的改变可能引起植物多样性的改变，进而导致凋落物有机组分的变化，从而影响异养微生物群落的组成和功能（Tilman，1982；蒋婧和宋明华，2010）。同时，土壤微生物的增多会产生反馈调控作用强化上行效应，土壤中的分解者及其共生真菌能促进矿物质营养释放，提高初级生产力，从而有利于植物生长及其多样性的维持。本书研究还发现，在 $0\sim10cm$ 土层中，原生植被土壤微生物中 G^+/G^- 和饱和脂肪酸/不饱和脂肪酸值均高于退化演替阶段。从原生植被到退化演替阶段的转变过程中，微生物群落结构上表现为革兰氏阳性菌向革兰氏阴性菌的转变，饱和性脂肪酸向不饱和性脂肪酸的转变，这与图 8.2 所得结论相符。

还有研究发现，不同退化演替阶段高寒草甸土壤细菌与真菌生物量的比值（B/F）表明，中度退化演替阶段 B/F 显著高于重度退化、原生植被和轻度退化阶段（蔡晓布等，2008）。本书研究表明，细菌与总 PLFA 的比值在原生植被中最高，轻度退化演替阶段最低，说明随着演替的进行，细菌生物量的增加速度高于真菌；革兰氏阳性菌与总 PLFA 的比值和革兰氏阴性菌与总 PLFA 的比值在不同退化演替阶段所呈现的规律不尽相同，代表革兰氏阳性菌和革兰氏阴性菌的 PLFA 并没有分别位于一个相对单独的区域。

草地生态系统中地上植物、地下微生物和土壤微环境之间的相互响应机制与群落演替存在着明显的关联性。

（1）在高寒草甸不同退化阶段，群落的多样性、均匀度和物种丰富度在中度退化演替阶段最高（柳小妮等，2008）；土壤容重、土壤有机质输入以及土壤微生物熵在中度退化演替阶段均高于其他演替阶段（王长庭等，2008）。生物多样性较高的地上植被可能会引起作为地下生物资源的凋落物质量和类型的多样性，而资源的差异性也可能会引起分解者的多样性，这能在很大程度上改良土壤的理化性质，提高土壤生物的数量、多样性和活性。因此，植物-土壤间的相互作用也许是高寒草甸退化演替过程中最重要的反馈之一。

（2）本书研究中碱性磷酸酶活性随着高寒草甸退化演替的进行而显著降低。碱性磷酸酶是促进有机磷化合物分解的酶，能增加土壤中磷元素和易溶性营养物质，与土壤碳氮含量正相关，与有机磷含量及土壤 pH 也有关（关松荫，1986）。随着高寒草甸退化演替的进行，土壤各种营养物质（土壤有机碳、全氮和全磷）含量均显著下降，土壤 pH 随之降低（Fierer et al.，2003；安慧和徐坤，2013）。多酚氧化酶和蛋白酶在中度退化演替阶段其活性显著高于其他 3 个处理样地。在不同退化演替阶段，土壤全氮含量和速效氮含量均在中度退化阶段最低（冯瑞章等，2010）。原生植被由于群落生物量较高，土壤中凋落物和植物根系的归还量增加，较多土壤养分在一定程度上提高了碱性磷酸酶活性，但降低了多酚氧化酶和蛋白酶的活性。研究表明，施氮能够降低土壤多酚氧化酶的活性，尤其是高氮处理抑制作用更为明显。脲酶与蔗糖酶活性在不同演替阶段无显著差异，土壤脲酶是一种分解含氮有机物的水解酶，是植物氮素营养的直接来源，与地上植被的多样性有关，土壤全氮和速效氮是植物多样性变化的显著性影响因子（王兴等，2013）。蔗糖酶活性同样受多种土壤因子的影响，如土壤有机质和土壤呼吸强度（关松荫，1986），而土壤呼吸强度与土壤温度、土壤含水量、根系生物量、地上植被生物量及凋落量显著正相关，与人为干扰强度显著负相关（邓钰等，2013）。同时，蔗糖酶活性与土壤微生物生物量碳、氮也存在着相关性（沈宏等，1999）。因此，影响因子的复杂性是导致土壤脲酶和蔗糖酶活性在不同退化演替阶段无显著差异的重要原因。

（3）土壤酶与土壤微生物在高寒草甸不同退化演替阶段呈现出显著相关性。杨志新和刘树庆（2001）发现，当土壤微生物的生长和繁殖受到抑制时，其体内酶的合成和分泌便会减少，从而降低了土壤酶活性，当植物根际的生物活性物质和动物残体腐解使土壤微生物活动旺盛时，土壤酶活性便会提高。单贵莲等（2012）在研究典型草原恢复演替过程中也发现，土壤微生物和土壤酶活性呈密切的正相关关系，土壤酶活性、真菌数量、微生物总量间的相关关系较显著，相关系数均达到显著水平。在本书研究中，碱性磷酸酶活性与总 PLFA、革兰氏阴性菌和革兰氏阳性菌含量呈显著或极显著负相关，与真菌（$r = -0.380$）和细菌（$r = -0.080$）含量无显著相关性，表明碱性磷酸酶活性会受到土壤中总微生物生物量和革兰氏细菌的抑制，尤其是革兰氏阳性菌的抑制作用更加强烈。多酚氧化酶和蛋白酶活性与革兰氏阳性菌（$r = 0.877$）、总 PLFA（$r = 0.872$）、真菌（$r = 0.890$）、总 PLFA（$r = 0.912$）间呈显著正相关关系。土壤微生物群落结构（种类、数量、生物量和不同微生物类群 PLFA 比值）、土壤微生物活性通过影响有机物分解、营养物质传递，从而促进植物生长。土壤微生物受到强烈的自上而下的调控，它们反过来又通过影响营养物质的释放对地上植物群落结构产生重要的反馈调控作用。

总之，土壤是一个复杂的生态系统，评价土壤质量和土壤肥力、指示高寒草甸演替阶段和退化程度有许多指标，如土壤理化性质、酶活性和微生物状况等。土壤微生物是土壤生态系统中养分来源的原动力，在动植物残体的降解和转化，养分的释放和循环及改善土壤理化性质中起着重要作用。土壤酶能够促进土壤中物质转化与能量交换，土壤酶类和微生物一起推动着土壤的代谢过程。因此，本书建议将土壤酶活性和土壤微生物群落结构（种类、数量）结合起来，评价三江源区高寒草甸群落的演替阶段、退化程度。

参 考 文 献

安慧，徐坤，2013. 放牧干扰对荒漠草原土壤性状的影响[J]. 草业学报，22（4）：35-42.

蔡晓布，周进，钱成，2008. 不同退化程度高寒草原土壤微生物活性变化特征研究[J]. 土壤学报，45（6）：1110-1118.

曹广民，龙瑞军，2009. 三江源区"黑土滩"型退化草地自然恢复的瓶颈及解决途径[J]. 草地学报，17（1）：4-9.

邓钰，柳小妮，闫瑞瑞，等，2013. 呼伦贝尔草甸草原土壤呼吸及其影响因子对不同放牧强度的响应[J].草业学报，22（2）：22-29.

冯瑞章，周万海，龙瑞军，等，2010. 江河源区不同退化程度高寒草地土壤物理、化学及生物学特征研究[J].土壤通报，41（2）：263-269.

关松荫，1986. 土壤酶及其研究法[M]. 北京：农业出版社.

胡雷，王长庭，王根绪，等，2014. 三江源区不同退化演替阶段高寒草甸土壤酶活性和微生物群落结构的变化[J]. 草业学报，23（3）：8-19.

蒋婧，宋明华，2010. 植物与土壤微生物在调控生态系统养分循环中的作用[J]. 植物生态学报，34（8）：979-988.

李希来，黄葆宁，1995. 青海黑土滩草地成因及治理途径[J]. 中国草地，17（4）：64-67.

李英年，赵新全，曹广民，等，2004. 海北高寒草甸生态系统定位站气候、植被生产力背景的分析[J]. 高原气象，23（4）：558-567.

刘伟，王启基，王溪，等，1999. 高寒草甸"黑土型"退化草地的成因及生态过程[J]. 草地学报，7（4）：300-307.

柳小妮，孙九林，张德罡，等，2008. 东祁连山不同退化阶段高寒草甸群落结构与植物多样性特征研究[J]. 草业学报，17（4）：1-11.

马玉寿，郎百宁，王启基，1999. "黑土型"退化草地研究工作的回顾与展望[J]. 草业科学，16（2）：5-9.

萨茹拉，侯向阳，李金祥，等，2013. 不同放牧退化程度典型草原植被—土壤系统的有机碳储量[J]. 草业学报，22（5）：18-26.

单贵莲，初晓辉，罗富成，等，2012. 围封年限对典型草原土壤微生物及酶活性的影响[J]. 草原与草坪，32（1）：1-6.

尚占环，龙瑞军，马玉寿，2007. 青藏高原江河源区生态环境安全问题分析与探讨[J]. 草业科学，24（3）：1-7.

沈宏，曹志洪，徐本生，1999. 玉米生长期间土壤微生物量与土壤酶变化及其相关性研究[J]. 应用生态学报，10（4）：471-474.

汪诗平，2003. 青海省"三江源"地区植被退化原因及其保护策略[J]. 草业学报，12（6）：1-9.

王根绪，程国栋，2001. 江河源区的草地资源特征与草地生态变化[J]. 中国沙漠，21（2）：101-107.

王文颖，王启基，王刚，2006. 高寒草甸土地退化及其恢复重建对土壤碳氮含量的影响[J]. 生态环境，15（2）：362-366.

王兴，宋乃平，杨新国，等，2013. 放牧扰动下草地植物多样性对土壤因子的响应[J]. 草业学报，22（5）：27-36.

王长庭，龙瑞军，王启兰，等，2008. 三江源区高寒草甸不同退化演替阶段土壤有机碳和微生物量碳的变化[J]. 应用与环境生物学报，14（2）：225-230.

杨军，刘秋蓉，王向涛，2020. 青藏高原高山嵩草高寒草甸不同退化阶段植物群落与土壤养分[J]. 应用生态学报，31（12）：4067-4072.

杨志新，刘树庆，2001. 重金属 Cd、Zn、Pb 复合污染对土壤酶活性的影响[J]. 环境科学学报，21（1）：60-63.

詹天宇，侯阁，刘苗，等，2019. 青藏高原不同退化梯度高寒草地植被与土壤属性分异特征[J]. 草业科学，36（4）：1010-1021.

张建贵，王理德，姚拓，等，2019. 祁连山高寒草地不同退化程度植物群落结构与物种多样性研究[J]. 草业学报，28（5）：15-25.

张金坡，宋长春，2003. 土地利用方式对土壤碳库影响的敏感性评价指标[J]. 生态环境，12（4）：500-504.

周华坤，赵新全，周立，等，2005. 青藏高原高寒草甸的植被退化与土壤退化特征研究[J]. 草业学报，14（3）：31-40.

Dormaar J F，Smoliak S，Willms W D，1990. Distribution of nitrogen fractions in grazed and ungrazed fescue grassland ah horizons[J]. Journal of Range Management，43（1）：6-9.

Fierer N，Schimel J P，Holden P A，2003. Variations in microbial community composition through two soil depth profiles[J]. Soil Biology and Biochemistry. 35（1）：167-176.

Fu H，Chen Y M，2004. Organic carbon contest in major grassland types in Alex，Inner Mongolia[J]. Acta Ecol Sin，24（3）：469-476.

Li L，Chen Z，Wang Q，1997. Changes in soil carbon storage due to over-grazing in *Leymus chinensis* steppe in the Xilin River Basin of Inner Mongolia[J]. Journal of Environmental Sciences，9（4）：104-108.

Peacock A，Macnaughton S，Cantu J，et al.，2001. Soil microbial biomass and community composition along an anthropogenic disturbance gradient within a long-leaf pine habitat[J]. Ecological Indicators，1（2）：113-121.

Pinkart H，Ringelberg D，Piceno Y，et al.，2002. Biochemical approaches to biomass measurements and community structure analysis[J]. Manual of Environment Microbiology，2：101-113.

Singh J S，Raghubanshi A S，Singh R S，et al.，1989. Microbial biomass acts as a source of plant nutrients in dry tropical forest and savanna[J]. Nature，338（6215）：499-500.

Smith J L，Paul E A，1990. The significance of soil microbial biomass estimations[M]//Bollag J M，Soil Biochemistry. Oxford：Taylor &Francis.

Tilman D，1982. Resource Competition and Community Structure[M]. Princetion：Princeton University Press.

第9章 高寒草地灌丛化

9.1 引 言

9.1.1 草地灌丛化及其驱动力

灌丛化是指木本植物盖度、密度和生物量增加而导致本地草本植物种类减少与密度减小的现象，已成为全球重要的生态过程。在南美洲、亚洲、非洲、地中海、澳大利亚和北极的干旱与半干旱地区均已出现灌丛化，且近年来发展十分迅速，总面积已达到 3.3 亿 hm^2（Pacala et al.，2001；Knapp et al.，2008；Eldridge et al.，2011）。在美国西南部典型沙漠气候区，灌丛植物近 100 多年来增长面积已超过原灌丛面积的 10 倍（Buffington and Herbel，1965）。在澳大利亚半干旱地区，大面积的草原正在变为灌丛草原，甚至在西部灌丛化速率已达 0.4%～1.2%（Robinson et al.，2008）。南非 $1×10^7$～$2×10^7$ hm^2 的草地也正逐渐演变成灌木林地（Ward，2005）。我国内蒙古草原，以小叶锦鸡儿为优势群落的灌丛草原面积已增长至 $5.1×10^6$ hm^2（Peng et al.，2013）。近 20 年，青藏高原已有 39%的高寒草原正在向灌丛草原转变（Brandt et al.，2013）。灌丛化影响了草原生态系统的功能和作为全球碳汇的地位，已成为不可忽视的全球生态问题之一（Eldridge et al.，2011；彭海英等，2014）。据统计，灌丛化引起的草原大面积沙化已影响到全球近 20%人口的生产与生活，如在博茨瓦纳地区大规模的灌木入侵导致原有的牧草质量下降，对当地农牧业造成严重损失（Moleele et al.，2002）。

草地灌丛化长期以来被认为是草原退化或者沙漠化的另一种表达方式。灌丛化引起的土壤养分空间异质性为干旱、半干旱环境荒漠化的标志（Schlesinger et al.，1990）。目前，大量研究都集中在草原灌丛化对生态系统过程的负面影响方面，灌木的入侵破坏了草地植被的相对均一性，降低草地物种多样性、盖度和初级生产力，减少土壤水分和养分，改变元素分布，引发地表径流、土壤侵蚀和荒漠化（Da et al.，2016）。但最近的全球性荟萃（Meta）分析表明，灌丛化对生态系统具有中性甚至积极作用，如提高生态系统物种多样性和稳定性，促进土壤水分的下渗，提高土壤肥力、微生物生物量和丰富度，提升草地生产力和碳固定，以及促进氮矿化等（Matthiash et al.，2017）。灌丛化不能等同于土壤退化甚至沙漠化（Eldridge et al.，2011），甚至 Maestre 等（2009）认为，灌丛化可以逆转地中海东南部草地的沙漠化。灌木斑块对生态系统结构和功能的积极作用会随着灌木密度的增加而改变。在景观尺度上，入侵的植被与草原退化之间也没有明确的相关性。因此，灌丛化在不同地域、不同人类活动扰动情形下对生态系统的影响尚未得到一致的结论。目前，草地灌丛化是否会导致生态系统结构和功能退化以及哪些灌丛化草地可以恢复已成为研究热点（魏楠等，2019）。

草地灌丛化的驱动因素复杂，在大尺度上受气候变暖、降水、生物活动等影响，在小区域尺度上受土壤类型、植被组成的影响（Li et al.，2016）。如美国西部好纳达盆地

（Jornada Basin）草地灌丛化最大驱动因素为降水（Gibbens et al.，2015），而墨西哥州则是土壤和植物种间竞争（Peters，2000）。另外，相同影响因素在不同区域影响强度也不同，如在美国奇瓦瓦沙漠（Chihuahuan Desert）和新墨西哥州南部，生物因素和过度放牧被认为是影响灌丛化形成的因素之一；但在澳大利亚和非洲大草原，动物喜食灌木，从而控制了灌丛化的形成（Costello et al.，2000）。目前，国外草地灌丛化研究主要集中在北美、中欧等干旱半干旱区域，主要聚焦于灌丛化形成机制、对生物多样性的影响以及内外驱动因素的作用机制等。我国草原灌丛化研究主要集中在甘肃、宁夏、内蒙古等干旱半干旱地区，研究内容主要为灌丛化后植被种群结构和空间布局的变化、灌丛化对土壤物质循环的影响以及灌丛化与土壤性质之间的关系等（Li et al.，2016）。我国高寒草地灌丛化分布以及变化面积还不够清晰，且其驱动因素需要进一步研究。

9.1.2　草地灌丛化对土壤有机碳的影响

在气候变化和放牧等因子的驱动下，青藏高原东南麓已有 39%的高山草甸发生灌丛化（Van Auken，2000；Li et al.，2013）。灌木侵入是影响草地土壤有机碳的重要过程，研究表明，灌丛化引起的植被群落结构的高度空间异质化必然会影响草地土壤有机碳循环，但灌丛化对草原土壤的碳源或汇功能的影响至今没有一致结论（陈蕾伊等，2014）。熊小刚和韩兴国（2005）研究发现，小叶锦鸡儿入侵锡林河流域草原后，提高了灌丛样地土壤有机碳（soil organic carbon，SOC）含量。何俊岭（2017）在青藏高原金露梅侵入的高寒草甸土壤研究中也得到相同结论；而杜慧平等（2007）发现，金露梅入侵高寒珠芽蓼（*Polygonum viviparum*）草地后，SOC 含量减少了 29%；Hughes 等（2006）发现，牧豆属灌木入侵温带稀树草原对表层 SOC 含量无明显影响。这些研究都用 SOC 含量来衡量灌丛化对草地土壤有机碳含量的影响。然而，草地 SOC 含量的背景值一般较高，对外界环境的响应滞缓，不能及时、准确反映土壤有机碳库的变化，而不同活性有机碳组分对环境胁迫的响应更为快速、灵敏（Ojima et al.，1993；张国等，2011）。费凯等（2016）研究发现，相较于 SOC，土壤活性有机碳组分（DOC[①]，EOC[②]，MBC[③]）对高寒草地沙化的响应更为敏感，损失量更高。并且，不同来源和生物稳定性的碳组分对环境胁迫的响应也不同（Iqbal et al.，2009）。有机碳分组方法主要包括物理分组法、化学分组法、生物学分组法和联合分组法（张丽敏等，2014）。其中，Stewart 等（2008）提出的物理-化学联合分组法综合考虑了多种有机碳稳定机制，将土壤有机碳分为游离活性有机碳（nonprotected organic carbon，Non-C）、物理保护有机碳（physically-protected organic carbon，Phy-C）、化学保护有机碳（chemically-protected organic carbon，Che-C）和生物化学保护有机碳（biochemically-protected organic carbon，Bio-C）。其中，前两种碳组分分解速度快，周转时间短，可作为土壤有机碳库变化的敏感指示指标；后两者碳组分属于惰性组分，对外界环境的变化响应不敏感，一般作为预测土壤碳饱和的指标（Six et al.，

---

① DOC：可溶性有机碳（dissolved organic carbon）；
② EOC：易氧化态碳（easily oxidizable carbon）；
③ MBC：微生物量碳（microbial biomass carbon）。

2000）。该方法解决了单一分组方法中异质性碳组分重叠的问题（张丽敏等，2014）。基于此，本书采用 Stewart 等（2008）提出的物理-化学联合分组法探索高寒草地土壤不同活性有机碳组分对不同种类灌木侵入的响应，以评价高寒草地灌丛化土壤碳循环及其碳源/汇功能。

9.1.3 草地灌丛化对土壤团聚体和胶结物质的影响

灌丛化通过转变优势植被，改变水分和养分的重新分配，使土壤性质的空间异质性。目前灌丛化对草地土壤碳、氮含量影响的研究结论差异较大。有的研究表明，草地灌丛化后，SOC 含量显著增加；有的研究则表明，草地灌丛化后，SOC 含量没有影响甚至减少（Eldridge et al.，2011）。但通常认为，灌丛化会导致土壤 pH 下降。Zhang 等（2006）的研究结果表明，灌丛化降低了土壤容重；但也有研究发现，灌丛化对土壤容重没有显著影响（丁威等，2020）。张志华等（2017）研究发现，灌丛化程度与土壤中砂粒和容重呈正相关关系，与粉粒呈极显著负相关关系，表明灌丛的分布和生长与土壤性质密切相关。Liao 等（2006）认为，灌丛化草地具有更大的地上和地下生物量，输入土壤的有机质增加，导致灌丛土壤中水稳性大团聚体含量增加，土壤结构更加稳定。但也有研究认为，草地中草本植物的细根对团聚体的稳定起着重要作用，其根毛、有机渗出物和与根系相关的微生物刺激相互缠绕和结合，增强了团聚体的稳定性（Ritz and Young，2004）。可见，灌丛化对土壤质地、团聚体组成及稳定性的影响，受到多种因素的限制，包括气候、降水、灌丛种类和性质等，分析不同种类的灌丛对土壤质地、团聚体含量和稳定性的影响具有重要意义。

9.2 高寒草地灌丛化时空动态及其驱动力分析

9.2.1 高寒草地灌丛化时空变化特征

1. 研究区灌丛化草地空间分布及面积变化

研究区 1987 年、2000 年、2013 年和 2018 年的灌丛总面积依次为 808.59km^2、1026.38km^2、1362.05km^2 和 1325.33km^2（表 9.1）。灌丛面积整体呈现增长的趋势，1987～2018 年的 31 年期间灌丛面积共增加 516.74km^2。从各个时段来看，1987～2000 年灌丛面积增加 217.79km^2，2000～2013 年灌丛面积增加 335.67km^2，2013～2018 年灌丛面积减少 36.72km^2。可以发现在 1987～2013 年，研究区灌丛面积呈急剧扩张的趋势，2013～2018 年灌丛面积呈缓慢下降的趋势，总体上看 31 年间灌丛面积呈增长的趋势。

表 9.1 研究区不同时期灌丛分布面积及占比

项目	1987 年	2000 年	2013 年	2018 年
面积/km^2	808.59	1026.38	1362.05	1325.33
（灌丛面积/总面积）/%	4.32	5.48	7.27	7.08

2. 研究区灌丛化草地时间动态分布及速率

根据灌丛在时间序列上的变化特点,可以看出 1987~2018 年灌丛面积整体呈增长趋势(表 9.2)。1987~2000 年,研究区内灌丛化面积从 808.59km² 增长至 1026.38km²,增加面积为 217.79km²,平均每年增长 16.75km²,变化幅度为 26.93%,平均每年为 2.07%,动态度为 2.07%/a;2000~2013 年,灌丛化面积从 1026.38km² 增长至 1362.05km²,共增加 335.67km²,平均每年增加 25.82km²,变化幅度为 32.7%,平均每年变化幅度为 2.51%,动态度为 2.52%/a,变化幅度明显上升;2013~2018 年,灌丛化面积从 1362.05km² 减少至 1325.33km²,变化面积为–36.72km²,平均每年减少 7.34km²,变化幅度为–2.69%,平均每年变化幅度为–0.54%,动态度为–0.53%/a。可以看出,在 2013 年以前,灌丛面积变化幅度较大,随后灌丛面积变化幅度较小,1987~2018 年 31 年期间灌丛面积共增加了 516.74km²,平均每年增加 16.67km²,灌丛面积变化幅度为 63.91%,平均变化幅度为每年增加 2.06%,整体动态度为 2.06%/a。

表 9.2 研究区 1987~2018 年不同阶段灌丛面积变化

时段	变化面积/km²	变化幅度/%	动态度/(%/a)
1987~2018 年	516.74	63.91	2.06
1987~2000 年	217.79	26.93	2.07
2000~2013 年	335.67	32.7	2.52
2013~2018 年	–36.72	–2.69	–0.53

9.2.2 高寒草地灌丛化驱动力分析

1. 气候因素

2000~2019 年,红原县和若尔盖县气温变化趋势为波动上升,红原县的平均温度高于若尔盖县,若尔盖县的升温和降温幅度都大于红原县(图 9.1a)。2000~2013 年红原县年平均气温上升 0.86℃,而 2013~2018 年年平均气温降低 0.12℃;2000~2013 年若尔盖县年平均气温上升 1.08℃,而 2013~2018 年年平均气温降低 0.29℃。青藏高原东缘灌丛的面积在 1987~2018 年呈现出先迅速扩张后缓慢减小的变化趋势,在 2000 年以后研究区灌丛面积有所增加,有研究表明温度的增加会降低灌丛的死亡率,灌木逐渐取代原有优势草本植物(Pablo et al.,2013)。Martínez 和 Pockman(2002)对三齿团香木(*Larrea tridentata*)进行低温试验,发现极端冰冻限制了石炭酸灌木的分布,气温升高降低了其死亡率,有利于灌木侵入和建植。Sekhwela 和 Yates(2007)通过对南非稀树草原金合欢属(*Acacia*)植物的研究也发现,灌木植物的死亡率随着气候变暖而降低。气温的升高还会影响高寒地区土壤有机碳、氮循环以及植被凋落物的分解速度,从而使得灌木的竞争力增强,有利于其存活与扩张(Wahren et al.,2005)。

2000~2019 年,红原县和若尔盖县年降水量变化趋势为波动上升,2000 年红原县累计降水量整体呈上升趋势，2000～2013 年红原县和若尔盖县年降水量分别增加 27.01mm 和 72.7mm，2013～2018 年分别增加 108.49mm 和 71.65mm（图 9.1b）。灌木植物和草本植物的水分利用方式及水分需求程度存在差异，使得灌木侵入受降水量的影响（Sankaran et al.，2005）。有研究发现，在干旱、半干旱地区，较高的降水量有利于灌木的扩张，在草地灌丛化过程中，灌丛斑块的形成促进土壤水分再分配和利用，使灌木能够获得并利用更多的水分，形成正反馈机制，进而提升灌木植物的竞争优势地位（Peng et al.，2014）。在干旱半干旱地区，降水量决定了不同植物种类的竞争、扩张以及空间分布，降水量的增加有利于灌木的发展和扩张（Joubert et al.，2008；Peng et al.，2013）。

2000～2019 年，红原县和若尔盖县日照时数年际变化呈减少趋势，2000～2013 年红原县和若尔盖县年日照时数分别增加 50.55h 和 72.14h，2013～2018 年年日照时数分别减少 277.05h 和 318.27h（图 9.1c）。降水量增加，且日照时数的变化趋于稳定并有所下降，导致研究区蒸发量处于下降的趋势，日照时数降低，降水量增多利于灌丛的生长。降水量充沛的情境下，水分充分入渗到深层土壤，草本植物只能获取浅层土壤的水分，灌木植物则能更好地利用深层土壤水分。白爱娟等（2011）通过对青海湖流域蒸散量的估算发现，蒸散量与气温、降水存在显著的相关关系，因此，研究区灌丛面积的变化与水热条件密切相关。

灌木植物和草本植物具有不同的光合途径。根据加拿大达尔豪斯大学（Dalhousie University）全球二氧化碳浓度数据，整理得到 2000～2017 年红原县和若尔盖县 CO_2 浓度，2000～2017 年红原县和若尔盖县 CO_2 浓度呈快速增长趋势（图 9.1d）。CO_2 浓度升高会降低

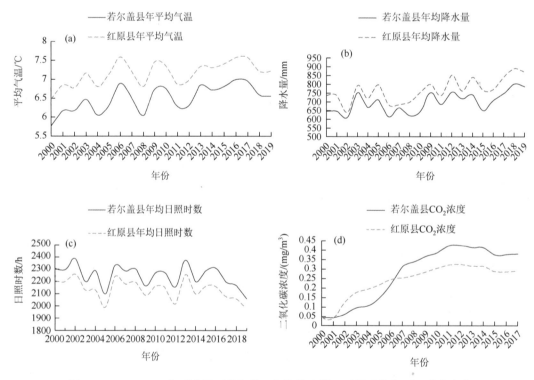

图 9.1　2000～2019 年研究区平均气温、年均降水量、日照时数和 CO_2 浓度变化

木本植物叶片的气孔导度,提高木本植物的光合速率,尤其是灌木植物,可提高 30%～50% 光合速率(Medlyn and Barton,2001),这将促进草地灌丛化的进程。一般 C_4 植物比 C_3 植物具有更高的水分利用效率,CO_2 浓度的升高使得 C_3 灌木植物的水分利用效率得到提高,提升了灌木的竞争力,因此,CO_2 浓度的增加可能更有利于草地向灌丛演替。

2. 社会经济因素

2000～2018 年红原县和若尔盖县每年地区生产总值均呈上升趋势(图 9.2),经济增长的主要贡献为第一产业的发展,主要是畜牧业的发展。因此,经济增长对于草地灌丛化的影响主要体现在为追求经济目标,草原载畜量增加,导致过度放牧。

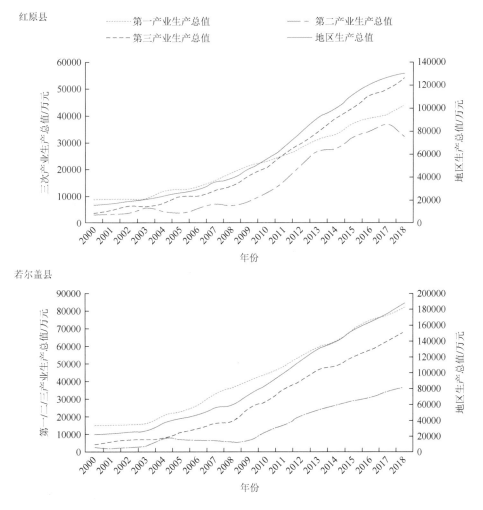

图 9.2　2000～2018 年红原县和若尔盖县经济数据年变化

通过人口统计数据可知,2000～2017 年,红原县和若尔盖县人口数量呈上升趋势, 2000～2017 年红原县年末户籍人口数从 3 万增长到 5 万,若尔盖县年末户籍人口数从大约 6 万增长到 8 万（图 9.3）。由于土地资源有限，人口数量的增加势必会加剧人对自然资源的过度开发，以畜牧业为主的红原县和若尔盖县人口快速增加导致经济需求提升，畜牧业不断发展，放牧动物的数量不断增加，草场载畜量超出了草地的生态环境承载力，从而促使灌丛化的发生。过度放牧对灌丛化的影响主要体现在动物取食、踩踏和种子传播等方面。禾本科植物枝叶较为柔软，比灌木更受家畜喜爱，家畜的啃食导致禾本科植物茎叶消耗及幼苗死亡，从而增强了灌木的竞争力。同时，动物的活动和排泄物也可作为灌木种子的传播渠道。红原县和若尔盖县牧区经济结构单一，牧民为了实现短暂的经济利益，过度放牧、滥垦草场等行为时有发生，使得草原退化，同时，持续和大量的放牧造成植物被踩踏，影响地上和地下草本植物生物量，破坏地表土壤均一性，改变土壤养分分配，在降雨的作用下加速"沃岛"的形成，促进灌木的竞争优势，加速灌丛化。

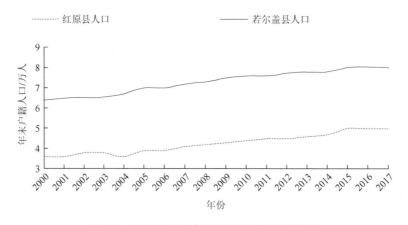

图 9.3　2000～2017 年研究区域人口数年变化

从 2013～2017 年农牧增加值看出（图 9.4），研究区农牧增加值呈现出每年递增的趋势，可以看出牧业是当地的支柱产业。过度放牧一直以来被认为是引发灌木侵蚀草原的主要原因之一，青藏高原东缘高寒草甸是我重要的草地资源，因载畜量过大已出现一定程度的灌丛化和草地退化（Zhou，1990）。过度放牧驱动草地灌丛化的原因有两个方面：①放牧会降低草地盖度以及地上、地下生物量，家畜对于植物的选择性采食会利于灌木的更新，而且减少了地表可燃物，使控制灌木扩张的火烧频率下降，从而加速草地灌丛化（Coetzee et al.，2008；Lohmann et al.，2014）；②过度放牧会使得草地受到踩踏，土壤的水分渗透能力变差，水分和养分得到再分配，从而有利于灌木植被的扩张（蔡文涛等，2016）。Robinson 等（2008）对澳大利亚西部豆科灌木入侵的研究发现，绵羊是灌木种子的主要传播载体；Tews 等（2004）也通过研究发现，家畜有助于灌木种子扩散；也有研究表明，长期重度放牧会导致灌丛草地的土壤肥力下降，而长期中等强度放牧能有效增加灌丛草地土壤养分的含量；但也有部分研究表明，放牧不是引起灌丛化的直接原因（李文等，2020）；根据 Yong 等（2014）的研究，在奇瓦瓦荒漠草原即使没有放牧，草原也出现草本植物向灌木植物转变的趋势。

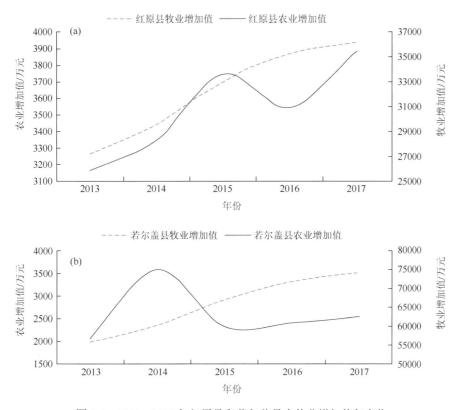

图 9.4　2013～2017 年红原县和若尔盖县农牧业增加值年变化

3. 定量分析

在定性分析的基础上，从自然因素、社会因素和空间因素三个方面按照驱动因子的可获得性、可量化性、显著性以及时空一致性的原则，选择了 15 个变量指标来构建驱动因子数据库（表 9.3）。

自然因素和人为因素对灌丛化的影响采用逻辑斯蒂（Logistic）回归模型分析（Jiang，2016；张帅华，2017；党元君，2020），综合参数见表 9.4，R^2 为模型拟合优度，一般 $R^2 > 0.2$ 说明该模型拟合度合格，2013～2018 年拟合度解释力较弱，拟合分类百分比大于或等于 75 说明可解释度较高，结果具有指导意义。

Logistic 回归模型分析结果显示，2000～2013 年灌丛区域面积与年均温度呈显著正相关关系（$P < 0.05$，$\beta = 0.085$），与海拔、坡度呈显著负相关关系（$P < 0.05$，$\beta = -0.006$，$\beta = -0.023$）（表 9.5），表明 2000～2013 年灌丛多分布在气温高、坡度低且靠近水域、道路、居民点的区域；2013～2018 年灌丛区域面积变化与 GDP 有显著负相关关系（$P < 0.05$，$\beta = -0.003$），与海拔呈负相关（$P < 0.05$，$\beta = -0.002$），表明 2013～2018 年灌丛面积变化与社会经济因素有显著相关性。气候因子以及人文因子对灌丛化也有一定的影响，气候随着温度、降水、日照时数、二氧化碳浓度等变化，有研究发现低温会限制大部分灌木的生长，温度的升高会降低灌木的死亡率，增加灌木生长的概率（Martínez and Pockman，2002；Sekhwela and Yates，2007；Cai et al.，2016）。自工业革命以来，CO_2 浓

度增加导致全球气候变暖，提高了灌木植物的光合速率，使得灌木的竞争力增强（Medlyn et al.，2001）。青藏高原东缘属于高寒地区，植物生长期短，高寒灌丛草甸中灌丛盖度较大，在温度、水方面具有竞争优势，极大地限制了灌丛间草本植物的生长，使灌丛间不易形成草皮层，进而促使灌丛化的发生。2000～2013 年，青藏高原东缘因为温度的变化导致灌丛化的扩张，对草地生态环境产生一定的影响。

此外，根据定量分析结果，发现人类活动与青藏高原东缘灌丛面积的变化有着显著的相关性，人口的增加促使人们对于经济需求增大，放牧强度的增加导致青藏高原高寒草甸、灌丛草甸植物的地上生物量以及地下生物量降低，土壤全氮含量也会降低，引起土壤氮素流失，因此过度放牧不利于草地植被的生长，会使灌木获得竞争优势，采取围栏封育是恢复高寒草甸最经济的技术方法（高丽楠，2018）。2013～2018 年，研究区草地灌丛化趋势得到缓解，缘于国家采取相关措施使得畜牧产业得到管理，表明政策因素直接或者间接地对草原生态系统恢复起着重要作用。

表 9.3　灌丛区域变化驱动因子数据库

因素类型	变量	驱动因子	单位	栅格类型	获取方法
自然因素	X1	海拔	m	连续型	数字高程模型（digital elevation model，DEM）提取
	X2	坡度	（°）	连续型	
	X3	温度	℃	连续型	气象网站
	X4	降水量	mm	连续型	
	X5	日照时数	h	连续型	
	X6	二氧化碳浓度	ug/m^3	连续型	
社会因素	X7	人口	万人	连续型	统计年鉴
	X8	地区生产总值	万元	连续型	
	X9	第一产业生产总值	万元	连续型	
	X10	第二产业生产总值	万元	连续型	
	X11	第三产业生产总值	万元	连续型	
	X12	农牧渔业生产总值	万元	连续型	
空间因素	X13	与水域的距离	m	连续型	距离分析
	X14	与道路的距离	m	连续型	
	X15	与居民点的距离	m	连续型	

表 9.4　Logistic 回归模型综合参数

时段	卡方	自由度 df	R^2	拟合分类百分比
2000～2013 年	1.911	8	0.426	82.9
2013～2018 年	11.219	8	0.080	76.9

表 9.5　灌丛区域变化 Logistic 回归模型分析结果

时段	自变量	β	S.E	Wals	Sig.	Exp（β）
2000~2013 年	海拔	-0.006	0.001	34.522	0	0.994
	坡度	-0.023	0.012	3.899	0.048	0.977
	与水域的距离	0	0	0.372	0.0542	1
	与道路的距离	0	0	0.246	0.062	1
	与居民点的距离	0	0	0.716	0.0398	1
	年均温度	0.085	0.787	0.012	0.014	1.089
	截距常量	24.755	5.402	20.998	0	563.5
2013~2018 年	海拔	-0.002	0.001	5.227	0.022	0.998
	坡度	-0.001	0.013	0.007	0.932	0.999
	与水域的距离	2.758	10.94	0.065	0.801	15.761
	与道路的距离	4.523	3.971	1.298	0.255	92.149
	与居民点的距离	-0.363	1.696	0.046	0.831	0.696
	国内生产总值（gross domestic produce, GDP）	-0.003	0.001	4.334	0.037	1
	截距常量	6.375	3.014	4.475	0.034	586.967

注：β 为回归系数，β<0 表明该自变量指标对因变量是负相关；S.E 为标准误差；Wals 为回归系数的显著性检验统计量，可体现自变量对因变量的权重和解释度，Wals 越大，表示自变量对因变量解释度越强；Sig.表示显著性 P 值；Exp（β）表示回归系数 β 以 e 为底数的自然指数，可体现该驱动因子自变量变化的一个单位级时，对应因变量产生的概率，Exp（β）<1 代表发生事件的概率降低，Exp（β）>1 代表发生事件的概率增加。

9.3　高寒草地灌丛化对土壤有机碳组分的影响

9.3.1　高寒草地灌丛化土壤理化性质

土壤颗粒组成是土壤结构的重要表征。由图 9.5 可知，高山绣线菊、窄叶鲜卑花和金露梅灌丛样地土壤颗粒含量与未灌丛化草地无显著差异，均以粉粒为主。而小叶锦鸡儿灌丛样地土壤以砂粒为主（占比 74.37%），砂粒含量显著高于未灌丛化草地（P<0.05），粉黏粒占比显著低于未灌丛化草地（P<0.05）。灌丛样地土壤 pH 均高于未灌丛化草地，其中高山绣线菊、窄叶鲜卑花和小叶锦鸡儿灌丛样地与未灌丛化草地差异显著（P<0.05）。而土壤 TN 含量、含水量和容重在未灌丛化草地和灌丛样地间无显著差异。

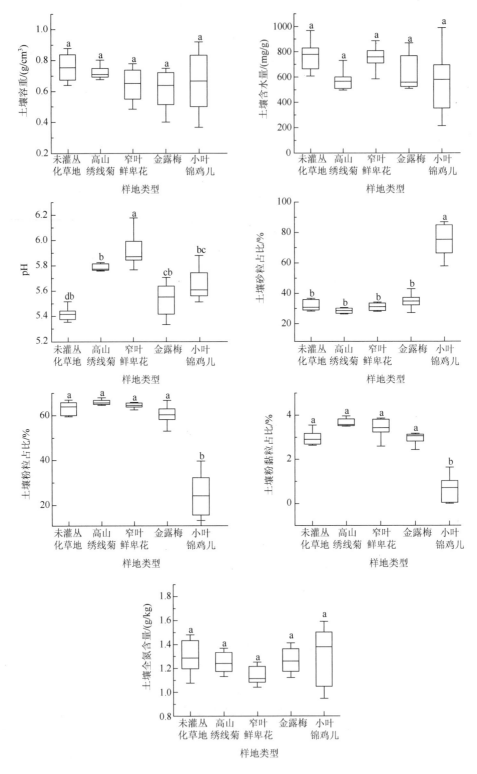

图9.5　未灌丛化草地和灌丛样地土壤理化性质

注：同列不同小写字母代表同一理化性质在不同样地间差异显著（$P<0.05$）；表中数据为平均值±标准差（$n=6$）。

9.3.2　高寒草地灌丛化土壤不同活性有机碳含量及其贡献率

未灌丛化草地和灌丛化草地土壤有机碳（SOC）含量无显著差异（图 9.6），未灌丛化草地、高山绣线菊、窄叶鲜卑花、金露梅以及小叶锦鸡儿灌丛样地土壤平均 SOC含量分别 77.32g/kg、64.72g/kg、64.02g/kg、76.26g/kg 和 78.84g/kg。

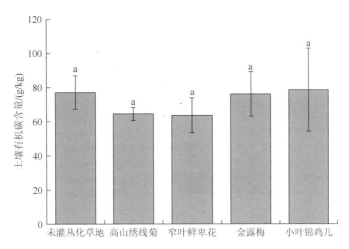

图 9.6　未灌丛化草地和灌丛样地土壤有机碳含量

注：不同小写字母代表 SOC 含量在不同草地间差异显著（$P<0.05$）；图中数据为平均值±标准差（$n=6$）。

未灌丛化草地和灌丛样地土壤不同活性有机碳含量表现为游离活性有机碳含量最高，为 265.84～370.95g/kg，其次是生物化学保护有机碳含量，为 126.70～305.86kg/kg（表 9.6）。各活性有机碳含量在未灌丛化草地和灌丛样地间表现为，高山绣线菊、窄叶鲜卑花和金露梅灌丛样地土壤游离活性有机碳含量显著低于未灌丛化草地（$P<0.05$），分别下降了 27.38%、23.70% 和 12.24%；物理保护有机碳含量在未灌丛化草地和灌丛样地间表现为，小叶锦鸡儿灌丛土壤中含量显著低于未灌丛化草地（$P<0.05$），降低了 53.13%；化学保护有机碳含量在未灌丛化草地和灌丛样地间表现为，小叶锦鸡儿灌丛样地显著低于未灌丛化草地（$P<0.05$），降低了 18.84%；生物化学保护有机碳含量在未灌丛化草地和灌丛样地间表现为，高山绣线菊和窄叶鲜卑花灌丛样地显著低于未灌丛化草地（$P<0.05$），分别降低了 21.27% 和 35.95%，小叶锦鸡儿灌丛样地显著高于未灌丛化草地，增加了 54.62%。

表 9.6　未灌丛化草地和灌丛样地土壤不同活性有机碳含量　　　　（单位：g/kg）

有机碳组分	未灌丛化草地	高山绣线菊	窄叶鲜卑花	金露梅	小叶锦鸡儿
游离活性有机碳（Non-C）	366.08±20.44a	265.84±34.30c	279.31±9.90c	321.27±23.16b	370.95±56.38a
物理保护有机碳（Phy-C）	91.04±12.45a	79.69±5.82a	77.99±12.70a	95.74±11.75a	42.67±37.98b

续表

有机碳组分	未灌丛化草地	高山绣线菊	窄叶鲜卑花	金露梅	小叶锦鸡儿
化学保护有机碳 （Che-C）	82.20±8.36a	81.97±8.02a	85.92±6.09a	78.65±12.12a	66.71±12.13b
生物化学保护有机碳 （Bio-C）	197.81±30.02b	155.74±13.45c	126.70±20.40d	182.72±28.85bc	305.86±41.35a

注：同行小写字母代表同一有机碳组分不同样地间差异显著（$P<0.05$）；表中数据为平均值±标准差（$n=6$）。下同。

高寒草地灌丛化土壤中，游离活性有机碳占比最高（图 9.7），各活性有机碳对 SOC 的贡献程度大小排序为 Non-C＞Bio-C＞Phy-C＞Che-C。小叶锦鸡儿灌丛土壤 Non-C 贡献率显著低于未灌丛化草地（$P<0.05$），减少了 61.99%。Phy-C、Che-C 和 Bio-C 贡献率在未灌丛化草地和灌丛样地间无显著差异。

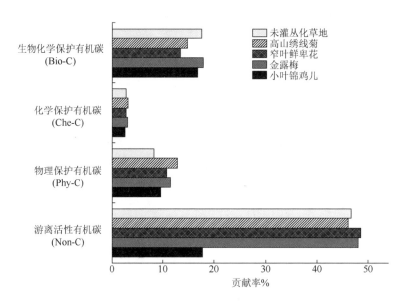

图 9.7　高寒草地灌丛化不同活性有机碳对总有机碳的贡献率

以不同活性有机碳含量为响应变量，土壤理化因子指标为解释变量，对未灌丛化草地和灌丛样地土壤表层（0～10cm）不同活性有机碳含量进行冗余分析（redundancy analysis，RDA）（图 9.8）。第一轴能够解释土壤有机碳组分含量变异量的 39.79%，影响 Phy-C 和 Che-C 含量的主要因素是土壤粉黏粒和含水量。第二轴可解释土壤有机碳组分含量变异量的 23.18%，影响 Non-C 和 Bio-C 含量的因素主要是 TN 和砂粒。两轴 TN、pH、土壤含水量、土壤容重以及黏粒和砂粒含量共能够解释 63% 的活性土壤有机碳含量变异（$F=8.1$，$P=0.002$）。其中黏粒含量可解释土壤有机碳组分含量变异的 35%（$F=15.1$，$P=0.002$），TN 含量可解释土壤有机碳组分含量变异的 16.2%（$F=9$，$P=0.002$）。

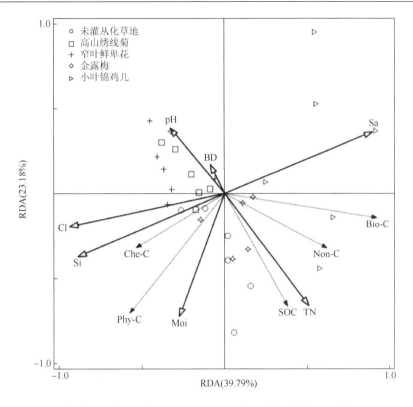

图 9.8　高寒草地灌丛化土壤有机碳组分与土壤理化性质的冗余分析（RDA）

注：SOC 为土壤有机碳；TN 为土壤全氮；BD 为土壤容重；Moi 为土壤含水量；Sa 为土壤砂粒；Si 为土壤粉粒；Cl 为土壤黏粒。

9.4　高寒草地灌丛化对土壤团聚体稳定性及其胶结物质的影响

9.4.1　土壤团聚体组成

　　土壤水稳性团聚体直接影响土壤表层的水、土界面行为，其数量和特征反映了土壤结构的稳定性。用 Cambardella 和 Elliott（1993）的湿筛法和沉降虹吸法测得土壤水稳性团聚体含量结果如图 9.9 所示。从组内团聚体含量变化看，灌丛化草地土壤 0.25～2mm 的团聚体含量最高，为（350±30）g/kg；0.053～0.25mm 的团聚体次之，为（210±40）g/kg；>2mm 的团聚体含量为（180±50）g/kg；0.002～0.053mm 团聚体含量为（140±30g）/kg；<0.002mm 的团聚体含量最低，为（69±10）g/kg。未灌丛化草地土壤团聚体含量变化和灌丛化草地土壤团聚体含量变化相似，也表现为 0.25～2mm 的团聚体含量最高，为（360±30）g/kg；<0.002mm 的团聚体含量最低，为（96±20）g/kg；但是 0.002～0.053mm 的团聚体含量高于粒径 >2mm 的团聚体含量。从组间团聚体含量变化看，灌丛化草地和未灌丛化草地土壤除了 <0.002mm 团聚体的表现为显著差异外（$P<0.05$），其余粒径的团聚体含量差异不明显。粒径 ≤0.053mm 团聚体在未灌丛化草地中的含量高于灌丛化

草地土壤（$P<0.05$），表明灌丛化使草地土壤微团聚体含量明显减少（$P<0.05$），灌丛化可能不利于青藏高寒草地土壤 SOC 的稳定固存。受不同粒径团聚体保护的有机碳具有不同的稳定性和周转速率，相比大团聚体，受微团聚体保护的 SOC 稳定性更高，对有机碳具有更强的保护作用（Jastrow，1996），大团聚体内有机碳的寿命只有几年，而微团聚体内的则可以达到几十年甚至一个世纪（Puget et al.，2000）。

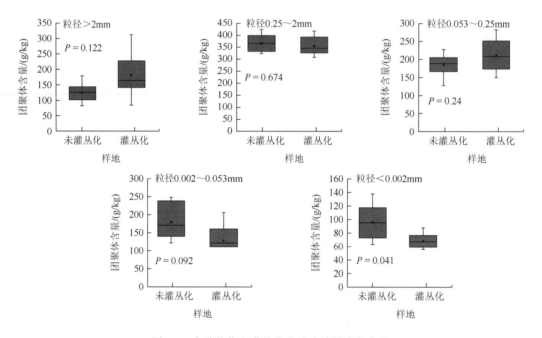

图 9.9　未灌丛化和灌丛化草地土壤团聚体含量

9.4.2　土壤团聚体稳定性

团聚体是土壤重要的结构单位，团聚体稳定性决定 SOC 的固持时间及固持量（Von et al.，2008）。>0.25mm 团聚体含量、平均重量直径（mean weight diameter，MWD）和分形维数（D）是衡量土壤团聚体稳定性的重要指标。测得研究区内土壤团聚体稳定性指标如图 9.10 所示。灌丛化草地土壤粒径>0.25mm 团聚体平均含量为（470±30）g/kg，MWD 为（0.45±0.05）mm，D 为 2.70±0.04；未灌丛化草地土壤粒径>0.25mm 团聚体平均含量为（530±40）g/kg，MWD 为（0.47±0.04）mm，D 为 2.64±0.01。通过单因素方差分析可知，灌丛化草地土壤团聚体 D 明显比未灌丛化草地土壤高（$P<0.05$）；而团聚体的 MWD 和粒径>0.25mm 团聚体含量则相反，灌丛化草地显著低于未灌丛化草地（$P<0.05$）。土壤团聚体分形维数是反映土壤结构几何形状的参数，小粒径团聚体比例越大，则分形维数越高（王展等，2013）。团聚体 D 升高，标志着土壤中黏粒含量增加，单位质量土粒表面积增大。MWD 能直接反映土壤团聚体中粒径的分布，其值越高表明土壤团聚体中大粒径团聚体数量越多，土壤结构越稳定，土壤抗侵蚀能力越强（王展等，2013）。

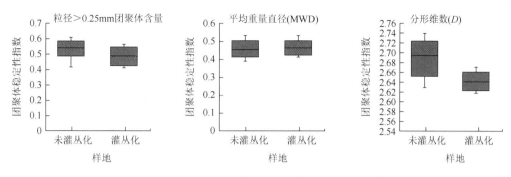

图 9.10　未灌丛化和灌丛化土壤团聚体稳定性指标

在本书研究中，灌丛化草地土壤团聚体的 D 高于未灌丛化草地土壤团聚体，而 MWD 和粒径＞0.25mm 团聚体则表现为未灌丛化草地土壤高于灌丛化草地土壤，表明未灌丛化草地土壤团聚体稳定性高于灌丛化草地土壤，未灌丛化草地土壤结构比灌丛化草地土壤稳定，高寒草地土壤灌丛化后土壤的抗侵蚀性可能降低。这可能是因为地表植被类型的变化引起根系输入量或根系分泌的有机碳不同（An et al.，2010）。根系分泌物是土壤团聚体形成的主要"黏结剂"，能增加团聚体稳定性，提高土壤碳的稳定性，土壤团聚体在有机碳含量高的土壤中比有机碳含量低的土壤中稳定（An et al.，2010）。同时，根系输入土壤的同化碳可改变土壤物理、化学和生物特性，如改变土壤 pH、氧化还原电位和有机无机复合体，从而改变营养元素的溶解性、吸附性以及微生物的活性（Kuzyakou et al.，2003）。

9.4.3　有机胶结物质的含量

各样地中团聚体有机碳（soil aggregate-associated organic carbon，SAOC）的含量如图 9.11 所示，灌丛和未灌丛化草地 SAOC 含量在 46.15～149.68g/kg，总体上表现为＞2mm、0.25～2mm、0.053～0.25mm 粒径 SAOC 含量以金露梅样地中最高，＜0.053mm 的两个粒径中，以小叶锦鸡儿样地中 SAOC 含量最高；除 0.25～0.053mm 粒径以小叶锦鸡儿样地最低外，其他粒径均以窄叶鲜卑花样地最低。除小叶锦鸡儿样地外，其他灌丛样地 0.053～0.25mm 粒径中 SAOC 含量均显著高于 0.002～0.053mm 和＜0.002mm 粒径中（$P<0.05$），后两者降低比例在 11.17%～33.43%；以窄叶鲜卑花样地中＜0.053mm 的两个粒径降低得最多，分别降低了 33.43%和 32.43%。小叶锦鸡儿样地中则表现为，随粒径减小，SAOC 含量显著增加，0.002～0.053mm 和＜0.002mm 粒径中 SAOC 含量分别比 0.053～0.25mm 粒径增加了 134.32%和 211.17%，以＜0.002mm 增加最显著。进一步分析得出，在小叶锦鸡儿样地中，微团聚体内（粒径＜0.25mm）有机碳含量显著高于大团聚体（＞0.25mm）（$P<0.05$）；未灌丛化草地和其他灌丛样地则呈现与之相反的结果。

同一粒径不同样地中团聚体有机碳含量的差异表现为：①在＞2mm、0.25～2mm、0.053～0.25mm 粒径中，草地与各灌丛样地 SAOC 含量间差异均不显著。②在 0.002～0.053mm 和＜0.002mm 粒径中，均表现为窄叶鲜卑花样地显著低于未灌丛化草地（$P<0.05$），

降低比例为34.03%和27.48%；而小叶锦鸡儿样地显著高于未灌丛化草地（$P<0.05$），增加比例为61.10%和131.71%。

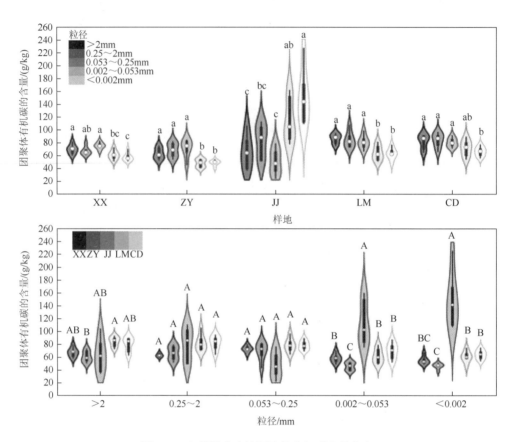

图 9.11　各样地中土壤团聚体有机碳含量分布

注：XX 表示高山绣线菊；ZY 表示窄叶鲜卑花；JJ 表示小叶锦鸡儿；LM 表示金露梅；CD 表示未灌丛化草地。不同大写字母代表不同样地中土壤团聚体内有机碳含量差异显著，$P<0.05$；不同小写字母代表同一样地中土壤团聚体内有机碳含量差异显著，$P<0.05$。

9.4.4　无机胶结物质的含量

由图 9.12 可以看出，各样地中游离态氧化铁（Fe_d）的含量在 9.63～20.95g/kg，游离态氧化铝（Al_d）的含量在 1.03～3.74g/kg。同一样地不同粒径中游离态铁铝氧化物的含量表现为：大团聚体（>0.25mm）内 Fe_d 的含量在高山绣线菊、窄叶鲜卑花、草地之间差异不显著，小叶锦鸡儿样地和金露梅样地大团聚体中 Fe_d 含量随粒径减小而显著增加（$P<0.05$）。大团聚体内 Al_d 的含量在各样地间差异均不显著。微团聚体（<0.25mm）内游离态铁铝的含量表现为：除小叶锦鸡儿样地外，总体上均呈现出随粒径减小先降低后增加的趋势，其余 4 个样地微团聚体中 Al_d 的含量在 0.053～0.25mm 粒径中均高于<0.053mm 的两个微团聚体中，且差异显著（$P<0.05$）。小叶锦鸡儿样地微团聚体中 Fe_d、Al_d 的含量表现为随粒径减小而增加的趋势，且 0.053～0.25mm 粒径与<0.053mm 的两个粒径间差异显著（$P<0.05$）。

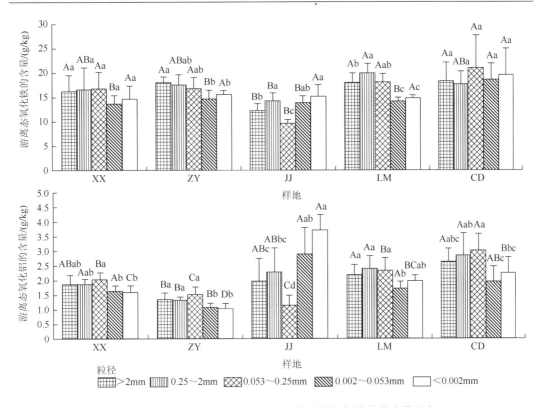

图 9.12　各样地不同粒径团聚体中游离态铁铝氧化物的含量分布

注：XX 表示高山绣线菊；ZY 表示窄叶鲜卑花；JJ 表示小叶锦鸡儿；LM 表示金露梅；CD 表示未灌丛化草地。不同大写字母代表不同样地中土壤团聚体内游离态铁铝氧化物含量差异显著，$P<0.05$；不同小写字母代表同一样地中土壤团聚体内游离态铁铝氧化物含量差异显著，$P<0.05$。

同一粒径不同样地中游离态氧化铁的含量差异的表现如图 9.12 所示：各粒径中，Fe_d 的含量总体上呈现出各灌丛样地低于未灌丛化草地的趋势。>2mm 和 0.053～0.25mm 粒径中，小叶锦鸡儿样地 Fe_d 的含量显著低于草地，分别比草地低 33.28% 和 54.01%。0.002～0.053mm 粒径中，各灌丛样地 Fe_d 的含量均显著低于草地（$P<0.05$），降低比例在 21.82%～26.72%，以高山绣线菊样地降低幅度最大，各灌丛样地间 Fe_d 的含量差异不显著。0.25～2mm 和 <0.002mm 粒径中，各样地间 Fe_d 的含量均无显著差异。同一粒径不同样地中游离态氧化铝的含量表现为：在>2mm、0.25～2mm 和 0.053～0.25mm 粒径中，呈现出各灌丛样地 Al_d 的含量低于未灌丛化草地的趋势。在<0.053mm 的两个粒径中，呈现出小叶锦鸡儿样地中 Al_d 的含量高于草地和其他各灌丛样地的趋势。除 0.002～0.053mm 粒径外，其余各粒径窄叶鲜卑花样地中 Al_d 的含量均显著低于草地（$P<0.05$），降低比例在 48.09%～54.28%，<0.002mm 粒径中降低比例最高。0.002～0.053mm 粒径中，各灌丛样地 Al_d 的含量与未灌丛化草地差异均不显著。0.053～0.25mm 粒径中，各灌丛样地 Al_d 的含量均显著低于草地（$P<0.05$），以小叶锦鸡儿样地中降低幅度最大，降低了 62.36%。但在<0.002mm 粒径中，小叶锦鸡儿样地 Al_d 的含量显著高于草地（$P<0.05$），增加比例为 65.72%。

9.4.5 无定形态铁铝氧化物的含量

由图 9.13 可知，各样地中无定形态铁（Fe_o）的含量在 0.9～4.0g/kg，无定形态铝（Al_o）的含量在 0.52～1.39g/kg。各样地中 Fe_o 含量在大团聚体中表现为：高山绣线菊、窄叶鲜卑花、小叶锦鸡儿样地中差异均不显著；金露梅和未灌丛化草地中表现为随粒径减小而显著增加（$P<0.05$）。除小叶锦鸡儿样地外，其他样地均表现为 0.25～2mm 粒径中 Fe_o 含量最高。Al_o 在各大团聚体中的含量在各样地间差异均不显著。各样地微团聚体中 Al_o 的含量表现为：除小叶锦鸡儿样地外，其他样地均呈现随粒径减小先降低再增加的趋势，且在 0.053～0.25mm 粒径 Fe_o 的含量显著高于 0.002～0.053mm 和<0.002mm 粒径（$P<0.05$）。小叶锦鸡儿样地微团聚体中 Fe_o 和 Al_o 的含量表现为随粒径减小而增加的趋势，0.053～0.25mm 粒径中 Al_o 的含量显著低于<0.053mm 的两个粒径中（$P<0.05$）。

同一粒径不同样地中 Fe_o 含量如图 9.13 所示，各粒径团聚体内 Fe_o 含量总体上表现为：未灌丛化草地中最高，小叶锦鸡儿样地中最低；除金露梅样地与未灌丛化草地差异不显著外（0.053～0.25mm 粒径除外），其他灌丛样地均显著低于未灌丛化草地（$P<0.05$）。与未灌丛化草地相比，在>2mm、0.25～2mm 和 0.053～0.25mm 粒径中，均以小叶锦鸡儿样地降低比例最大，降低比例为 48.16%、40.54%和 59.53%；在 0.053～0.25mm 粒径中，各灌丛样地 Fe_o 含量均显著低于未灌丛化草地（$P<0.05$）。在 0.002～0.053mm 粒径中，以高山绣线菊样地 Fe_o 含量降低幅度最大，降低比例为 38.27%；在<0.002mm 粒径中，以窄叶鲜卑花样地 FE_o 含量降低幅度最大，降低比例为 37.97%。各粒径团聚体内 Al_o 含量表现为：在>2mm、0.25～2mm 和 0.053～0.25mm 粒径中，小叶锦鸡儿样地 Al_o 含量均显著低于草地（$P<0.05$），分别降低 43.28%、32.98%和 56.74%，0.053～0.25mm 粒径降低比例最大。在<0.053mm 粒径中，Al_o 含量表现为小叶锦鸡儿样地高于未灌丛化草地和其他灌丛样地；在 0.002～0.053mm 粒径中，小叶锦鸡儿样地显著高于未灌丛化草地（$P<0.05$），比未灌丛化草地高 26.65%；但在<0.002mm 粒径中没有显著差异。

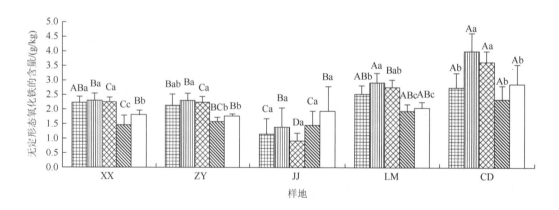

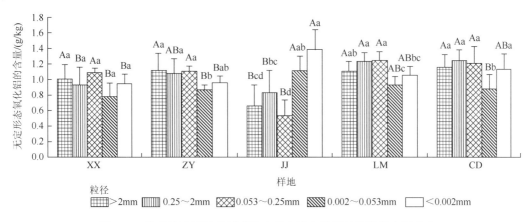

图 9.13　各样地不同粒径团聚体中无定形态铁铝氧化物的含量分布

注：XX 表示高山绣线菊；ZY 表示窄叶鲜卑花；JJ 表示小叶锦鸡儿；LM 表示金露梅；CD 表示未灌丛化草地。不同大写字母代表不同样地中土壤团聚体内无定形态铁铝氧化物含量差异显著，$P<0.05$；不同小写字母代表同一样地中土壤团聚体内无定形态铁铝氧化物含量差异显著，$P<0.05$。

9.4.6　络合态铁铝氧化物的含量

由图 9.14 可知，各样地中络合态铁（Fe_p）的含量为 0.42～1.99g/kg，络合态铝（Al_p）的含量为 0.39～2.09g/kg。同一样地不同粒径中 Fe_p、Al_p 的含量表现为：各灌丛样地大团聚体内 Fe_p 的含量差异均不显著，未灌丛化草地中 Fe_p 的含量随粒径减小而显著增加（$P<0.05$）。大团聚体内 Al_p 的含量在各样地间差异均不显著。微团聚体内 Fe_p、Al_p 的含量均表现为：除小叶锦鸡儿样地外，其他样地均呈现随粒径减小先降低后增加的趋势；小叶锦鸡儿样地 Fe_p、Al_p 的含量表现为随粒径减小而增加的趋势，且 0.053～0.25mm 粒径中 Fe_p 和 Al_p 含量显著低于<0.002mm 粒径（$P<0.05$）。

同一粒径不同样地中 Fe_p 含量如图 9.14 所示，总体上呈现出所有灌丛样地中各粒径 Fe_p 的含量高于未灌丛化草地的趋势。各粒径中，高山绣线菊和金露梅样地 Fe_p 的含量均显著高于草地（$P<0.05$），高山绣线菊样地增加比例在 119.16%～341.12%，金露梅样地增加比例在 156.73%～278.60%；在两个样地中，均以>2mm 粒径增加比例最大。同一粒径不同样地中 Al_p 的含量表现为：各粒径 Al_p 的含量呈现出各灌丛样地低于未灌丛化草地

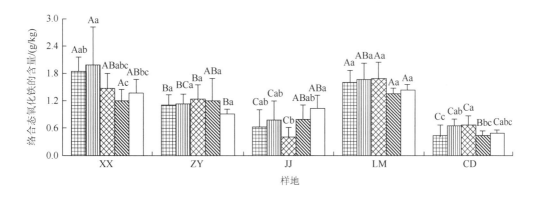

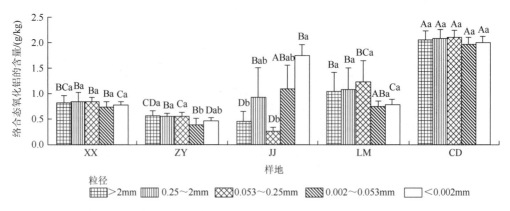

图 9.14　各样地不同粒径团聚体中络合态铁铝氧化物的含量分布

注：XX 表示高山绣线菊；ZY 表示窄叶鲜卑花；JJ 表示小叶锦鸡儿；LM 表示金露梅；CD 表示未灌丛化草地。不同大写字母代表不同样地中土壤团聚体内络合态铁铝氧化物含量差异显著，$P<0.05$；不同小写字母代表同一样地中土壤团聚体内络合态铁铝氧化物含量差异显著，$P<0.05$。

的趋势；且除 0.002～0.053mm 粒径仅小叶锦鸡儿和金露梅样地与未灌丛化草地差异显著外，其余各粒径中，各灌丛样地与未灌丛化草地均差异显著（$P<0.05$）。与未灌丛化草地相比，在 0.25～2mm、0.002～0.053mm 和<0.002mm 粒径中，均以窄叶鲜卑花样地中 Fe_p 含量降低比例最大，分别为：73.87%、80.34% 和 76.81%；在>2mm 和 0.0053～0.25mm 粒径中，以小叶锦鸡儿样地中 Fe_p 含量降低比例最大，分别为 78.38% 和 87.61%。

9.4.7　氧化铁活化度的变化

各样地土壤团聚体内氧化铁的活化度（Fe_o/Fe_d）如表 9.7 所示。同一样地中，不同粒径团聚体内氧化铁的活化度表现为：各灌丛样地中不同粒径团聚体内氧化铁的活化度差异均不显著。在未灌丛化草地中，0.25～2mm 粒径团聚体内氧化铁的活化度显著高于除 0.053～0.25mm 外的其他粒径（$P<0.05$）。大团聚体中氧化铁的活化度表现为随粒径减小而增加，微团聚体中氧化铁的活化度则呈现出随粒径减小先减小后增加的趋势。

同一粒径不同样地土壤团聚体内氧化铁的活化度表现为：各粒径团聚体内氧化铁的活化度以未灌丛化草地中最高，小叶锦鸡儿样地最低；且在>2mm、0.25～2mm、0.053～0.25mm 粒径中，小叶锦鸡儿样地氧化铁的活化度均显著低于未灌丛化草地（$P<0.05$），未灌丛化草地分别是小叶锦鸡儿样地的 4.91 倍、6.27 倍和 6.90 倍；而在 0.002～0.053mm 和<0.002mm 两个粒径中，草地与小叶锦鸡儿样地氧化铁的活化度差异不显著。

表 9.7　各样地土壤团聚体内氧化铁的活化度

样地	>2mm	0.25～2mm	0.053～0.25mm	0.002～0.053mm	<0.002mm
高山绣线菊	0.14Aa	0.15ABa	0.14ABa	0.11Aa	0.13Aa
窄叶鲜卑花	0.12ABa	0.13Ba	0.14BCa	0.11Aa	0.11Aa
小叶锦鸡儿	0.03Ba	0.04Ba	0.03Ca	0.02Aa	0.04Aa

続表

样地	>2mm	0.25～2mm	0.053～0.25mm	0.002～0.053mm	<0.002mm
金露梅	0.14Aa	0.15Ba	0.15ABa	0.14Aa	0.14Aa
未灌丛化草地	0.15Abc	0.23Aa	0.19Aab	0.13Ac	0.15Abc

注：同一行不同小写字母代表同一样地团聚体内氧化铁的活化度差异显著；同一列不同大写字母代表不同样地团聚体内氧化铁的活化度差异显著，$P<0.05$。

9.5　小　　结

1. 高寒草地灌丛化及其驱动力

基于 ArcGIS 10.6、ENVI 5.3 平台，以川西北草原红原县以及若尔盖县为研究区，采用 Landsat 遥感影像对 1987 年、2000 年、2013 年、2018 年川西北草原的时空动态变化、变化速率以及驱动力因子进行定性定量分析，得出以下结论：

从川西北草原灌丛分布情况来看，灌丛主要以零星块状分布在白河流域附近以及山地的背阴面，1987～2018 年的 31 年时间序列灌丛区域从南向西北方向呈现半包围式向中心延伸，且主体部分较为稳定，局部区域动态变化。

根据灌丛面积在时间序列上的变化特点，可以看出 1987～2018 年灌丛面积整体呈增长趋势，1987～2000 年，从 808.59km^2 增长至 1026.38km^2，变化面积为 217.79km^2，变化幅度为 26.93%，增长率为 2.07%/a；2000～2013 年从 1026.38km^2 增长至 1362.05km^2，共增加 355.07km^2，变化幅度为 32.7%，增长率为 2.52%/a；2013～2018 年从 1362.05km^2 增长至 1325.33km^2，变化幅度为–2.69%，减少率为 0.53%/a，可以看出，在研究前期（1987～2013 年）灌丛面积变化幅度较大，研究后期（2013～2018 年）灌丛面积变化幅度较小。

1987～2018 年，气候变暖是草地灌丛化的主要驱动因素，日益频繁的人类活动对草地灌丛化有一定程度的促进或抑制作用。对研究区的气象数据进行定性、定量分析，2000～2018 年，研究区年均温度共上升了 0.8℃，气候变暖成为研究区草地灌丛化的主要原因。此外，随着社会经济的快速发展以及人口素质的提高，2013 年起人们开始对草原生态系统进行治理，通过实施围栏封育、退牧还草以及天然林保护等生态建设工程，使得草地灌丛化得到一定程度的改善。

2. 土壤有机碳含量变化特征

青藏高原高寒未灌丛化草地和灌丛样地土壤中有机碳均以游离活性有机碳为主。四种灌木入侵对高寒草地表层土壤 SOC 含量无显著影响，但高山绣线菊和窄叶鲜卑花灌木侵入草地后土壤 Non-C 和 Bio-C 含量显著降低（$P<0.05$）；金露梅灌木侵入后仅 Non-C 含量显著降低（$P<0.05$）；小叶锦鸡儿灌木侵入后土壤 Phy-C 和 Che-C 含量显著降低（$P<0.05$），Bio-C 含量显著增加（$P<0.05$）。不同种类灌木的侵入对不同活性有机碳组分含量影响不同，这主要归结于不同植被类型凋落物数量和质量以及根系分泌物的周转速率不同，以及灌下土壤颗粒组成差异。

3. 土壤团聚体稳定性及其胶结物质的变化特征

（1）灌丛化显著增加了除金露梅样地外其他灌丛样地的 pH，显著增加了小叶锦鸡儿样地砂粒的含量，显著降低了小叶锦鸡儿样地中粉粒和黏粒的含量。灌丛化对有机碳（SOC）、全氮（TN）和土壤容重（BD）影响不显著。表明灌丛化增加了 pH，显著影响了小叶锦鸡儿样地的土壤质地。

（2）灌丛化主要改变了窄叶鲜卑花和小叶锦鸡儿样地粒径＜0.053mm 微团聚体中有机碳的含量，总体上增加了各灌丛样地中 Fe_p 的含量，降低了其他形态铁铝氧化物的含量，小叶锦鸡儿样地 0.053～0.25mm 粒径中各形态铁铝氧化物和钙结合态有机碳（Ca-SOC）、铁铝结合态有机碳（Fe/Al-SOC）的含量降低比例最高，并降低了窄叶鲜卑花样地各粒径团聚体中铁铝结合态有机碳的含量和小叶锦鸡儿样地团聚体中氧化铁的活化度，表明灌丛化影响了团聚体胶结物质的含量及氧化铁的活化度。

（3）灌丛化显著增加了小叶锦鸡儿样地粒径 0.053～0.25mm 微团聚体的含量，显著降低了粒径 0.25～2mm 和粒径＜0.002mm 团聚体的含量。$R_{0.25}$［式（2.5）］、MWD［式（2.6）］和 D 值［式（2.7）］结果表明：灌丛化显著降低了小叶锦鸡儿样地团聚体稳定性，对其他灌丛样地没有显著影响，表明灌丛化改变了草地土壤团聚体分布及其稳定性。

（4）土壤质地与团聚体稳定性指标的 RDA 分析结果表明：粉粒和土壤有机碳是对团聚体稳定性起主要作用的理化因子。粉粒、黏粒、有机碳和全氮与团聚体稳定性指标呈正相关关系，砂粒与团聚体稳定性指标呈负相关关系。

（5）粒径＞0.25mm 大团聚体和粒径 0.25～0.053mm 微团聚体内氧化铁的活化度与团聚体稳定性呈显著或极显著正相关关系。灌丛斑块与草地斑块土壤团聚体胶结物质与稳定性的增强回归树（boosted regression tree，BRT）结果表明，在高山绣线菊样地中，对团聚体稳定性起主要作用的是络合态铁和无定形态铁铝氧化物，未灌丛化草地和其他 3 种灌丛样地中对团聚体稳定性起主要作用的是团聚体有机碳和游离态铁。表明团聚体的稳定性是各胶结物质共同作用的结果，有机和无机胶结物质可能比有机无机复合体对团聚体稳定性的作用更强。

综上，高寒草地灌丛化主要显著影响了小叶锦鸡儿样地土壤质地、胶结物质含量、氧化铁的活化度和团聚体分布，进而影响了团聚体稳定性，表明灌丛化对团聚体的稳定性及其胶结物质的影响与土壤质地和灌木的性质有关。团聚体胶结物质对团聚体稳定性的作用，与其含量、土壤质地和根际环境等因素有关。灌丛化降低了小叶锦鸡儿样地团聚体稳定性，可能不利于其有机碳的固存。

参 考 文 献

白爱娟，假拉，徐维新，2011. 基于潜在蒸散量对青海湖流域干旱气候以及影响因素的分析[J]. 干旱区地理，34（6）：949-957.

蔡文涛，来利明，李贺祎，等，2016. 草地灌丛化研究进展[J]. 应用与环境生物学报，22（4）：531-537.

陈蕾伊，沈海花，方精云，2014. 灌丛化草原：一种新的植被景观[J]. 自然杂志，36（6）：391-396.

党元君，2020. 湄河流域土地利用变化及驱动力分析[D]. 北京：北京林业大学.

丁威，王玉冰，向官海，等，2020. 小叶锦鸡儿灌丛化对典型草原群落结构与生态系统功能的影响[J]. 植物生态学报，44（1）：33-43.

杜慧平，展争艳，李小刚，2007. 高寒灌丛与珠芽蓼草地土壤有机碳的稳定性[J]. 甘肃农业大学学报，42（3）：91-96.

费凯，胡玉福，舒向阳，等，2016. 若尔盖高寒草地沙化对土壤活性有机碳组分的影响[J]. 水土保持学报，30（5）：327-330，336.

高丽楠，2018. 放牧对川西北高寒草甸植被生物量及土壤氮素的影响[J]. 江苏农业科学，46（15）：226-231.

何俊龄，2017. 金露梅对青藏高原高寒草甸植被特征和土壤性质的影响[D]. 兰州：兰州大学.

姜楠，2016. 基于 Logistic 回归模型的 LUCC 动态变化驱动力研究：以北京市为例[D]. 北京：中国林业科学研究院.

李文，李小刚，刘玉祯，等，2020. 不同强度放牧对东祁连山高寒灌丛土壤理化特征的影响[J]. 草原与草坪，40（4）：8-15.

彭海英，李小雁，童绍玉，2014. 内蒙古典型草原小叶锦鸡儿灌丛化对水分再分配和利用的影响[J]. 生态学报，34（9）：2256-2265.

王展，张玉龙，虞娜，等，2013. 冻融作用对土壤微团聚体特征及分形维数的影响[J]. 土壤学报，50（1）：83-88

魏焜，赵凌平，谭世图，等，2019. 草地灌丛化研究进展[J]. 生态科学，38（6）：208-216.

熊小刚，韩兴国，2005. 内蒙古半干旱草原灌丛化过程中小叶锦鸡儿引起的土壤碳、氮资源空间异质性分布[J]. 生态学报，25（7）：1678-1683.

张国，曹志平，胡婵娟，2011. 土壤有机碳分组方法及其在农田生态系统研究中的应用[J]. 应用生态学报，22（7）：1921-1930.

张丽敏，徐明岗，娄翼来，等，2014. 土壤有机碳分组方法概述[J]. 中国土壤与肥料（4）：1-6.

张帅华，2017. 基于 Landsat 影像的郑州市土地利用时空演变及驱动力分析[D]. 南昌：东华理工大学.

张志华，李小雁，蒋志云，等，2017. 内蒙古典型草原灌丛化与土壤性质的关系研究[J]. 草业学报，26（2）：224-230.

周道玮，1990. 内蒙古小叶锦鸡儿灌丛化草地[J]. 内蒙古草业，2（3）：17-19.

An S，Mentler A，Mayer H，et al.，2010. Soil aggregation，aggregate stability，organic carbon and nitrogen in different soil aggregate fractions under forest and shrub vegetation on the Loess Plateau，China[J]. Catena，81（3）：226-233

Bai A J，Jia L，Xu W X，2011. Evaporation and its impact upon drought climate around the Qinghai Lake Basin based on potential Evaporation[J]. Arid Land Geography（6）：949-957.

Brandt J S，Haynes M A，Kuemmerle T，et al.，2013. Regime shift on the roof of the world：alpine meadows converting to shrublands in the southern Himalayas[J]. Biological Conservation，158：116-127.

Buffington L C，Herbel C H，1965. Vegetational changes on a semidesert grassland range from 1858 to 1963[J]. Ecological monographs，35（2）：139-164.

Cai W T，Lai L M，Li H W，et al.，2016. Progress of research on shrub encroachment in grassland[J]. Chinese Journal of Applied and Environmental Biology（4）：531-537.

Cambardella C A. Elliott E T. 1993. Carbon and nitrogen distribution in aggregates from cultivated and native grassland soils[J]. Soil Science Society of America Journal，57（4）：1071-1076.

Coetzee B W T，Tincani L，Wodu Z，et al.，2008. Overgrazing and bush encroachment by *Tarchonanthus* camphoratus in a semi-arid savanna[J]. African Journal of Ecology，46（3）：449-451.

Costello D A，Lunt I D，Williams J E，2000. Effects of invasion by the indigenous shrub *Acacia* sophorae on plant composition of coastal grasslands in south-eastern Australia[J]. Biological Conservation，96（1）：113-121.

Da Silva F H B，Arieira J，Parolin P，et al.，2016. Shrub encroachment influences herbaceous communities in flooded grasslands of a neotropical savanna wetland[J]. Applied Vegetation Science，19（3）：391-400.

Dang Y J，2020. Land Use Change in Tao River and Driving Force Analysis[D]. Beijing：Beijing Forestry University.

Eldridge D J，Bowker M A，Maestre F T，et al.，2011. Impacts of shrub encroachment on ecosystem structure and functioning：towards a global synthesis[J]. Ecology Letters，14（7）：709-722.

Gibbens R P，McNeely R P，Havstad K M，et al.，2005. Vegetation changes in the Jornada Basin from 1858 to 1998[J]. Journal of Arid Environments，61（4）：651-668.

Gonzalez-Moreno P，Pino J，Gassó N，et al.，2013. Landscape context modulates alien plant invasion in Mediterranean forest edges[J]. Biological Invasions，15（3）：547-557.

Hughes R F，Archer S R，Asner G P，et al.，2006. Changes in aboveground primary production and carbon and nitrogen pools accompanying woody plant encroachment in a temperate savanna[J]. Global Change Biology，12（9）：1733-1747.

Iqbal J，Hu R G，Lin S，et al.，2009. Carbon dioxide emissions from Ultisol under different land uses in mid–subtropical China[J]. Geoderma，152（1-2）：63-73.

Jastrow J D，1996. Soil aggregate formation and the accrual of particulate and mineral-associated organic matter[J]. Soil Biology and Biochemistry，28（4-5）：665-676.

Jiang N，2016. Driving forces analysis of land use/cover change based on logistic regression model in Beijing[D]. Beijing：China Academy of Forestry Sciences.

Joubert D F，Rothauge A，Smit G N，2008. A conceptual model of vegetation dynamics in the semiarid highland savanna of Namibia，with particular reference to bush thickening by Acacia mellifera[J]. Journal of Arid Environments，72（12）：2201-2210.

Knapp A K，Briggs J M，Collins S L，et al.，2008. Shrub encroachment in North American grasslands：shifts in growth form dominance rapidly alters control of ecosystem carbon inputs[J]. Global Change Biology，14（3）：615-623.

Kuzyakov Y，Raskatov A，Kaupenjohann M，2003. Turnover and distribution of root exudates of zea mays[J]. Plant and Soil，254（2）：317-327.

Liao J D，Boutton T W，Jastrow J D，2006. Storage and dynamics of carbon and nitrogen in soil physical fractions following woody plant invasion of grassland[J]. Soil Biology and Biochemistry，38（11）：3184-3196.

Li H，Shen H H，Chen L Y，et al.，2016. Effects of shrub encroachment on soil organic carbon in global grasslands[J]. Scientific Reports，6（1）：28974.

Li L J，You M Y，Shi H A，et al.，2013. Soil CO_2 emissions from a cultivated mollisol：effects of organic amendments，soil temperature，and moisture[J]. European Journal of Soil Biology，55：83-90.

Li W，Liu X L，Liu Y Z，et al.，2020. Effects of long-term grazing with different intensities on soil physicochemical characteristics of alpine shrub in the eastern Qilian Mountains[J]. Grassland and Turf（4）：8-15.

Lohmann D，Tietjen B，Blaum N，et al.，2014. Prescribed fire as a tool for managing shrub encroachment in semi-arid savanna rangelands[J]. Journal of Arid Environments，107：49-56.

Maestre F T，Bowker M A，Puche M D，et al.，2009. Shrub encroachment can reverse desertification in semi-arid mediterranean grasslands[J]. Ecology Letters，12（9）：930-941.

Martínez V J，Pockman W T，2002. The vulnerability to freezing-induced xylem cavitation of Larrea tridentata（Zygophyllaceae）in the Chihuahuan desert[J]. American Journal of Botany，89（12）：1916-1924.

Matthias H，Chatrina C，Nikolaus J K，2017. Shrub encroachment by green alder on subalpine pastures：changes in mineral soil organic carbon characteristics[J]. Catena，157：35-46.

Medlyn B E，Barton C V M，Broadmeadow M S J，et al.，2001. Stomatal conductance of forest species after long-term exposure to elevated CO_2 concentration：a synthesis[J]. New Phytologist，149（2）：247-264.

Moleele N M，Ringrose S，Matheson W，et al.，2002. More woody plants？The status of bush encroachment in Botswana's grazing areas[J]. Journal of Environmental Management，64（1）：3-11.

Ojima D S，Dirks B O M，Glenn E P，et al.，1993. Assessment of C budget for grasslands and drylands of the world[J]. Water，Air，and Soil Pollution，70（1）：95-109.

Pacala S W，Hurtt G C，Baker D，et al.，2001. Consistent land-and atmosphere-based US carbon sink estimates[J]. Science，292（5525）：2316-2320.

Peng H Y，Li X Y，Li G Y，et al.，2013. Shrub encroachment with increasing anthropogenic disturbance in the semiarid Inner Mongolian grasslands of China[J]. Catena，109：39-48.

Peng H Y，Li X Y，Tong S Y，2014. Effects of shrub（Caragana microphalla Lam.）encroachment on water redistribution and utilization in the typical steppe of Inner Mongolia[J]. Acta Ecologica Sinica，34（9）：2256-2265.

Peters D P C，2000. Climatic variation and simulated patterns in seedling establishment of two dominant grasses at a semi-arid-arid grassland ecotone[J]. Journal of Vegetation Science，11（4）：493-504.

Puget P，Chenu C，Balesdent J，2000. Dynamics of soil organic matter associated with particle-size fractions of water-stable aggregates[J]. European Journal of Soil Science，51（4）：595-605.

Ritz K，Young I M，2004. Interactions between soil structure and fungi[J]. Mycologist，18（2）：52-59.

Robinson T P，Van Klinken R D，Metternicht G，2008. Spatial and temporal rates and patterns of mesquite（Prosopis species）invasion in Western Australia[J]. Journal of Arid Environments，72（3）：175-188.

Sankaran M，Hanan N P，Scholes R J，et al.，2005. Determinants of woody cover in African savannas[J]. Nature，438（7069）：846-849.

Schlesinger W H，Reynolds J F，Cunningham G L，et al.，1990. Biological feedbacks in global desertification[J]. Science，247（4946）：1043-1048.

Sekhwela M B M，Yates D J，2007. A phenological study of dominant acacia tree species in areas with different rainfall regimes in the Kalahari of Botswana[J]. Journal of Arid Environments，70（1）：1-17.

Six J，Elliott E T，Paustian K，2000. Soil macroaggregate turnover and microaggregate formation：a mechanism for C sequestration under no-tillage agriculture[J]. Soil Biology and Biochemistry，32（14）：2099-2103.

Stewart C E，Plante A F，Paustian K，et al.，2008. Soil carbon saturation：linking concept and measurable carbon pools[J]. Soil Science Society of America Journal，72（2）：379-392.

Tews J，Schurr F，Jeltsch F，2004. Seed dispersal by cattle may cause shrub encroachment of Grewia flava on southern Kalahari rangelands[J]. Applied Vegetation Science，7（1）：89-102.

Van Auken O W，2000. Shrub invasions of North American semiarid grasslands[J]. Annual Review of Ecology and Systematics，31（1）：197-215.

Van Auken O W，2009. Causes and consequences of woody plant encroachment into western North American grasslands[J]. Journal of Environmental Management，90（10）：2931-2942.

Von Lützow M，Kögel-Knabner I，Ludwig B，et al.，2008. Stabilization mechanisms of organic matter in four temperate soils：development and application of a conceptual model[J]. Journal of Plant Nutrition and Soil Science，171（1）：111-124.

Wahren C H A，Walker M D，Bret-Harte M S，2005. Vegetation responses in Alaskan arctic tundra after 8 years of a summer warming and winter snow manipulation experiment[J]. Global Change Biology，11（4）：537-552.

Ward D，2005. Do we understand the causes of bush encroachment in African savannas？[J]. African Journal of Range & Forage Science，22（2）：101-105.

Yong Z，Qiong G，Xu L，et al.，2014. Shrubs proliferated within a six-year exclosure in a temperate grassland-spatiotemporal relationships between vegetation and soil variables[J]. Sciences in Cold and Arid Regions，6（2）：139-149.

Zhang S H，2017. Spatial and temporal evolution and driving forces of land use in Zhengzhou based on landsat remote sensing image[D]. Shanghai：East China University of Technology.

Zhang T H，Su Y Z，Cui J Y，et al.，2006. A leguminous shrub（Caragana microphylla）in semiarid sandy soils of North China[J]. Pedosphere，16（3）：319-325.

Zhou D W，1990. The grass of the Caragana in Inner Mongolia[J]. Inner Mongolia Prataculture（3）：17-19.

第三部分 高寒草地管理

第10章 高寒草地生态系统的适应性管理

10.1 高寒草地适应性管理的内涵

10.1.1 草地适应性管理的定义

1. 传统的草地管理

草地管理既是草业科学领域的重要研究方向之一，也是维系草地生态系统可持续性发展、实现草原牧区自然和社会协调发展的重要技术手段（王德利和王岭，2019）。最早有关草地管理的概念和研究主要以生态学原理为基础，以生态工程和农业技术措施为手段，是以保持草地放牧生态系统的稳定和增加草产品为目的的一套技术措施，重点聚焦于植被管理和放牧管理（李博，1994；王德利和王岭，2019）。后来随着研究和认识的深入，尤其是"3S"技术（遥感技术、地理信息系统和全球定位系统）的迅速发展，人们逐渐开始强调生态系统和景观水平上的草地管理（李博，1994）。草地管理也通常被定义为"以生产草畜产品为目的，即通过在草地上直接放牧牛、羊、马等草食动物，获得肉、奶、毛等畜产品，或者通过刈割收获干草或调制青贮饲料，再进行草食动物的饲养而获得畜产品的生产方式"（王德利和王岭，2019）。由此可见，传统的草地管理重点关注草地的生产功能。传统的草地管理涉及的内容主要有两个方面：其一，草地的适宜放牧家畜载畜量或放牧率。"中度干扰假说"认为，中度程度的干扰频率能维持较高的物种多样性，这也得到了许多放牧研究试验的验证（Liu et al.，2018），即适度的放牧干扰有益于保持草地生态系统结构和功能的稳定。相反，过高的载畜量或放牧率则会显著降低草地的物种多样性、生产力及可持续性。因此，在草地管理的理论与实践中，确定不同区域和不同草地类型最佳家畜放牧率或最大载畜量成为关注的焦点。其二，草地放牧和利用的合理制度。确定了最适合和最大载畜量后，另一个关注的重点是合理的家畜管理和草地利用制度。草地生产力的形成和牧草养分表现出强烈的季节性变化特征，而放牧家畜对牧草的需求量基本稳定。如何解决家畜生长的养分需求与草地生产力供给在时间上的不匹配，就成为草地管理的另外一个关注的焦点，其主要内容包括放牧制度、人工饲草地、割草制度、舍饲补饲等方面。支撑草地管理的基础理论主要是基于"牧草-土壤-家畜"系统的草学和畜牧学的一些理论，诸如牧草的补偿性生产、家畜的营养平衡理论、草食动物的放牧模型与理论等（Hodgson，1990；Prache and Peyraud，2001）。可见，传统的草地管理主要围绕草地的生产功能，重点解决草地生态系统生产层面的"草畜平衡"问题。

2. 草地适应性管理

随着人口的急剧增加和社会经济的发展，人类社会对畜产品的需求量持续增加。在这种背景下,大部分草地的超载过牧就不可避免。据统计,内蒙古地区 2015 年各类家畜总量为 1986 年的 3.1 倍。青藏高原地区普遍存在着不同程度的超载过牧现象。当放牧强度超过草地最大载畜量又得不到适当的休牧恢复时,连年的超载过牧自然就会导致草地退化。与此同时,自工业化革命以来,特别是近半个世纪以来,大气中温室气体浓度增加所引发的温室效应导致以增温为标志的气候变化正在以不同的广度和深度影响着草地的各个生态过程与功能,在一定程度上也加速了草地退化过程。与此同时,资源利用不合理和草地粗放经营,进一步加剧了草地退化(周道玮等,2004)。那么,如何在自然条件和人为条件不断变化的情况下,对高寒草地进行综合管理,即适应性草地管理,就成为新的研究热点。这种草地管理的新理念源于生态系统适应性管理,实质上是在生态系统的水平上对草地的动态管理模式(Stankey et al.,2005)。草地适应性管理的内涵随着研究的深入和认识的加深不断得以完善和发展。早在1978 年,霍林(Holling)所提出的适应性管理概念强调三个方面:①制定项目管理决策必须综合考虑生态、经济和社会各方面的价值;②环境管理项目涉及不同利益群体;③环境具有内在不确定性。Lee(1993)进一步描述了适应性管理的内涵及基本管理框架,认为适应性管理要强调系统存在的不确定性,并把生态系统的利用与管理视为试验过程,从试验中不断学习、发现错误和丰富知识,以改变、调整项目计划。基于这一框架,Kremen(2005)将草地适应性管理定义为通过反复试验和假设检验,不断积累经验和反馈知识,通过控制性的科学监测来调整有关管理措施,以便更好地管理生态系统,进而满足生态系统容量和社会需求的变化。可见,相对于传统的草地管理概念,草地适应性管理更多地考虑了根据草地所面临的环境压力变化和草地生态系统的实际情况,通过动态学习和实施草地生态系统管理,以实现草地生态系统的可持续发展。

近几十年来,随着新的科学技术手段的不断涌现、发展和成熟,以草地为主要研究对象的地理科学、草地生态学、全球变化生态学、微生物生态学、生态经济学等学科的相互交叉融合,使我们对草地生态系统的生态过程、生态功能和其他服务功能的全方位了解和认识上升到一个更高的层面。例如,在全球变暖的气候变化背景下,青藏高原地区高寒草地的"碳汇"功能就凸显了出来。草地生态系统是一个不断面临环境胁迫的动态变化系统,这种变化过程往往是非线性的,变化的时间是不确定的,导致变化的非人为因子在时空上是随机分布的,对于这样一个不断进化和动态变化的多平衡生态系统,应该打破追求气候顶级的传统管理理念,根据生态系统管理的新理论,适应性地解决草原资源的保护问题(杨理和杨持,2004)。当前,高寒草地生态系统面临着气候变化和人类活动的双重影响,这也赋予了高寒草地生态系统适应性管理新的主题和内涵。董全民等(2021)就此提出了新的"高寒草地适应性管理"定义,即基于高寒草地的当前状态,遵循"土壤-植物-家畜-人"系统内各界面结构以及过程和规律,充分考虑环境要素(气候变化和人类活动)的复杂性和多变性,最终实现高寒草地结构稳定、生态系统服务功能持续输出的动态管理过程,并以此为理论基础,积极探索以"生态优先、绿色发展"为导向的草地适应性管理理论和技术,为解决草地管理中的实际问题提供思路和方案。

10.1.2　草地适应性管理的原则

1. 坚决执行《中华人民共和国草原法》

1985 年 6 月 18 日，第六届全国人民代表大会常务委员会通过了最初的《中华人民共和国草原法》（简称"草原法"）。《草原法》共 23 条，对草原的所有权、使用权、管理方面的责任进行了界定，并对草地利用、改良、保护等均作出了原则规定，这是我国有关草地管理的第一部法规，标志着草地管理受到国家法律层面的高度重视。随后，主要畜牧业省份陆续发布了草原管理条例，因地制宜地制定了贯彻草原法的相关措施。2005 年，农业部制定的《草畜平衡管理办法》开始实施，积极推行草畜平衡奖励政策，以期实现草地可持续管理（李晓敏和李柱，2012）。这些法律法规和条例的颁布和实施既反映了我们对草地生态系统的认知程度，同时也为合理保护和利用草原、实现草地生态系统可持续管理提供了法律依据。

2. 遵循"道法自然"的保护、恢复和利用

高寒草地是一类非常复杂的生态系统，现有高寒草地的分布、演变和运行是多种因素长期共同作用的产物。在没有人类干扰的情况下，草地的管理基本上都遵循草地的"自然属性"。作为一类复杂的生态系统，我们对草地生态系统的认识和研究需要从植物学、畜牧学、动物学、土壤学、水文学、生态学、微生物学、经济学等多学科、多视角出发开展交叉融合研究。经过近半个世纪以来对草地生态系统的研究和相关学科的发展，我国现代草业科学开拓者——任继周先生所提出的草业"四个生产层、三个界面"的结构模式、系统耦合与相悖理论、系统效益与健康评估方法等，为认识和深入研究草地生态系统奠定了重要的基础。之后，任继周（2004）更是从哲学的角度将系统耦合与相悖论理论应用到草地生态系统的研究中，促生和发展的"农业伦理学"从更广、更深层次上指导草地生态系统的理论创新和实践。因此，我们对草地生态系统的认识和理解还在不断地更新和完善，一些新的规律也在不断地被发现。例如，Hoover 等（2014）研究发现，美国嵩草草地地上净初级生产力（above-ground net primary productivity，ANPP）对"热浪"极端气候表现为良好的抵抗性而基本保持稳定，却对"极端干旱"的抗性不足而显著下降。其中，干旱对 C_3 杂类草优势种的负效应比对 C_4 优势禾草更大，ANPP 在极端干旱过后由于优势禾草的补偿性生长弥补了优势杂类草的损失，使 ANPP 整体上得以恢复。这种抵抗力和恢复力被更多研究结果所证实（Bardgett and Caruso，2020；Haugum et al.，2021；Xu et al.，2021），表明在一定范围内草地生态系统对外界的干扰和环境因子的变化有较好的耐受性和恢复力。因此，在面临外界多种因素干扰时，草地的适应性管理更需要基于多种学科综合视角，真正做到"与时俱进"和"道法自然"。最近，将自然顶级群落草地恢复理念运用到青藏高原退化高寒草地生态恢复实践中就是践行"道法自然"的典型案例。

3. "以草定畜"和划区轮牧的放牧管理原则

放牧是高寒草地的主要利用方式，也是青藏高原地区草地畜牧业的主要生产方式，

其核心问题是如何建立"草畜平衡"的可持续发展模式。早期以草地生产功能——畜牧业为核心研究内容，开展了大量适宜放牧率和载畜量方面的研究，以任继周先生为代表的老一辈草地科学家构建了畜产品单位来衡量草地的生产能力。例如，基于遥感监测和神经网络模型分析研究发现（杨淑霞，2017），2001～2016 年三江源区高寒草地生长季月平均生物量为 594.56～751.43kg/hm²，草地生物量在空间分布上表现出明显的地域差异，呈现出由东南向西北逐渐减少的趋势，且不同草地类型、不同流域、气候带及行政分区之间存在明显的差异，其理论载畜量为 130.76×10⁴～178.26×10⁴SU（sheep unit，羊单位），在空间上也表现为由东南向西北逐渐减少的变化趋势。就实际放牧强度而言，2004～2015 年，果洛州和玉树州均未出现极度超载或严重超载现象，但果洛州和玉树州的草畜平衡态势存在明显差异。其中，果洛州 12 年间草畜平衡指数呈持续降低趋势，2009 年以后达到载畜平衡状态；玉树州的实际载畜量在 12 年间呈不断增加趋势，在 2004～2010 年仍能保持载畜平衡，但 2011 年、2014 年和 2015 年草畜平衡指数达 20.66%、30.73%和 49.7%，出现明显超载现象。Cao 等（2020）结合平衡理论的静态方法、非平衡理论的动态方法和实地调查法对 2000～2016 年藏北高原高寒草地的草畜平衡开展研究，静态算法的结果表明，除尼玛县外，所有县的草地都存在严重的过度放牧现象。然而，动态方法结果显示，其中仅有 8 年过度放牧，其余 9 年整个藏北高原高寒草地有盈余。此外，藏北高原东南和西南地区县域的高寒草地过度放牧，而中部地区县域的高寒草地放牧较少，草地有盈余。整合分析发现，我国北方干旱半干旱草地实行划区轮牧，将会导致牧草产量（60%试验支持率）、牧草质量（94%试验支持率）、土壤物理性质（56%试验支持率）、牲畜增重性能（73%试验支持率）优于连续放牧（张智起等，2020）。因此，利用"草畜平衡"原理和划区轮牧进行草地生态系统对放牧的适应性管理具有较好的普适性。

4. 按生态功能区划分原则

相对于草地的生产功能，人们对其生态功能的关注度远远不足，导致生产功能往往会被过度利用，使生态功能和生态系统服务功能降低，从而威胁着我国的生态安全。生态功能区划是根据区域生态系统类型、生态环境敏感性、生态系统受胁迫过程与效应以及生态系统结构、过程和服务等特征的空间分异规律而进行的地理空间分区（白永飞等，2020）。2008 年，环境保护部和中国科学院联合发布《全国生态功能区划》，将全国划分为 3 类 31 个生态功能一级区，9 类 67 个生态功能二级区，以及 208 个生态功能三级区，为我国自然资源合理管理和可持续利用，经济社会与生态保护协调、健康发展提供科学指导。中华人民共和国农业部畜牧兽医司和全国畜牧兽医总站（1996）在 20 世纪八九十年代开展的全国首次草原普查的基础上，结合地貌、土壤、植被等生态因素，以草地资源空间分异规律为原则，提出了我国首个草地资源区划，将全国草地分为 7 个区、29 个亚区、74 个小区。白永飞等（2020）根据不同的生态功能，将我国北方草地划分为 7 个生态功能区和 25 个亚区，其中，青藏高原地区的高寒草地划分为 3 个 I 级区（高寒草甸区、高寒草原区和高寒荒漠区）和 7 个亚区（甘南高寒草甸亚区、祁连山山地高寒草原亚区、三江源高寒草甸-高寒草原亚区、藏东-川西高寒草甸亚区、藏西南高寒草原-温性草原亚区、藏西高寒草原区、昆仑山西段荒漠），主要具有水源涵养、生物多样性保护、防风固沙、土壤保持功能。这些生态功能区划将为制定草地保护和利用对策，科学布局重要生态系统保护和修复重大工程，统筹推进生态保护和修复工作提供重要科技支撑。例如，三江源国家公园主要发挥水源涵养、土壤保持和防风固沙的生态功能，其中，水源涵养、土壤保持及防风固沙极重要区的占比分别为 15.3%、13.7% 和 22.4%，整体上呈现为东部以水源涵养、中部以土壤保持、西部以防风固沙为核心生态功能的空间格局（曹巍等，2019），这些主要生态功能区对实现国家公园和自然资源的严格保护和利用，保持草地生态系统的原真性和完整性具有重要科学意义。因此，在科学把握生态系统自然规律的基础上，通过分区、分级、分段对高寒草地生态系统进行规划、生态保护和修复是必要的。

5. 因地制宜原则，实施综合管理

上文提到，不合理的人类活动和气候变化共同导致青藏高原高寒草地生态系统发生不同程度的退化，并且，不同退化程度的草地植被对人为因素与自然因素的响应也可能不同（张婧，2019）。由于高寒草地类型、立地条件、人为影响等各方面的差异，青藏高原高寒草地的适应性管理还需要结合当地的自然和人文环境因素，实施因地制宜、精准施策的综合管理方式，充分利用生态系统的自我恢复能力，辅以人工措施，增强针对性、系统性和长效性，使生态系统功能逐步恢复并向良性循环方向发展。以高寒草地极度退化草地类型——黑土滩的草地恢复和治理为例，尚占环等（2018）认为，黑土滩治理应该遵循"分区-分类-分级-分段"的方式和原则，研究更多植物物种组合（>10 种）的混合人工群落构建技术，研发黑土滩人工草地自我恢复技术及近自然恢复模式。

10.1.3　草地适应性管理的目标

草地适应性管理是一个复杂的系统工程，它是基于对草地自然生态系统不同层次、不同时空尺度规律准确把握基础上的综合经济、社会、文化等诸多方面的以实现利益最大化且可持续发展为目标的管理（侯向阳等，2011），其总体目标是保证草地生态系统结构和功能的稳定性，实行草地有序、合理、科学地利用，使草地的生产、生态和生态系统服务功能得以稳定发挥，充分发挥其经济效益、生态效益和社会效益，实现草地生态系统的可持续发展。因此，面对复杂的草原适应性管理，必须做好多领域理论、多维度知识与方法的融合，以应对结构复杂、运动复杂、边界复杂、功能复杂的草地生态系统。青藏高原高寒草地现阶段主要面临着以增温为标志的气候变化和以放牧为特征的人类活动的双重影响，基于我国对青藏高原生态安全屏障的功能定位、"双碳"国家目标需求以及高寒草地的退化现状，高寒草地的适应性管理应树立"生态优先"的理念，维持生态、生产和生态系统多功能性稳定的目标，积极开展多学科和多角度草地生态系统的综合研究，加强对高寒草地生态系统规律的认识，探索适宜于不同草地类型和功能区的适应性管理研究理论和技术，推动"碳贸易"市场管理运行机制，尽可能最大限度地规避气候变化和人类活动的不利影响，以实现高寒草地生态系统的适应性管理。

10.2 高寒草地适应性管理的技术手段

基于高寒草地生态系统突出的生产-生态功能以及目前所面临的许多生态问题，已开展了非常多的有关高寒草地的利用、恢复和管理方面的研究，涉及的内容也相当广泛，产生了许多针对性解决高寒草地生态系统某一方面或生态问题的多项技术手段，而且这些技术还在不断地完善、发展和更新中。当然，单项技术往往需要通过优化和组合形成一整套技术体系来服务于高寒草地生态系统的管理。目前针对青藏高原不同地区的草地实际情况和面临的问题的研究主要涉及几个方面：①退化高寒草地的恢复与治理、毒杂草防除、鼠害防控及受损生态系统的（如工程遗迹）恢复；②人工草地的建植和管理；③草地管理、生态牧养模式及生态-生产功能提升；④生态畜牧业大数据管理与草地健康预测预警。

10.2.1 退化草地恢复与治理

青藏高原草地类型多、退化面积大、退化程度不一、退化成因复杂，其生态恢复应按"分区-分类-分级-分段"的技术体系因地制宜地实施近自然恢复（尚占环等，2018；贺金生等，2020）。目前，针对不同地区的高寒草地已经开展了草地退化过程、驱动力和机理方面的大量研究，制定了草地退化程度或等级的评判和分类标准，同时也对不同退化程度的高寒草地进行了大量生态恢复与治理的试验研究，在此基础上提出了不同的生态恢复技术措施并开展了集中示范。例如，中国科学院以三江源区为重点区域，提出了按滩地、坡度（7°≤坡度＜25°和坡度≥25°）和退化程度（轻度、中度、重度）的高寒草地分类恢复、综合培育改良以及补播更新、不同形态氮肥配施、草种的配置等技术开展精细恢复的技术体系。针对工程遗迹地，构建了人工植被恢复与重建的适宜牧草品种、基质整理方法、建植方法和后期管理关键技术体系。四川省草原科学研究院聚焦川西北退化高寒草地，研发了适应于川西北牧区退化亚高山平坝草甸、退化亚高山坡地草甸、特殊类型退化草地等不同退化程度和退化类型的草地综合治理技术；编制了《草原鼠荒地治理技术规范》，提出草地"4＋3"划区轮牧和草地共管两种草地利用和管理模式。青海省畜牧兽医科学院以三江源区高寒退化草地（高寒草甸、高寒草原）为研究对象，在实验点、示范区和区域三个层面上摸清了该区域高寒退化草地（高寒草甸、高寒草原）面积及其分布，提出了高寒退化草地分类恢复模式；制定了高寒草地和高寒草原退化草地评价指标及等级划分标准，研发了高寒草甸和高寒草原恢复技术和模式，选育和筛选了适宜种植草种和优化群落配置的方案，建立了高寒退化草地分类修复模式区域适应性评价体系并进行了评价。甘肃省草原技术推广总站以甘南草原为主要研究区域，开展了野生乡土物种种子萌发能力及其休眠破除方法的研究，研究不同放牧管理模式、围栏封育、人工补播和施肥对轻度和中度退化高寒草地生产力及生物多样性的影响；提出了混播本土草种修复治理"黑土滩"型退化高寒草地技术，提出了退化草地毒害草黄帚橐吾

（*Ligularia virgaurea*）的生态防治技术和高寒沙化草地治理技术规程。四川省林业科学研究院以若尔盖高寒草甸为主要研究对象，针对鼠兔数量急剧增加加速草地退化过程的问题，从草地退化与黑唇鼠兔的无公害防治角度，研发了控制黑唇鼠兔灭杀和雄性不育的适宜浓度的配方，该配方以抗凝血剂-溴敌隆和 α-氯代醇为基底。青海省畜牧兽医科学院通过采取生物毒素防治、招鹰架设立、人工草地建植、围栏封育、施肥等综合生物治理措施，2 年后核心试验区害鼠平均有效洞口减退率达 42.77%。

当前对退化草地的恢复措施大多局限于地上生态系统的恢复，主要以提高植被多样性、覆盖度和生产力等生态-生产功能为主，而对地下生态系统恢复的关注远远不够，基于地下生态系统功能恢复进行退化草地恢复的调控技术及理念的探讨还很缺乏。单一措施的组合恢复方式，即使是多种恢复措施和技术的综合治理也存在着诸多不足，人工恢复草地通常表现为不稳定的状态，如采用多种草种的"黑土滩"人工恢复草地仍极易发生"二次退化"等（尚占环等，2018）。目前可用的人工草种不过 10 余种（贺金生等，2020），更多优良生态草种有待开发。将多种措施引入现有退化高寒草地的生态恢复和治理实践中，需要将地上与地下的多种恢复技术相结合，如土壤物理性质改良、种子库的维持、微生物菌剂应用、土壤养分循环功能调控以及地下生态系统多功能性的维持与提升，以提升退化高寒草地的恢复速率，增强退化高寒草地恢复后生态系统的稳定性和可持续性。

10.2.2　人工草地的建植与管理

人工草地以在较小范围内的适宜地区获取高产量、高品质优质牧草为主要目的，解决天然草地的家畜供草不足和季节不平衡问题，其核心是优良牧草品种的选育、牧草品种的搭配、耕作和施肥措施、养护和管理及后期草产品的加工。目前，围绕这些核心问题已开展了大量的研究工作，也提出了很多的技术措施。例如，甘肃省草原推广总站开展了高寒牧区不同草种组合混播牧草人工草地建植技术研究，筛选出了甘肃驴食草（*Onobrychis viciaefolia*）和苜蓿（*Medicago sativa*）混播人工草地的最优草种组合技术模式及其配套技术措施和技术指标。青海省畜牧兽医科学院采用分类管理和利用技术，研究了三江源区不同类型人工草地合理放牧和刈割技术，研发了不同类型高寒人工草地生产-生态稳定性调控技术。中国农业科学院农业环境与可持续发展研究所以西藏高寒草原为重点区域，集成了高寒草原喷灌适应技术，利用降水增多导致河水和湖水上涨原理，合理分配和补充季节性干旱时期水资源来适应气候变化并治理退化草地；构建了高寒草地气候变化风险综合评估技术体系；集成气候变化控制试验、遥感反演与模型模拟等技术手段，建立了气候变化对高寒草地生产力和草地退化的影响评估方法体系，有效降低了气候变化对高寒草地影响评估的不确定性。甘肃农业大学筛选了适宜高寒牧区的单播和混播优良牧草品种，发现压裂茎秆晒干和喷洒碳酸钙是燕麦最优的干燥方法；在高寒草甸区成功制作青贮饲料，并开展了用于冬季牦牛和藏羊补饲饲草料生产保障技术研究；开展了天祝白牦牛、欧拉藏羊与当地藏羊、藏羊羔羊育肥和白牦牛犊牛冷季培育技术研究。

　　虽然人工草地以获取高产、优质饲草料为主要目的，目前的研究也基本只关注其生产功能。然而，人工草地同时也扮演着一定的生态功能，如碳扣押、豆科植物的固氮功能等，但目前对其生态功能还缺乏研究（张振华，2012），导致天然草地和人工草地的生态管理缺乏依据。比如，$1hm^2$ 人工草地与 $20hm^2$ 的天然草地产草量相当，其碳扣押能力达到了 $30hm^2$ 天然草地的碳扣押量。那么，我们可以在建立 $1hm^2$ 人工草地的同时，围封 $30hm^2$ 的天然草地以达到"碳平衡"。因此，如何获得低碳、高效、可持续、兼顾生产-生态功能的人工草地还需要开展大量研究。

10.2.3　草地管理与生态牧养模式及生态和生产功能提升

　　寻求合理的管理模式也是草地管理的主要研究方向。中国农业科学院农业环境与可持续发展研究所围绕西藏高寒草地合理放牧与保护命题，基于西藏长期高寒草地定位放牧控制试验，确定 5～7 年为适宜高寒草地的禁牧年限，发现中等强度的放牧不仅使草地具有较高的物种多样性指数，而且具有一定的载畜量，达到草地的最大合理利用，同时也可以防止草地退化，其中，西藏紫花针茅高寒草原暖季的适宜放牧强度为 3.6 只羊/hm^2；筛选出了适宜高寒牧区种植的牧草品种，研发了高寒牧区房前屋后和温室种草技术，创建了高寒草地适度放牧与人工饲草料供给相结合的合理利用模式；基于遥感监测与地面调查相结合的技术手段，建立了高寒草地生态资产评估动态模型，构建了高寒草地退化与生态资产评估技术体系，定量评价了高寒草地生态工程实施效果及生态服务价值。甘肃农业大学以祁连山东段的高寒草地为主要研究区域，提出了高寒牧区草地管理与生态牧养模式，认为高寒牧区今后不宜以畜牧业为经济发展重点，宜重点发展生态文化旅游业。同时，提出了"社区管理＋联户经营＋提高家畜个体产值"、延迟 1 个月放牧、以坡向为优先考虑要素的山地草原放牧分区管理优化方案和基于草地生态-经济的高寒草甸家庭牧场管理系统模型。以西藏高寒草地生态功能和生产功能的协同提升为目标，筛选确定了 11 个抗低温的乡土牧草品种，发明了草种复合丸粒化包衣生产技术，研发了种-肥一体的退化高寒草地改建材料，创建了退化高寒草地光伏智能喷灌技术，以应对季节性干旱加剧的问题，攻克了高寒退化草地土壤板结及砾石多导致水肥保持能力差、补播牧草定植率低的难题，使植被平均盖度提高 35%，显著提升高寒草地生态功能；针对高寒牧区草地生产力低和牧草营养品质低的问题，创建了高寒牧区"冬圈夏草"技术和低海拔（3000～4000m）农区优质饲草种植技术，开发了高原特有的青稞酒糟作为青贮添加剂，筛选出本土乳酸菌资源，研制出适应性强的乳酸菌制剂，构建了耐 5℃低温的作物秸秆与牧草混合青贮技术，与传统的糖蜜和酒糟发酵物相比，乳酸含量提高 15.2%，显著提升了高寒草地生产功能。北京师范大学以"土壤-植被-动物-人居环境"的协同保护与恢复技术为主线，研发了无人机航拍等野生动物种群和生境监测的全新技术手段，揭示了高寒草地珍稀濒危动植物对气候变化和人类干扰的响应机制，提出了生态廊道构建、生态容量控制等高寒草地生物多样性保护管理对策，创建了自然生态-社会经济耦合的高寒草地管理模式。

　　从技术模式的发展来看，更多的生产（如草产品加工）-生态功能和生态元素（如野生动物）被纳入草地生态系统中考虑，这为综合进行高寒草甸生态系统的适应性管理注入了新的活力，同时如何权衡和量化多元素、多目标的管理效率，也将会成为高寒草地适应性管理的另一个挑战。

10.2.4　生态畜牧业大数据管理与草地预测预警

随着大数据时代的来临，如何有效地利用来自天-地-空多维度的生产、生态和经济等数据，服务于生态畜牧业和草地健康状况及草产量的预测预警，从宏观的尺度上来指导草地生态系统适应性综合管理是科学、有序地管理和利用高寒草地的重要目标之一。青海省畜牧科学院集成最新的北斗、空天地遥感、移动互联网、物联网等现代技术提出了高寒草地生态畜牧业大数据管理与关键技术，设计并研制了无人机高精度多光谱遥感系统、多样化采集终端以及移动客户端，构建了草场、土壤、环境、家畜、牧户等草地畜牧业大数据的全要素、数字化采集体系，打通了高寒地区草地畜牧业多源数据汇聚的链路，实现了草地畜牧业生产管理大数据的自动采集、在线传输、一站式管理与统一服务；应用定量遥感技术，通过对天地一体化多源监测数据的协同处理，实现了对草场类型、空间分布、草地盖度、产草量等要素的高精度估算；研制了可支持多种展现方式、界面友好、操作便捷的高寒草地畜牧业大数据平台，构建了高寒草地畜牧业图。基于ArcGIS 技术实现了多源数据的可视化、地图量测、叠加分析、统计报表等功能；基于草地畜牧业生产管理大数据，利用多目标优化、最大流最小截等模型算法，构建了划区轮牧、放牧补饲和游牧方案优化模型，推动了高寒区天然草地实时信息监测、畜牧业精细化信息管理以及产业智能化发展，降低了气象灾害对高寒草地生态牧业的影响，为草地畜牧业产业升级奠定了技术基础，同时为政府宏观决策提供了科学依据。青海大学基于地理、业务专题、科学考察、社会感知等方面的生态畜牧业大数据，提出了高寒草地多模态数据建库方法，构建了太字节（terabyte，TB）级的青海省高寒草地生态系统时空数据集，并基于相关性分析、残差趋势分析、神经网络分析等数据挖掘算法，分析了高寒草地退化指标与其驱动因素之间的关系，构建了高寒草地退化综合评价模型，初步提出了高寒草地退化评价指标体系。甘肃农业大学以祁连山东段的高寒草地为主要研究区域，研发了以美国陆地卫星 4-5 影像、植被指数、降水利用效率、草地干重排序、高寒草地退化等级等方法为主的高寒草地退化的预警和评价技术体系。中国气象科学研究院基于气象和遥感资料，研制了气候变化背景下高寒草地的牧草长势监测和牧草产量预报系统。甘肃省草原推广总站提出了甘南草原高寒湿地退化的预警方案。

综上所述，以上技术基本围绕维持草地的生产-生态功能出发，为青藏高原高寒草地的生态监测、合理利用、生态保护提供了技术支撑和决策支持。最近，中国科学院西北高原生物研究所建议在长期研究工作基础上，提出优化自然保护地类观赏草地、放牧草地、栽培草地布局，实现草地的多功能管理目标；因地制宜地扩展草地建植，创建现代草牧业生产的新模式，突破高寒地区草牧业季节性营养不平衡瓶颈；科学核定天然放牧草地载畜量，建立和完善长效生态补偿机制，创新草原保护奖补方式，实现放牧草地资源的可持续利用；实施自然保护地食草野生动物与放牧家畜平衡管理示范工程，践行山水林田湖草生命共同体理念。然而，由于缺乏相关的方法论，目前还无法评价这些技术体系对生态系统多功能性的成效，缺乏以生态系统多功能性的维持和稳定为重点的技术集成研究和示范。另外，从"碳贸易"视角出发，研发一整套以市场经济作为调控手段的原则、方案和模式也应受到更多的重视。

10.3　高寒草地生态系统多功能性的维持

2004 年，Sanderson 等（2004）首次提出生态系统多功能性（ecosystem multifunctionality，EMF）的概念，他认为不应该仅仅关注草地植被生长状况，而忽略其他的草地生态功能，应该考量多种生态服务功能以统筹发展。2007 年，Hector 和 Bagchi（2007）量化 EMF，发现物种具有同时影响多种生态服务的能力。另外，Gamfeldt 等（2008）和 Zavaleta 等（2010）对 EMF 的重要性进行系统论述。随后，EMF 概念被广泛使用，逐渐成为综合评价草地状况的一项重要指标并成为研究热点。

草地 EMF 的分类方法有很多种，按照生态系统服务分类体系，草地具有调节功能、供给功能、支持功能和文化功能。调节功能包括对水（植被蒸腾、土壤蒸发等）和空气（光合作用）、生物控制和废弃物处理的调控，具体表现在维持碳氮平衡、碳氧平衡、调节气候、保持水土、涵养水源、防止沙漠化、抑制沙尘暴、净化空气和水质及美化环境等方面。供给功能主要由草地的生产功能体现，除了作为牧草和畜产品外，草地还可以为人类提供药材、食用菌、燃料、可食植物等。支持功能主要体现在维持地球生命的生存环境及养分循环等方面。文化功能则体现在科学教育、精神娱乐和草原文化等方面，比如草地生态文化旅游既能让人们得到娱乐与休闲，也能服务于地方经济发展（于格等，2005）。

根据自然保护功能分类体系，草地生态系统具有保护自然、服务人民和永续发展功能。保护自然功能主要体现在保育自然资源、保护生物多样性、维持自然生态系统健康稳定、提高生态系统服务功能方面。服务人民功能主要为人类提供良好的生态资源、为社会提供最公平的公共产品和最普惠的民生福祉。永续发展功能体现在草地资源有助于保护自然，遵循生态文明理念，维持人与自然长期和谐共生。以三江源区草地生态系统为例，其年平均产草量为 735.54kg，平均水源涵养保有率为 43.36%，水源涵养量为 7.42 万 m^3/hm^2，土壤保持量为 28.4t/hm^2，土壤保持保有率为 69.32%，平均防风固沙量为 22.44t/hm^2，平均最大理论载畜量为 0.58 个标准羊单位/hm^2。目前三江源区高寒草地超载约 65%，长期的超载过牧引起草地退化，引发生态系统土壤-植被-微生物-种子库各生态组分的协同性失衡，导致系统结构紊乱、功能衰退、自我修复能力逐步丧失，使三江源和黄河上游的草地生态系统养分循环、水源涵养、防风固沙和生物多样性维持等生态功能降低，因此，因地制宜地制定草地管理措施对恢复退化草地功能至关重要。比如，通过区域资源优化配置和家畜营养均衡生产提高畜牧业生产效率，或建立高效、高产的人工饲草料基地，降低天然草地的载畜压力。

从多种管理目标体系来讲，草地生态系统具有生态、生产和生活功能。生态功能是草地生态系统维系和发展的基础，主要体现在维持生物多样性、水源涵养、水土保持和土壤碳氮固持等方面。生产功能体现在以畜牧业为主的经济发展领域,包括草产品生产、放牧家畜养殖、畜产品审查、药用植物生产等方面。生活功能体现在人口繁衍生存、传承草原文化等领域。因此,草地多种目标管理应以草地作为"人-草地-家畜(野生动物)-生态-文化"的载体,是实现人类对草地"生态-生产-生活"多重目标需求的关键。草地生态系统服务、自然保护地多功能、草地多功能的管理目标具有内在联系,草地资源的有序利用有助于实现草地多功能的管理目标。

目前,有关青藏高原高寒草地 EMF 的研究主要从生态学的角度出发,综合考虑地上植被、地下植被及土壤物理、化学和生物学等特性,研究 EMF 在不同地理尺度上的空间分异对人类活动和气候变化的响应(Jing et al.,2015;Song et al.,2020;孟泽昕,2021;孙建等,2021)。有研究发现,青藏高原高寒草甸的多功能性具有明显的空间分布和垂直分布特性,其主要驱动因子也有所不同。例如,Song 等(2020)根据 1200km 地理跨度范围内的青藏高原 35 个县 255 个点的实地调查和遥感收集的归一化植被指数(normalized differential vegetation index,NDVI)数据,利用地上生物量、地下生物量、土壤有机碳和物种丰富度四个单个功能整合评估高寒草地 EMF,发现高寒草甸比高寒荒漠具有更高的EMF。年降水量对 EMF 具有显著正效应,而放牧强度则具有显著负效应。地下生物量、有机碳和物种丰富度的下降会导致 EMF 的急剧衰退,当植被覆盖率降到 25%之后,EMF 可能会面临崩溃,并伴随着物种和其他个别功能的快速丧失。也有研究发现,高寒草地生态系统 EMF 随着海拔的升高而显著下降,年均气温、土壤 pH、土壤含水量及钙离子含量是 EMF 的重要环境影响因子(孟泽昕,2021)。地上植物碳积累速率能较好地表征草地生态系统固碳能力、固碳潜力和效率,地上植物碳积累速率与 EMF 呈显著线性正相关关系,青藏高原高寒草地植物地上群落和地下土壤要素通过协同作用影响植被碳积累速率来调控 EMF。植物碳积累速率和 EMF 主要受地下生物量、土壤有机碳、全磷和微生物生物量碳的影响(孙建等,2021)。Jing 等(2015)基于对青藏高原的野外取样调查,以土壤细菌、古生物菌、真菌、线虫以及地上植物群落等指标表征生物因素,以土壤理化性质等指标表征非生物因素,探讨了高寒草地生物多样性与 EMF 的关系。研究结果表明,高寒草地 EMF 与土壤细菌、线虫及地上植物群落丰富度正相关,地上与地下生物多样性联合对 EMF 的解释度为 45%,生物和非生物因素对 EMF 的解释度达 86%,土壤 pH 通过影响地下生物多样性间接对 EMF 产生影响,因此,许多因子通过相互作用共同影响和决定高寒草地的 EMF。然而,如何将其他生态功能量化并进行整合来进一步完善和评价草地的 EMF 还需进一步研究。

10.4　小　　结

当前,生态文明建设被提到前所未有的高度,特别是"精准农业"和"精准畜牧业"概念的提出和实施,赋予了我们机遇和挑战并存的新时期任务。坚持创新理念,加快研发和完善适合我国国情的草地生态系统管理理论与模式,促使新理念、新格局与新体系形成已成为时代需求。聚焦到高寒草地生态系统,在《中华人民共和国草原法》的基本框架下,坚持以"生态优先、绿色发展"的理念,综合应用生态学、农业伦理学、畜牧学、动物营养学等多学科的原理，通过科学而合理地对高寒草地进行适应性综合管理，维持生态、生产和其他服务功能的多功能性稳定，服务于畜牧业生产和社会经济的可持续发展任重而道远。

近年来，西藏生态安全屏障保护与建设、三江源生态保护与建设工程、三江源国家公园、祁连山国家公园、国家自然保护区等一系列重大生态工程不断实施，加之退化草地恢复技术的综合运用（贺金生等，2020），高寒草地的退化态势在整体上得到一定程度的遏制。同时，暖湿化气候变化也可能进一步推动了青藏高原生态环境整体上有所好转（张婧，2019），局部退化高寒草地的恢复也取得了一定成效（朱霞等，2014；王金枝等，2020；夏龙等，2021）。2001~2016 年，三江源区 53.74%的高寒草地保持稳定，37.31%的草地表现出不同程度的恢复趋势（杨淑霞，2017），气候暖湿化以及三江源生态保护与建设工程的实施是三江源国家公园生态功能总体提升的主要原因（曹巍等，2019）。朴世龙等（2019）分析认为，气候变暖导致高原植被返青期总体提前，高原树线位置上升，高寒草原植物物种丰富度和多样性下降；气候变暖总体促进了高原植被生产力，增强了生态系统碳汇功能，但由于土壤的空间异质性及对深层土壤碳动态的理解深度不够，目前对高原土壤碳库及土壤碳汇功能大小的估算仍具有较大不确定性。最新的遥感数据（NDVI）和经济统计数据的相关性研究结果显示（Wei et al.，2022），青藏高原中部和西南部高海拔地区的植被由于气候暖湿化而得到改善。全球变暖使高海拔地区气温升高而低温天数减少，导致植被生长面积扩大，NDVI 呈现一致增长的趋势。退化区域主要集中在青藏高原东北部和东部的人、畜密集区。与温和变化的气候趋势相比，人为活动（如人口和牲畜长期集中在气候相对温和的低海拔山谷谷地）对这些地区的植被施加了更大的压力，人类活动压力比气候变化的影响要强烈得多，是青藏高原高寒草地系统可持续发展的巨大威胁。然而，面对日益加剧的气候变化和不合理的人类活动，局部地区的草地退化、自然灾害频发等生态环境问题仍然十分突出（邵全琴等，2011；孙鸿烈等，2012；李莉和李峰，2017；曹巍等，2019）。由此可见，针对人类活动的综合性管理对青藏高原植被的保护和可持续发展至关重要。

在草地的适应性管理实践中，需要考虑草地生态系统本身具有的对环境干扰的自适应性或抵抗性，特别是全球变化（增温、降水变化和氮沉降为主）导致的草地变化在短期内可能十分显著，经历较长的时间可能会逐渐适应，这有利于草地管理目标的实现（王德利和王岭，2019）。然而，目前围绕气候变化对高寒草地生态系统的影响方面大多只开展了十余年的研究，主要关注高寒草地生态系统的结构和功能对气候变化的响应过程，缺少有关适应性的研究。近期，中国科学院青藏高原研究所的汪诗平研究团队在那曲开展不同增温梯度、逐步增温和降水变化野外控制试验研究，从植物物候、繁殖分配、碳和氮循环关键过程等方面揭示生态系统对气候变化的适应性。目前，对气候变化和人类活动对高寒草地生态系统生产、生态和多功能性的影响过程和程度及其不确定性的认识还远远不够。况且，现有的退化高寒草地的治理和恢复技术及其相关研究在保持草地生态系统的稳定性、提高草地 EMF 和维持机制方面的作用十分有限，退化高寒草地的恢复技术亟须突破。因此，目前还迫切需要着重从以下几方面开展研究：①从多角度开展高寒草地生态系统退化过程和机理的研究，重视对退化草地进行生态恢复的过程和机理的系统研究；②加速解决退化草地生态恢复的技术瓶颈问题，基于地上和地下联合研发退化草地的修复技术体系，促进草地"减排增汇"生态功能的发挥（Yang et al.，2022）；③基于野外试验平台，完善观测指标体系，突出长时间尺度上的草地生态系统对气候变暖和人类活动的响应、适应机理及生物地球物理反馈等过程的研究（朴世龙等，2019）；④基于不同生态系统类型，开展草地生态系统适应性综合管理理论研究、技术和模式的研发，为政府部门制定草原保护、管理与建设决策提供科学依据。

参 考 文 献

白可喻，徐斌，2005. 政府决策和管理体制在草地健康发展中的作用[J]. 中国草地，27（4）：74-79.

白永飞，赵玉金，王扬，等，2020. 中国北方草地生态系统服务评估和功能区划助力生态安全屏障建设[J]. 中国科学院院刊，35（6）：675-689.

曹巍，刘璐璐，吴丹，等，2019. 三江源国家公园生态功能时空分异特征及其重要性辨识[J]. 生态学报，39（4）：1361-1374.

董全民，马玉寿，杨晓霞，等，2021. 高寒草地适应性管理理论和实践[J]. 青海科技，28（6）：18-21，26.

贺金生，卜海燕，胡小文，等，2020. 退化高寒草地的近自然恢复：理论基础与技术途径[J]. 科学通报，65（34）：3898-3908.

侯向阳，尹燕亭，丁勇，2011. 中国草原适应性管理研究现状与展望[J]. 草业学报，20（2）：262-269.

李博，1994. 生态学与草地管理[J]. 中国草地，16（1）：1-8.

李莉，李峰，2017. 基于 RS 和 GIS 的四川草地退化分析[J]. 中国农学通报，33（17）：87-91.

李晓敏，李柱，2012. "以畜控草"与新疆草畜平衡管理的探讨[J]. 草原与草坪，32（5）：75-78.

孟泽昕，2021. 不同海拔高度青藏高寒草地生态系统多功能性评估[D]. 杨凌：西北农林科技大学.

朴世龙，张宪洲，汪涛，等，2019. 青藏高原生态系统对气候变化的响应及其反馈[J]. 科学通报，64（27）：2842-2855.

任继周，2004. 草地农业生态系统通论[M]. 合肥：安徽教育出版社.

尚占环，董全民，施建军，等，2018. 青藏高原"黑土滩"退化草地及其生态恢复近 10 年研究进展：兼论三江源生态恢复问题[J]. 草地学报，26：1-21.

邵全琴，肖桐，刘纪远，等，2011. 三江源区典型高寒草甸土壤侵蚀的 ^{137}Cs 定量分析[J]. 科学通报，56（13）：1019-1025.

孙鸿烈，郑度，姚檀栋，等，2012. 青藏高原国家生态安全屏障保护与建设[J]. 地理学报，67：3-12.

孙建，王毅，刘国华，2021. 青藏高原高寒草地地上植物碳积累速率对生态系统多功能性的影响机制[J]. 植物生态学报，45（5）：496-506.

王德利，王岭，2019. 草地管理概念的新释义[J]. 科学通报，64（11）：1106-1113.

王金枝，颜亮，吴海东，等，2020. 基于层次分析法研究藏北高寒草地退化的影响因素[J]. 应用与环境生物学报，26（1）：17-24.

夏龙，宋小宁，蔡硕豪，等，2021. 地表水热要素在青藏高原草地退化中的作用[J]. 生态学报，41（11）：4618-4631.

杨理，2008. 完善草地资源管理制度探析[J]. 内蒙古大学学报（哲学社会科学版），40（6）：33-36.

杨理，杨持，2004. 草地资源退化与生态系统管理[J]. 内蒙古大学学报（自然科学版），35（2）：205-208.

杨淑霞，2017. 三江源地区高寒草地生物量和草畜平衡的时空变化动态及其影响因素研究[D]. 兰州：兰州大学.

于格，鲁春霞，谢高地，2005. 草地生态系统服务功能的研究进展[J]. 资源科学，27（6）：172-179.

张婧，2019. 青藏高原草地退化的自然和人为相对贡献评估[D]. 杨凌：西北农林科技大学.

张振华，2012. 土地利用及主要管理措施对高寒草甸生产-生态功能的影响[D]. 北京：中国科学院研究生院.

张智起，姜明栋，冯天骄，2020. 划区轮牧还是连续放牧？：基于中国北方干旱半干旱草地放牧试验的整合分析[J]. 草业科学，37（11）：2366-2373.

中华人民共和国农业部畜牧兽医司，全国畜牧兽医总站，1996. 中国草地资源[M]. 北京：中国科学技术出版社.

周道玮，姜世成，王平，2004. 中国北方草地生态系统管理问题与对策[J]. 中国草地，26（1）：57-64.

朱霞，钞振华，杨永顺，等，2014. 三江源区"黑土滩"型退化草地时空变化[J]. 草业科学，31（9）：1628-1636.

Bardgett R D，Caruso T，2020. Soil microbial community responses to climate extremes: resistance, resilience and transitions to alternative states[J]. Philosophical Transactions of the Royal Society B-Biological Sciences，375（1794）：20190112.

Cao Y N，Wu J S，Zhang X Z，et al.，2020. Comparison of methods for evaluating the forage-livestock balance of alpine grasslands on the Northern Tibetan Plateau[J]. Journal of Resources and Ecology，11（3）：272-282.

Chen L T，Flynn D F B，Jing X，et al.，2015. A comparison of two methods for quantifying soil organic carbon of alpine grasslands on the Tibetan Plateau[J]. Plos One，10（5）：1-15.

Gamfeldt L，Hillebrand H，Jonsson P R，2008. Multiple functions increase the importance of biodiversity for overall ecosystem functioning[J]. Ecology，89（5）：1223-1231.

Haugum S V，Thorvaldsen P，Vandvik V，et al.，2021. Coastal heathland vegetation is surprisingly resistant to experimental drought across successional stages and latitude[J]. Oikos，130（11）：2015-2027.

Hector A，Bagchi R，2007. Biodiversity and ecosystem multifunctionality[J]. Nature，448：188-190.

Hodgson J，1990. Grazing management：science into practice[M]. Harlow：Longman Group UK Ltd.

Hoover D L，Knapp A K，Smith M D，2014. Resistance and resilience of a grassland ecosystem to climate extremes[J]. Ecology，95（9）：2646-2656.

Jing X，Sanders N J，Shi Y，et al.，2015. The links between ecosystem multifunctionality and above-and belowground biodiversity is mediated by climate[J]. Nature Communications，6：8159.

Kremen C，2005. Managing ecosystem services：what do we need to know about their ecology？[J]. Ecology Letters，8（5）：468-479.

Lee K N，1993. Compass and gyroscope：integrating science and politics for the environment [M]. Washington：Island Press.

Liu C，Wang L，Song X X，et al.，2018. Towards a mechanistic understanding of the effect that different species of large grazers have on grassland soil N availability[J]. Journal of Ecology，106（1）：357-366.

Ni J，2002. Carbon storage in grasslands of China[J]. Journal of Arid Environments，50（2）：205-218.

Prache S，Peyraud J L，2001. Foraging behavior and intake in temperate cultivated grasslands[C]//Proceedings of the XIX International Grassland Congress. Sao Pedro：Brazil Society of Animal Husbandry.

Sanderson M A，Skinner R H，Barker D J，et al.，2004. Plant species diversity and management of temperate forage and grazing land ecosystems[J]. Crop Science，44（4）：1132-1144.

Song M H，Li M，Huo I J，et al.，2020. Multifunctionality and thresholds of alpine grassland on the Tibetan Plateau[J]. Journal of Resources and Ecology，11（3）：263.

Stankey G H，Clark R N，Bormann B T，2005. Adaptive management of natural resources：theory concepts and management institutions[R]. United States Department of Agriculture.

Wei Y Q，Lu H Y，Wang J N，et al.，2022. Dual influence of climate change and anthropogenic activities on the spatiotemporal vegetation dynamics over the Qinghai-Tibetan plateau from 1981 to 2015[J]. Earth's Future，10：e2021EF002566.

Xu C，Ke Y G，Zhou W，et al.，2021. Resistance and resilience of a semi-arid grassland to multi-year extreme drought[J]. Ecological Indicators，131，108139.

Yang Y H，Shi Y，Sun W J，et al.，2022. Terrestrial carbon sinks in China and around the world and their contribution to carbon neutrality[J]. Science China-Life Sciences，65（5）：861-895.

Zavaleta E S，Pasari J R，Hulvey K B，et al.，2010. Sustaining multiple ecosystem functions in grassland communities requires higher biodiversity[J]. Proceedings of the National Academy of Sciences of the United States of America，107（4）：1443-1446.